金属非金属矿山安全检查作业

《矿山特种作业安全培训教材》编委会

主　编：李全明　宋　娟
副主编：李　钢　李　倩

气象出版社
China Meteorological Press

内容提要

本书根据《金属非金属矿山安全检查作业人员安全技术培训大纲和考核标准》编写，全书共十一章，详细介绍了矿山安全生产法律法规与安全管理，矿山生产技术与主要灾害事故防治，矿山安全检查作业人员的职业特殊性，职业病防治，事故报告、急救与避灾，露天矿山开采安全，小型露天采石场开采安全，地下矿山开采安全，矿山爆破安全，矿山机电安全，排土场与尾矿库安全技术等内容，并附有大量事故案例分析。本书可供矿山安全检查作业人员培训使用，也可供有关管理人员、工程技术人员及大专院校师生参考。

图书在版编目(CIP)数据

金属非金属矿山安全检查作业/李全明，宋娟主编.—北京：
气象出版社，2014.12(2016.12 重印)
矿山特种作业安全培训教材
ISBN 978-7-5029-6082-7

Ⅰ.①金… Ⅱ.①李… ②宋… Ⅲ.①金属矿-矿山安全-安全检查-技术培训-教材 ②非金属矿-矿山安全-安全检查-技术培训-教材 Ⅳ.①TD7

中国版本图书馆 CIP 数据核字(2014)第 301031 号

出版发行：气象出版社
地　　址：北京市海淀区中关村南大街 46 号　　邮政编码：100081
总　编　室：010-68407112　　　　　　发　行　部：010-68408042
网　　址：http://www.qxcbs.com　　　E-mail：qxcbs@cma.gov.cn
责任编辑：彭淑凡　　　　　　　　　　　终　　审：章澄昌
封面设计：燕　彤　　　　　　　　　　　责任技编：吴庭芳
印　　刷：三河市百盛印装有限公司
开　　本：850 mm×1168 mm　1/32　　印　　张：11.25
字　　数：292 千字
版　　次：2015 年 1 月第 1 版　　　　　印　　次：2016 年 12 月第 2 次印刷
定　　价：30.00 元

前　言

　　特种作业是指容易发生事故,对操作者本人、他人的安全健康及设备、设施的安全可能造成重大危害的作业。特种作业人员是指直接从事特种作业的从业人员。国内外有关统计资料表明,由于特种作业人员违规、违章操作造成的生产安全事故,约占生产经营单位事故总量的80%。目前,全国特种作业人员持证上岗人数已超过1200万人。因此,加强特种作业人员安全技术培训考核,对保障安全生产十分重要。

　　为保障人民生命财产的安全,促进安全生产,《安全生产法》《劳动法》《矿山安全法》《消防法》《危险化学品安全管理条例》等有关法律、法规作出了一系列的强制性要求,规定特种作业人员必须经过专门的安全技术培训,经考核合格取得操作资格证书后,方可上岗作业。1999年,原国家经贸委发布了《特种作业人员安全技术培训考核管理办法》(国家经贸委主任令第13号),对特种作业人员的定义、范围、人员条件和培训、考核、管理作了明确规定,提出在全国推广和规范使用具有防伪功能的《中华人民共和国特种作业操作证》,并实行统一的培训大纲、考核标准、培训教材及资格证书。本套教材是与之相配套,并由原国家经贸委安全生产局直接组织编写的。

　　2001年,原国家经贸委安全生产局的职能划入国家安全生产监督管理局,这套教材的有关工作随之转入新的机构,并在2002年经国家安全生产监督管理局《关于做好特种作业人员安全技术培训教材相关工作的通知》中加以确认。近年来,国家安全生产监督管理总局相继颁布实施了《特种作业人员安全技术培训考核管理规定》（国家安全生产监督管理总局第 30 号令，自 2010 年 7 月 1 日起施行）等一系列规章和规范性文件，重申了"特种作业人员必须接受专门的安全技术培训并考核合格，取得特种作业操作资格证书后，方可上岗作业"这一基本原则，同时对特种作业的范围、培训大纲和考核标准进行了必要的调整。

为了适应新的形势和要求，在总结经验并广泛征求各方面意见的基础上，我们根据国家安全生产监督管理总局第 30 号令，对这套教材进行了全新改版。新版的系列教材基本包括了全部的特种作业，共 30 余种，具有广泛的适用性。本套教材不仅可供特种作业人员及相关的管理人员、维修人员培训选用，也可供有关职业技术学校选用。

本套教材历经多次修订、编审和改版，先后得到了武汉安全环保研究院、天津市劳动保护教育中心、河南省劳动保护教育中心、北京市事故预防中心、青岛市安全生产监督管理局、武钢矿业公司、大冶有色金属公司、鲁中冶金矿业公司、淮南矿务局、大冶铁矿、铜录山铜矿、梅山铁矿、马钢南山铁矿、南芬铁矿、鸡冠咀金矿、湖北省经贸委安全生产处、湖南省经贸委安全生产处、山东省安委会办公室等单位的大力支持，以曲惠惠、王红汉、徐晓航、张静等为代表的一大批作者和以闪淳昌、任树奎、杨富、罗音宇等为代表的一大批专家也为此套教材的出版作出了巨大贡献，限于篇幅这里恕不一一列举，谨表衷心的谢意。

本书的修订出版工作由李全明、宋娟、李钢、李倩等完成，由于时间仓促、经验有限，书中难免出现错漏，请广大读者批评指正。

本书编委会

2014 年 9 月

目　录

第一章　矿山安全生产法律法规与安全管理

第一节　安全生产方针

　　我国安全生产方针为"安全第一、预防为主、综合治理"。安全生产方针是完整的统一整体,安全第一、预防为主、综合治理三者之间具有内在严密逻辑关系:坚持安全第一,必须以预防为主,实施综合治理;只有综合治理隐患,有效防范事故,才能把"安全第一"落到实处。事故源于隐患,防范事故的有效办法,就是要主动排查,综合治理各项隐患,把安全工作做在各项工作之前,把事故消灭在萌芽状态。从这个意义上说,综合治理是安全生产方针的基石,是安全生产工作的重心所在。

　　(1)安全第一,是指在处理安全与生产及其他各项工作的关系时,要强调安全、突出安全,把安全放在一切工作的首要位置。当生产或其他工作与安全发生矛盾时,生产及其他工作要服从安全。在新的历史条件下坚持安全第一,是贯彻落实以人为本的科学发展观、构建社会主义和谐社会的必然要求。以人为本,就必须珍爱人的生命;科学发展,就必须安全发展;构建和谐社会,就必须构建安全社会。坚持安全第一的方针,对于捍卫人的生命尊严、构建安全社会、促进社会和谐、实现安全发展具有十分重要的意义。因此,在安全生产工作中贯彻落实科学发展观,就必须始终坚持安全第一。

　　(2)预防为主,就是把安全生产工作的关口前移,提前防范,建立预教、预测、预想、预报、预警、预防的递进式、立体化事故隐患预防体系,改善安全状况,预防安全事故。在新时期,预防为主的方针又有了新的内涵,即通过建设安全文化、健全安全法制、提高安全科技水平、落实安全责任、加大安全投入,构筑坚固的安全防线。具体地说,就是促进安全文化建设与社会文化建设的互动,为预防安全事故打造良好的"习惯的力量";建立健全有关法律法规和规章制度,依靠法制的力量促进安全事故防范;大力实施"科技兴安"战略,把安全生产状况的根本好转建立在依靠科技进步和提高劳动者素质的基础上;强化安全生产责任制和问责制,创新安全生产监督体制,严厉打击安全生产领域的腐败行为;健全和完善中央、地方、企业共同投入的机制,提升安全生产投入水平,增强基础设施的安全保证能力。

(3)综合治理,是指适应我国安全生产形势的要求,自觉遵循安全生产规律,正视安全生产工作的长期性,综合运用经济、法律、行政等手段,人管、法治、技防多管齐下,并充分发挥社会、职工、舆论的监督作用,有效解决安全生产领域的问题。实施综合治理,是由我国安全生产中出现的新情况和面临的新形势决定的。在社会主义市场经济条件下,利益主体多元化,不同利益主体对待安全生产的态度和行为差异很大,需要因情制宜、综合防范;安全生产涉及的领域广泛,每个领域的安全生产又各具特点,需要防治手段的多样化;实现安全生产,必须从文化、法制、科技、责任、投入入手,多管齐下,综合施治;安全生产法律政策的落实,需要各级领导、有关部门的合作以及全社会的参与;目前我国的安全生产既存在历史积淀的沉重包袱,又面临经济结构调整、增长方式转变带来的挑战,要从根本上解决安全生产问题,就必须实施综合治理。从近年来安全监管的实践特别是2013年联合执法的实践来看,综合治理是落实安全生产方针政策、法律法规的最有效手段。因此,综合治理具有鲜明的时代特征和很强的针对性,体现了安全生产方针的新发展。

第二节　矿山安全生产法律法规

在社会主义市场经济条件下,必须将矿山安全生产管理纳入法制化轨道,用法律法规来规范企业的行为,要求企业依法生产经营,实现安全生产,保障采矿业的持续健康发展。对矿山安全生产管理人员来说,矿山安全生产法律法规是进行安全生产管理的手段和依据。对职工而言,安全生产法律法规,是对职工的约束,促使职工自觉遵纪守法,更重要的是对职工的保护,使职工懂法、守法,学会利用法律的武器来维护自己的生命安全与合法权益。

安全生产法律法规是调整安全生产关系的法律规范的总称,是我国法律体系的重要组成部分,表现形式是国家制定的关于安全生产的各种规范性文件,它可以表现为享有国家立法权的机关制定的法律,也可以表现为国务院及其所属的部、委员会发布的法令、规程、条例、规定等。

安全生产法律规定了人们的权利和义务,调整了生产过程中人与人之间、人与自然之间的关系,规定应该做什么,不应该做什么,以及如何做等,还规定了违反法律法规应该承担的责任。

安全生产法律法规具有国家强制性,一切生产经营单位、职工及其他有关单位、人员必须严格遵守,认真执行。对不服从管理、违反规章制度或者强令工人违章冒险作业,造成重大伤亡事故的,要追究有关人员的责任,根据情节轻重,分别给予行政处分,经济处罚,甚至追究刑事责任。

我国矿山安全法律法规体系如下:

(1)宪法。《宪法》是我国的根本法,其中有多个条款涉及安全生产和劳动保护问题。这些规定既是制定安全生产法律法规的最高法律依据,又是安全法律法规的一种表现形式。

(2)法律。全国人民代表大会及其常务委员会审议通过的关于安全生产的法律文件,有关矿山安全生产的法律主要有:《安全生产法》、《矿山安全法》、《矿产资源法》、《劳动法》、《职业病防治法》、《消防法》、《刑法》、《工会法》等。

（3）行政法规。由国务院颁发的关于安全生产的法律文件,如《矿山安全法实施条例》、《安全生产许可证条例》、《危险化学品安全管理条例》、《工伤保险条例》、《特种设备安全监察条例》、《民用爆炸物品安全管理条例》等。

（4）地方法规。由省、自治区、直辖市人大及其常委会审议通过的关于安全生产的规范性文件,如《北京市安全生产条例》、《天津市安全生产条例》、《河南省安全生产条例》等。

（5）部门规章和地方规章。国务院主管部委、省级人民政府和设区（县）的市人民政府发布的关于安全生产的部门规章和地方政府规章。如《尾矿库安全监督管理规定》、《非煤矿矿山企业安全生产许可证实施办法》等。

另外,还有大量的有关矿山安全生产的规程、规范、标准,如 GB 16423—2006《金属非金属矿山安全规程》、GB 6222—2011《爆破安全规程》等。

经过多年的努力,我国制定了一系列的法律法规,已基本形成了矿山安全生产的法律体系,矿山安全生产正在走向法制化轨道。

第三节　职工在安全生产方面的权利和义务

职工在生产劳动过程中,享有《安全生产法》、《矿山安全法》等法律、法规规定的权利,同时也要承担相应的安全生产责任,尽相应的安全生产义务,做到权利和义务的统一。

一、权利和义务的概念

在法律上,"权利"和"义务"是两个相对的概念。"权利"是指公民或法人享有的权利和利益,法律对于权利的主体在行使权利或得到利益时应当给予约束,这种约束就表现为权利主体的义务。换句话说,"义务"就是权利主体所受到的法律约束。法律要求负有义务的人或法人必须做出一定的行为或禁止做出一定的行为,以维护国家利益或保证有权人的权利获得实现。

权利的本质是一种利益,义务的本质是一种无利益,而且受约束。责任是义务的具体化,即分内应做的事。分内的事做好了,称为尽到责任;分内的事没有做好,应当承担过失而追究责任。

权利和义务密不可分,一方有权利,他方必有相应的义务,反之亦然。人们建立的各种法律关系往往互为权利和义务。

企业和职工之间构成了一种劳动关系,在这种关系中,职工提供自身的劳动并获得报酬,企业提供劳动场所和劳动条件,并支付劳动报酬,双方的利益并不完全相同。因此,必须依靠法律明确规定企业和职工双方的权利和义务,才能使这种劳动关系保持公正和稳定。劳动安全卫生关系是劳动关系的重要组成部分,在我国现行的许多法律、法规当中均有对企业和职工在安全生产方面的权利和义务所作出的规定。

二、职工在安全生产方面的权利

党和国家历来重视职工的安全生产权利,国家的许多法律对此都有相关的规定。《安全生产法》第六条规定:"生产经营单位的从业人员有依法获得安全生产保障的权利,并应当依法履行安全生产方面的义务。"《安全生产法》主要规定了各类从业人员必须享有的、有关安全生产和人身安全的最重要、最基本的权利。这些基本安全生产权利,可以概括为以下八项:

1. 知情权

职工如果知道存在的危险因素以及发生事故时应当采取的应急措施,就可以消除许多不安全因素和事故隐患,避免事故发生或者减少人身伤亡。为此,有关法律法规规定作业人员有权了解其作业场所和工作岗位存在的危险因素、防范措施和事故应急处理措施。同时,《矿山安全法》还规定,矿山企业的负责人应当定期向职工代表大会或者职工大会报告安全生产工作,使职工了解企业的安全生产状况、伤亡事故的处理结果等。

2. 建议权

安全生产关系职工的切身利益,同时职工工作在生产一线,对安全生产的问题和事故隐患最了解、最熟悉,具有他人不能替代的作用,应积极参与企业安全生产的民主管理。职工可以通过职工大会、职工代表大会等方式,对矿山企业的安全生产规划、管理制度、管理办法、安全技术措施和规章的制定等提出建议。

3. 批评、检举和控告权

危害生命安全和身体健康的行为,是对职工基本权益的侵犯,违背了我国社会主义制度及有关法律的基本精神。有关法律规定,职工有权依法维护自己的合法权益,有权对于本单位安全生产工作中存在的问题提出批评、检举、控告,而且矿山企业不得因职工对本单位安全生产工作提出批评、检举、控告而降低其工资、福利等待遇或者解除与其订立的劳动合同。

4. 拒绝冒险作业权

在生产经营活动中,经常出现企业负责人或者管理人员违章指挥和强令职工冒险作业的现象,由此导致事故,造成人员大量伤亡。为了保护职工的人身安全,也是为了警示矿山企业负责人和管理人员必须照章指挥,保证安全,并不得因职工拒绝违章指挥和强令冒险作业而对其进行打击报复,法律赋予职工拒绝违章指挥和强令冒险作业的权利,而且矿山企业不得因职工拒绝违章指挥、强令冒险作业而降低其工资、福利等待遇或者解除与其订立的劳动合同,用人单位更不得以此为由给予处分,更不得予以开除。

5. 紧急避险权

由于存在自然和人为的危险因素,生产经营场所经常会在作业过程中发生一些意外的或者人为的直接危及职工人身安全的危险情况,将会或可能会对职工造成人身伤害。比如从事矿山作业的职工,一旦发现将要发生透水、冒顶、片帮、坠落、爆炸等紧急情况并且无法避免时,最大限度地保护现场作业人员的生命安全是第一位的。因此,有关法律规定:职工发现直接危及人身安全的紧急情况时,有权停止作业或者在采取可能的应急措施后撤离作业场所,并应当将有关情况向有关管理人员报告。企业不得因职工在此紧急情况下停止作业或者采取紧急撤离措施而给予职工任何处分,也不得降低其工资、福利等待遇或者解除与其订立的劳动合同。

6. 劳动保护权

加强职工的个人防护是减少伤亡和职业危害的有效手段,也是矿山企业的责任。有关法律规定,职工有获得符合国家标准或者行业标准劳动防护用品的权利,要求提供符合防治职业病要求的职业病防护设施和个人使用的职业病防护用品。

7. 接受教育权

加强安全教育,提高职工的安全意识和安全技能,是安全生产的基础性工作。国家有关法律、法规就安全教育培训,对矿山企业提出了一系列的具体规定,如必须对新工人、换岗工人进行上岗前的安全教育,对在岗工人进行定期的安全培训等。职工有权获得安全生产教育和培训。如果未按规定对职工进行安全教育,矿山企业将受到安全生产监督管理部门的处罚。

8. 享受工伤保险和伤亡赔偿权

法律明确赋予了职工享有工伤保险和获得伤亡赔偿的权利。有如下几点:

(1)职工依法享有工伤保险和伤亡求偿的权利。法律规定这项权利必须以劳动合同必要条款的书面形式加以确认。没有依法载明或者免除或者减轻矿山企业对职工因生产安全事故伤亡依法应承担的责任的,是一种非法行为,应当承担相应的法律责任。

（2）矿山企业依法为职工缴纳工伤社会保险费和给予民事赔偿。矿山企业不得以任何形式免除该项义务,不得变相以抵押金、担保金等名义强制职工缴纳工伤社会保险费。

（3）发生生产安全事故后,职工首先依照劳动合同和工伤社会保险合同的约定,享有相应的赔付金。如果工伤保险金不足以补偿受害者的人身损害及经济损失的,依照有关民事法律应当给予赔付,职工或其亲属有要求矿山企业给予赔偿的权利,矿山企业必须履行相应的赔偿义务。否则,受害者或其亲属有向人民法院起诉和申请强制执行的权利。

（4）职工获得工伤社会保险赔付和民事赔偿的金额标准、领取和支付程序,必须符合法律、法规和国家的有关规定。职工和矿山企业均不得自行确定标准,不得非法提高或者降低标准。

三、职工在安全生产方面的义务

作为法律关系的内容的权利和义务是对等的。没有无权利的义务,也没有无义务的权利。职工依法享有权利,同时也必须承担相应的法律义务和法律责任。职工在生产劳动中,除享有安全卫生的有关权利以外,还应当承担相应的义务。

职工在安全生产方面的义务主要有以下方面。

1. 遵章守纪,服从管理

企业生产涉及大量的人员、设备和工艺。为保证生产的顺利进行,根据有关法律、法规的规定,矿山企业制定本单位安全生产的规章制度和操作规程。职工必须严格依照这些规章制度和操作规程进行生产经营作业。矿山企业的负责人和管理人员有权依照规章制度和操作规程进行安全管理,监督检查职工遵章守纪的情况。对这些安全生产管理措施,职工必须接受并服从管理。依照法律规定,矿山企业的职工不服从管理,违反安全生产规章制度和操作规程的,由矿山企业给予批评教育,依照有关规章制度给予处分;造成重大事故,构成犯罪的,依照刑法有关规定追究刑事责任。

2. 正确使用劳动防护用品

为保障职工人身安全,矿山企业必须为职工提供必要的、符合要求的劳动防护用品,以避免或者减轻作业和事故中的人身伤害。同时,有关法律要求职工必须正确佩戴和使用劳动防护用品,比如矿工下井作业时必须佩戴矿灯用于照明,从事高空作业的工人必须佩挂安全带以防坠落等。

3. 接受培训,掌握安全生产技能

不同矿山企业、不同工作岗位和不同的生产经营设施、设备具有不同的安全技术特性和要求。随着生产经营领域的不断扩大和高新安全技术装备的大量使用,矿山企业对职工的安全素质要求越来越高。职工的安全生产意识和安全技能的高低,直接关系到生产经营活动的安全可靠性。特别是从事矿山、建筑、危险物品生产和使用作业的职工,更需要具有系统的安全知识、熟练的安全生产技能,以及对不安全因素和事故隐患、突发事故的预防、处理能力和经验。为搞好安全生产,防止发生伤亡事故,职工有义务接受安全生产教育和培训,掌握本职工作所需的安全生产知识,提高安全生产技能,增强事故预防和应急处理能力。

4. 发现事故隐患及时报告

职工直接进行生产经营作业,是事故隐患和不安全因素的第一当事人。如果在作业现场发现事故隐患和不安全因素后,不及时报告,往往会贻误时机,以致发生重大、特大事故。为此,有关法律规定:职工发现事故隐患或者其他不安全因素,应当立即向现场安全生产管理人员或者本单位负责人报告;接到报告的人员应当及时予以处理。矿山企业发生生产安全事故后,事故现场有关人员应当立即报告本单位负责人。

第四节　矿山安全管理制度

矿山安全管理制度是指为贯彻《安全生产法》、《矿山安全法》及其他安全生产法律、法规、标准，有效地保护矿山职工在生产过程中的安全健康，保障矿山企业财产不受损失而制定的安全管理规章制度。《矿山安全法》规定矿山企业必须建立、健全安全生产责任制，对职工进行安全教育、培训，向职工发放劳动防护用品，矿山企业的职工必须遵守有关矿山安全的法律、法规和企业规章制度，工会依法对矿山安全工作进行监督等规定。因此，为了保护劳动者在劳动过程中的安全与健康，根据本单位的实际情况，依据有关法律、法规和规章的要求，矿山企业应该建立、健全劳动安全管理制度。

一、安全生产责任制

安全生产责任制是最基本的安全管理制度，是所有安全管理制度的核心，是"企业负责"的具体落实。安全生产责任制的实质是"安全生产，人人有责"，核心是切实加强对安全生产的领导，建立起各级、各部门行政领导为第一责任人的制度，按照安全生产方针和"管生产必须管安全"、"谁主管谁负责"的原则，将各级管理人员、各职能部门及其工作人员和岗位生产人员在安全管理方面应做的事情和应负的责任加以明确规定。

企业主要负责人是企业安全生产的第一责任人；矿长对本矿的安全生产工作负责；各级主要负责人对本单位的安全生产工作负责，其技术负责人对本单位的安全技术工作负责。各级职能机构对其职责范围内的安全生产工作负责。这是矿山企业制定安全生产责任制的基本原则。

企业应遵循"横向到边、纵向到底"的原则建立安全生产管理体系。纵向上，企业从最高管理者到最基层，其安全生产组织管理体系可分为若干个层次,这个层次与企业的规模有关,一般都可以归纳为决策层、管理层和执行层,每个层次的人员分别担负起不同的责任,使企业的安全工作形成一个整体,并有机运行。横向上,企业又可分为生产、经营、技术、教育等部门,而且生产又有设备、动力等部门。部门负责可有效地调动各个系统的主管领导搞好分管范围内的安全生产的积极性,形成人人重视安全、人人管理安全的局面。

有的企业还建立了安全生产委员会,由矿长(经理)任主任,由各系统、部门的领导共同组成。

在建立企业安全生产管理体系的时候,应充分发挥各职能部门的作用,真正做到"党政工团,齐抓共管"。企业,特别是在小型、私有企业,应充分发挥工会组织的作用,依照《矿山安全法》所赋予的权力,切实地依法维护职工安全生产的合法权益,组织职工对矿山安全工作进行监督。

矿山企业各级各类人员的安全生产职责如下。

1. 矿山企业法定代表人(含矿长、经理、董事长、矿务局局长)的安全生产职责

矿长、经理、董事长、矿务局局长是矿山企业安全生产第一责任人,对矿山企业安全生产工作负全面领导责任,其职责有:

(1)认真贯彻执行《安全生产法》《矿山安全法》和其他法律、法规中有关矿山安全生产的规定。

(2)建立健全本企业安全生产责任制。

(3)组织制定本单位安全生产规章制度和操作规程。

(4)设置安全生产管理机构或者配备专职安全管理人员,负责对矿山企业进行全面的安全管理。

(5)保证本企业安全生产投入的有效实施,不断改善职工劳动条件,保证安全生产所需要的材料、设备、仪器和劳动防护用品的及时供应。

(6)对职工进行安全教育、培训。

（7）组织制定并实施矿山事故应急救援预案。

（8）及时采取措施，处理矿山存在的事故隐患。

（9）及时、如实报告矿山生产安全事故，并积极组织抢救。

2. 主管安全生产的企业副职领导（副矿长、副经理、副董事长、副局长）的安全生产职责

（1）协助企业法定代表人具体抓好矿山企业的安全生产工作。

（2）对矿山企业安全生产工作负直接领导责任。

3. 分管其他方面的企业副职领导（副矿长、副经理、副董事长、副局长）的安全生产职责

对其分管工作中涉及安全生产的内容负责，承担相应的安全生产职责。

4. 各级总工程师（包括主任工程师、主管工程师、技术负责人）的安全生产职责

对矿山企业安全生产负技术责任。

5. 采区（包括工区、车间、坑口采场）的负责人安全生产职责

（1）贯彻执行安全生产规章制度，对本采区职工在生产过程中的安全健康负全面责任。

（2）合理组织生产，在计划、布置、检查、总结、评比生产的各项活动中都必须包括安全工作。

（3）经常检查现场的安全状况，及时解决发现的隐患和存在的问题。

（4）经常向职工进行安全生产知识、安全技术、规程和劳动纪律的教育，提高职工的安全生产思想认识和专业安全技术知识水平。

（5）负责提出改善劳动条件的项目和实施措施。

（6）对本采区伤亡事故和职业病登记、统计、报告的及时性和正确性负责，分析原因，拟定改进措施。

（7）对特殊工种工人组织培训，并必须经过严格考核合格后，持合格证方能上岗操作。

6.班组长、工段长的安全生产职责

（1）组织矿工学习安全操作规程和矿山企业及本采区的有关安全生产规定，教育工人严格遵守劳动纪律，按章作业。

（2）经常检查本工段、班组矿工使用的机器设备、工具和安全卫生装置，以保持其安全状态。

（3）对本工段、班组作业范围内存在的危险源进行日常监控管理和检查。

（4）整理工作地点，以保持清洁文明生产。

（5）组织工段、班组安全生产竞赛与评比，学习推广安全生产经验。

（6）及时分析伤亡事故原因，吸取教训，提出改进措施。

（7）有权拒绝上级的违章指挥。

7.安全管理部门的安全生产职责

（1）当好矿山企业领导在安全生产工作方面的助手和参谋，协助矿山企业领导做好安全生产工作。

（2）对矿山安全法律、法规、规程、标准及规章制度的贯彻执行情况，进行监督检查。

（3）制定和审查本企业的安全生产规章制度，并督促贯彻执行。

（4）组织审查改善劳动条件的项目，并督促按期完成。

（5）经常进行现场检查，及时掌握危险源动态，研究解决事故隐患和存在的安全问题，遇到有危及人身安全的紧急情况，应采取应急措施，有权指令先行停止生产，后报告领导研究处理。

（6）组织推动安全生产宣传教育、经验交流和培训工作。

（7）参加伤亡事故的调查处理，对伤亡事故和职业病进行统计分析和报告，并提出防范措施，督促贯彻执行。

（8）制定劳动防护用品管理制度，并督促执行。

（9）指导工段、班组安全员的工作。

8.职能部门的安全生产职责

矿山企业中的生产、技术、设计、动力、机械设备、通风、劳资、保卫、供销、运输、财务等各有关专职机构,都应在各自业务范围内,对实现安全生产的要求负责,承担分管业务中相应的安全生产职责。

9. 安全员的安全生产职责

(1)组织学习有关安全生产的规章制度,监督检查工人遵守规章制度和劳动纪律。

(2)经常检查设备设施和工作地点的安全状况。

(3)组织分析伤亡事故原因,采取防范措施。

(4)发现危及人身安全的紧急情况时,有权停止其作业,并立即报告小组长、工段长处理。

(5)教育职工正确使用个人防护用品。

10. 工人的安全生产职责

(1)自觉遵守矿山安全法律、法规及企业安全生产规章制度和操作规程,不违章作业,并要制止他人违章作业。

(2)接受安全教育培训,积极参加安全生产活动,主动提出改进安全工作的意见。

(3)有权对本单位安全生产工作中存在的问题提出批评、检举、控告。

(4)有权拒绝违章指挥和强令冒险作业。

(5)发现隐患或其他不安全因素应立即报告,发现直接危及人身安全的紧急情况时,有权停止作业或采取应急措施后撤离作业现场,并积极参加抢险救护。

(6)正确佩戴和使用劳动防护用品。

二、安全检查制度

安全检查是消除隐患、防止事故、改善劳动条件的重要手段,是矿山企业安全生产管理工作的一项重要内容。通过安全检查可以及时发现矿山企业生产过程中的危险因素及事故隐患和管理上的不足,以便有计划地采取措施,保证安全生产。

1. 安全检查的内容

（1）查思想。检查各级领导对安全生产的思想认识情况，以及贯彻落实"安全第一、预防为主、综合治理"方针和"三同时"等有关情况。

（2）查制度。检查矿山企业中各项规章制度的制定和贯彻执行情况。

（3）查管理。检查各采场、工段、班组的日常安全管理工作的进行情况，检查生产现场、工作场所、设备设施、防护装置是否符合安全生产要求。

（4）查隐患和整改。检查重大危险源监控和事故隐患整改的落实情况及存在问题。

（5）查事故处理。检查企业对伤亡事故是否及时报告、认真调查、严肃处理。

2. 安全检查的类别

安全检查可分为日常性检查、定期检查、专业性检查、专题安全检查、季节性检查、节假日前后的检查和不定期检查。

（1）日常性检查，即经常性的、普遍的检查。班组每班次都应在班前、班后进行安全检查，对本班的检查项目应制定检查表，按照检查表的要求规范地进行。专职安全人员的日常检查应该有计划，针对重点部位周期性地进行。

（2）定期检查，矿山企业管理部门每年对其所管辖的矿山至少检查一次，矿每季至少检查一次；坑口（车间）、科室每月至少检查一次。定期检查不能走过场，一定要深入现场，解决实际问题。

（3）专业性检查，是由矿山企业的职能部门负责组织有关专业人员和安全管理人员进行的专业或专项安全检查。这种检查专业性强，力量集中，有利于发现问题和处理问题，如采场冒顶、通风、边坡、尾矿库、炸药库、提升运输设备等的专业安全检查等。

（4）专题安全检查，是针对某一个安全问题进行的安全检查，如防火检查、尾矿库安全度汛情况检查、"三同时"落实情况的检查、安全措施经费及使用情况的检查等。

（5）季节性检查，是根据季节特点，为保障安全生产的特殊要求所进行的检查。如夏季多雨，要提前检查防洪防汛设备，加强检查井下顶板、涌水量的变化情况；秋冬两季天气干燥，要加强防火检查。

（6）节假日前后的检查，包括节假日前进行安全综合检查，落实节假日期间的安全管理及联络、值班等要求；节假日后要进行遵章守纪的检查等。

（7）不定期检查，主要是指在新、改、扩建工程试生产前以及装置、机器设备开工和停工前、恢复生产前等进行的安全检查。

三、安全教育培训制度

安全教育培训是矿山企业安全管理的一项重要内容。通过安全知识教育和技能培训，使职工增强安全意识，熟悉和掌握有关的安全生产法律、法规、标准和安全生产知识和专业技术技能，熟悉本岗位安全职责，提高安全素质和自我防护能力，控制和减少违章行为，做到安全生产。

1. 安全教育培训的内容

（1）思想教育

思想教育是安全教育的首要内容，包括思想认识教育和劳动纪律教育。思想认识教育主要是提高各级管理人员和职工群众对安全生产工作的重要性的认识，使其懂得安全生产工作对促进经济建设的意义，增强责任感。劳动纪律教育主要是使管理人员和职工懂得严格遵守劳动纪律对实现安全生产的重要性，提高遵守劳动纪律的自觉性，保障安全生产。

（2）法律法规政策教育

安全生产法律法规和政策是安全生产方针的具体体现，要采取各种措施和形式大力宣传，认真贯彻执行，以使各级领导和广大职工提高政策水平,增强安全生产意识,减少伤亡事故和职业病。

（3）安全知识和技能教育

安全知识和技能教育包括生产技术知识、安全技术知识和专业安全技能的教育。

生产技术知识是指矿山企业的基本生产概况、生产技术过程、作业方法或工艺流程、产品的结构性能,各种生产设备的性能和知识,以及装配、包装、运输、检验等知识。

安全技术知识是指矿山企业内特别危险的设备和区域及其安全防护的基本知识和注意事项,有关机电安全知识,采矿、边坡、尾矿库、排土场、炸药库、危险化学品仓库、起重提升、吊车及矿内运输的有关安全知识,有毒、有害的作业防护,防火知识,防护用品的正确使用方法以及伤亡事故和职业危害的报告办法等。

专业安全技能是指职工从事某一工种所应具备的专门的安全生产技能,以及本岗位应知应会的内容。

（4）典型事故案例教育

典型事故案例教育是结合本企业或外企业的事故教训进行教育,通过典型事故案例教育可以使各级领导和职工看到违章违规指挥和行为给人民生命和国家财产造成的损失,提高安全意识,从事故中吸取教训,防止类似事故发生。

2. 安全教育培训的类型

根据不同的对象,安全培训教育主要有以下几种类型。

（1）新工人入矿的三级安全教育

新工人入矿三级安全教育是指厂矿、车间和班组三级安全教育。

厂矿级安全教育是矿部负责对新入矿的工人,在没有分配至班组或工作地点之前进行的入矿安全教育。新进矿山的井下作业职工,接受安全教育、培训时间不得少于72小时;新进露天矿的职工接受安全教育、培训时间不得少于40小时。教育培训结束经考试合格后,方可分配到岗位工作。教育的主要内容有:国家矿山安全法律、法规、规程;本矿山企业安全生产的一般知识和规章制度;安全生产状况和特殊危险地点及注意事项;一般电气、机械和采区安全知识及防火防爆知识;伤亡事故教训等。教育的方法可根据本矿山企业的生产特点,机械设备的复杂情况,新入矿工人的数量多少等情况,采取不同的方法进行。如讲课、会议、座谈、演练、参观展览、安全影视、看录像等。

车间级安全教育是车间负责人对新分配到车间的工人进行采场安全生产教育。主要内容有:采区规章制度和劳动纪律;采场危险地区及事故隐患、有毒有害作业的防治情况及安全规定;采场安全生产情况及问题;曾发生事故的原因分析及防范措施等。教育方法一般是采场安全员讲解,实地参观或进行直观教育。

班组级安全教育是工段长、班组长对新工人或调动工作的工人,到了固定岗位开始工作前的安全教育。新的井下作业职工,在接受安全教育、培训并经考试合格后,必须在有安全工作经验的师傅带领下工作满 4 个月,再次经考核合格,方可独立作业。教育的主要内容有:本工段或班组的安全生产概况、工作性质、职责范围及安全操作规程;工段、班组的安全生产守则及交接班制度;本岗位易发生的事故和尘毒危害情况及其预防和控制方法;发生事故时的安全撤退路线和紧急救灾措施;个人防护用品的使用和保管。教育采用讲解、示范等师傅带徒弟的办法。

(2)特种作业人员教育培训

矿山特种作业人员从事的特种作业,是指对操作者本人及他人和周围环境的安全有重大危害的作业,一旦发生事故,对整个矿山企业生产的影响较大,还会造成严重的生命、财产损失。因此,矿山企业必须组织特种作业人员参加由国家规定的部门进行的专门技术培训,经过考核合格,取得特种作业操作证后,方准上岗操作。

《特种作业人员安全技术培训考核管理规定》(国家安全生产监督管理总局令第 30 号)规定,金属非金属矿山特种作业包括 8 个工种：金属非金属矿井通风作业、尾矿作业、金属非金属矿山安全检查作业、金属非金属矿山提升机操作作业、金属非金属矿山支柱作业、金属非金属矿山井下电气作业、金属非金属矿山排水作业、金属非金属矿山爆破作业。

金属非金属矿山安全检查作业，是指从事金属非金属矿山安全监督检查，巡检生产作业场所的安全设施和安全生产状况，检查并督促处理相应事故隐患的作业。

以前规定的矿山特种作业人员是指爆破工、矿井通风工、信号工、泵工、拥罐（把钩）工、绞车操作工、主提升机操作工、主扇风机操作工、输送机操作工、矿山电工、金属焊接（切割）工、矿内机动车司机、尾矿工、安全检查工以及经安全生产监督管理部门认定的其他危险工种的作业人员，目前有一些单位还在沿用这些工种。

对于特种作业人员的培训教育有两个方面：一是安全技术知识的教育，二是实际操作技能的训练。对特种作业人员的培训，可采取脱产或半脱产方式，以及对口专业的定期培训、轮训。已取得特种作业操作证的特种作业人员，每三年复审一次。

（3）日常安全教育

要使全体职工重视和真正实现安全生产，应对职工进行日常的经常性安全生产教育。矿山企业每年应对职工进行不少于 20 小时的在职安全教育。日常安全教育的主要内容和形式包括：学习有关安全生产法规、文件，矿山企业规章制度、安全操作规程，开展各种形式的安全活动、班前会、每周安全活动日等；召开事故分析会、安全交流会，特别是典型经验交流会和典型事故教训分析会；开展安全生产竞赛，利用安全教育室举办安全展览，播放安全电影、录像等。

（4）其他人员的安全教育

在采用新工艺、新技术、新设备、新材料时，要进行新的操作方法、操作规程、安全管理制度和防护方法的教育。

职工调换工种或离岗一年以上重新上岗时，必须进行相应的车间级或班组级安全教育。

（5）各级管理干部、安全员安全教育

各级管理干部、安全员的安全教育由矿山企业负责进行。教育内容是：国家矿山安全法律、法规、规程和标准；本企业的安全生产规章制度、安全生产特点和安全生产技术知识；本企业、本单位及本人所管辖范围内的生产过程中，主要危险区域、危险源、职业危害以及容易引起事故和职业病的类别及触发条件；预防事故、职业病的对策和措施。同时，还应学习与掌握发生灾害时，防止灾害扩大或减少损失的措施。教育可采用送出去脱产学习、集中学习，或现场演示、座谈、讨论、看文件等方式。

（6）矿长安全教育培训

《矿山安全法》第二十七条规定"矿长必须经过考核，具备安全专业知识，具有领导矿山生产和处理矿山事故的能力"。因此，矿山企业的主要负责人均须取得"矿长安全资格证"，才能上岗。培训考核的主要内容有：《安全生产法》《矿山安全法》和有关法律、法规以及矿山安全规程；本行业安全生产专业、技术知识；安全生产管理能力；矿山事故处理能力；安全生产业绩；矿山事故处理及预防灾害的知识与措施。

四、矿山安全生产许可证制度

为了严格规范安全生产条件，进一步加强安全生产监督管理，2004年1月13日国务院发布了第397号令《安全生产许可证条例》，规定我国矿山企业、建筑施工企业和危险化学品、烟花爆竹、民用爆破器材生产企业等高危险性行业实施安全生产许可证制度。2009年6月6日国家安全生产监督管理总局第20号令新修订的《非煤矿矿山企业安全生产许可证实施办法》，对非煤矿矿山企业安全生产条件、安全生产许可证的颁发管理工作作出了具体的规定。

我国金属非金属矿山规模普遍偏小，装备技术水平较低，开采技术落后,伤亡事故率高,是高危险性行业。实行安全生产许可证制度,从基本安全生产条件方面规定金属非金属矿山的准入条件,严格规范金属非金属矿山的安全管理、开采技术和装备水平,从源头上杜绝不具备安全生产条件的企业进入安全生产领域,可有效提高金属非金属矿山行业的办矿水平,从而提高全行业的安全生产水平,大幅降低非煤矿山的安全事故。

所有非煤矿矿山企业都要依法取得安全生产许可证。未取得安全生产许可证的,不得从事生产活动。发放安全生产许可证的范围包括金属非金属矿山企业,陆上石油、天然气开采企业,海洋石油、天然气开采企业,地质勘探企业以及采掘施工企业。取证企业必须达到《非煤矿矿山企业安全生产许可证实施办法》第二章规定的条件。非煤矿矿山企业安全生产许可证的颁发管理工作实行企业申请、两级发证、属地监管的原则。安全生产许可证的有效期为 3 年。已经建成投产的非煤矿矿山企业在申请安全生产许可证期间,应当依法进行生产,确保安全;不具备安全生产条件的,应当进行整改并制定安全保障措施;经整改仍不具备安全生产条件的,不得进行生产。非煤矿矿山企业不得转让、冒用、买卖、出租、出借或者使用伪造的安全生产许可证。

五、"三同时"管理制度

1. "三同时"概念

"三同时"是指矿山新建、改建、扩建工程和技术改造工程项目必须有保障安全生产、预防事故和职业危害的安全设施,安全设施必须与主体工程同时设计、同时施工、同时投入生产和使用。"三同时"以及安全评价制度是贯彻落实"安全第一、预防为主、综合治理"的方针,保证建设项目做到本质安全,不留事故隐患的重要保障。开展好此项工作,是安全生产管理工作从现状监控、事后处理型转化为事前预防型的重要措施。

2. 安全设施设计及设计审查

(1)矿山设计单位在矿山建设工程项目的可行性研究报告和总体设计中,应当对矿山开采的安全条件进行论证。

(2)矿山建设工程项目的初步设计,必须编制安全专篇。安全专篇编写的主要内容是工程设计的依据及概述,危害安全生产的因素分析及预防措施,矿山安全机构设置及人员配备,安全专项投资概算,预期效果评价及建议,并附相关图纸。

(3)矿山建设单位在向矿山企业主管部门报送矿山建设工程安全设施的设计文件审批时,必须同时报送同级安全生产监督管理部门审查。矿山设计必须符合矿山安全规程和行业技术规范。安全设施的设计未经安全生产监督管理部门参加审查并同意的,矿山企业主管部门不得批准设计。批准后的设计需要修改时,修改内容也必须征得原批准部门和参加审查的安全生产监督管理部门的同意。

3. 安全设施竣工验收

(1)矿山建设工程及安全设施必须按照批准的设计进行施工,并保证施工质量。

矿山建设工程施工单位必须持有安全生产综合监督管理部门颁发的"矿山建设施工单位安全资格证",方准对矿山建设工程进行投标、承包和施工。

(2)矿山建设工程安全设施竣工后,建设单位应在验收前 60 日,向矿山企业主管部门、安全生产监督管理部门报送安全设施施工和竣工情况的综合报告及有关资料。

(3)矿山企业主管部门和安全生产监督管理部门在收到综合报告 30 日内,组织专业技术人员对矿山建设工程的安全设施进行检查;也可组织有资质的中介机构进行检测评价,提交安全设施检测评价报告,对不符合矿山安全法律、法规、标准、规程、规范的,在 7 日内向建设单位、施工单位提出改进意见,并在验收前,对整改情况进行复查。

（4）矿山企业主管部门应组织安全生产监督管理部门和其他部门，按照矿山安全规程和行业技术规范以及批准的《矿山安全专篇》，对安全设施进行验收，验收不合格的，不得投入生产。

4. 安全设施"三同时"要求

为使"三同时"落到实处，有关方面应遵循以下要求：

（1）各级计划、经济管理部门和矿山企业主管（行业管理）部门对矿山建设工程项目的安全设施组织实施"三同时"。

（2）矿山建设单位对矿山建设工程项目安全设施的"三同时"负全面责任。

（3）设计单位对矿山建设工程项目安全设施的设计负责。

（4）施工单位对矿山建设工程项目安全设施的工程质量负责。

（5）参加审查、验收的部门和人员，对审查、验收的结果负责。

（6）各级安全生产监督管理部门对矿山建设工程项目安全设施的"三同时"实施国家监察。

六、安全评价和安全生产标准化

1. 安全评价

《安全生产法》第二十九条规定，"矿山、金属冶炼建设项目和用于生产、储存、装卸危险物品的建设项目，应当分别按照国家有关规定进行安全评价。"矿山安全评价就是根据矿山安全法律、法规、标准和规范，运用安全系统工程的原理和方法，对矿山建设工程、生产运行系统中存在的危险、有害因素进行查找、辨识与分析，对危险、危害程度进行定性定量评价，判断工程、系统发生事故与职业危害的可能性及严重程度，提出合理可行的安全对策措施及建议，指导危险源监控和事故预防，以达到最低事故率、最少损失和最优的安全投资效益，实现工程、系统安全的目的。

矿山安全评价可分为安全预评价、安全验收评价、安全现状综合评价三类。

（1）安全预评价

安全预评价是根据建设项目可行性研究报告的内容，依据安全法律、法规及行业标准、规范运用科学的评价方法，分析和预测该建设项目可能存在的危险、有害因素的种类、程度和范围，提出合理可行的消除或减弱危险、有害因素的安全技术和管理措施及建议，作为该建设项目初步设计和施工的依据。安全预评价实质上是应用安全评价的原理和方法对工程项目、系统的危险性、危害性进行预测性评价。

安全预评价应当在可行性研究报告批复后、初步设计之前完成。

（2）安全验收评价

安全验收评价是在建设工程项目竣工、试运行正常后，对建设项目的设施、设备、装置实际运行状况及管理状况的安全评价，实质上是符合性、有效性评价。评价已竣工的建设工程项目是否符合设计要求，是否满足有关安全生产法律、法规、技术标准及规范的要求，是否能有效预防矿山企业重大事故，查找该建设项目投产后可能潜藏的危险、有害因素，并确定其程度，提出合理可行的安全技术调整方案和安全管理措施及建议，并对是否具备投产条件提出结论性意见。

安全验收评价应当在建设项目投入正式生产前完成。

（3）安全现状综合评价

安全现状综合评价是运用各种安全评价方法和技术，对生产企业的安全现状进行全面、综合的分析、评价，查找生产中存在的危险、有害因素并确定其程度以及安全管理上的缺陷问题，提出切实可行的安全对策措施及建议，预防事故发生。

2. 安全生产标准化

2006 年 11 月 2 日国家安全生产监督管理总局颁布了《金属非金属矿山安全标准化规范》（以下简称《规范》），以安全生产行业标准发布（标准号 AQ 2007—2006），并于 2007 年 7 月 1 日开始实施。《规范》结合矿山的安全生产实际与需求，针对金属非金属地下矿山、露天矿山、小型露天采石场和尾矿库四种不同类型,分别制定了安全生产标准化实施指南。从结构上看,《规范》借鉴了现代管理体系的架构,包括 1 个规范导则、4 个实施指南。分别是《金属非金属矿山安全标准化规范导则》(AQ 2007.1—2006,以下简称《导则》)、《金属非金属矿山安全标准化规范 地下矿山实施指南》(AQ 2007.2—2006)、《金属非金属矿山安全标准化规范 露天矿山实施指南》(AQ 2007.3—2006)、《金属非金属矿山安全标准化规范 尾矿库实施指南》(AQ 2007.4—2006)、《金属非金属矿山安全标准化规范 小型露天采石场实施指南》(AQ 2007.5—2006)。

《导则》对矿山企业建设安全生产标准化提出总体要求,特别是结合非煤矿山安全许可制度,明确提出了建设安全生产标准化的 14 个核心要素,即:安全生产方针和目标,安全生产法律法规与其他要求,安全生产组织保障,危险源辨识与风险评价,安全教育培训,生产工艺系统安全管理,设备设施安全管理,作业现场安全管理,职业卫生管理,安全投入,安全科技与工伤保险,检查、应急管理,事故、事件调查与分析,绩效测量与评价。

矿山企业安全生产标准化工作采用"策划、实施、检查、改进"动态循环的模式,结合自身的特点,建立并保持安全生产标准化体系;通过自我检查、自我纠正和自我完善,建立安全绩效持续改进的安全生产长效机制。

矿山安全生产标准化工作采用自主评定、外部审核的方式。矿山企业根据有关评分细则,对本单位开展安全生产标准化工作情况进行评定,自主评定后申请外部审核定级。安全生产标准化评审分为一级、二级、三级,其中一级最高。

七、职业安全卫生技术措施计划制度

安全卫生技术措施计划制度是企业安全生产管理制度的重要组成部分,它是矿山企业有计划有步骤地改善劳动条件,防止伤亡事故和职业病的一项重要措施。编制安全技术措施计划并组织实施,可以把改善劳动条件纳入矿山企业的生产建设计划中,有效地利用资金来加强职工安全培训教育和劳动保护,解决生产中存在的一些重大事故隐患,使矿山企业劳动条件的改善逐步走向法制化、制度化。

1. 安全卫生措施计划的主要内容和范围

(1)安全卫生措施计划编制的主要内容

安全卫生措施计划编制的主要内容包括:①单位或工作场所;②措施名称;③措施内容和目的;④经费预算及其来源;⑤负责设计、施工的单位或负责人;⑥开工日期及竣工日期;⑦措施执行情况及其效果。

(2)安全卫生措施计划的范围

安全措施计划的范围包括:改善劳动条件、防止伤亡事故、预防职业病和职业中毒等内容,具体有以下几种。

①安全技术措施,即预防职工在生产过程中发生工伤事故的各项措施,其中包括防护装置、保险装置、信号装置、防爆炸设施等措施。

②职业卫生措施,即预防职业病和改善职业卫生环境的必要措施,其中包括防尘、防毒、防噪声、通风、照明、取暖、降温等措施。

③房屋设计等辅助性措施,即为保障安全技术、职业卫生环境所必需的房屋设施等措施,其中包括更衣室、淋浴室、消毒室、妇女卫生室、厕所等。

④安全宣传教育措施,即为宣传普及安全卫生法律、法规、基本知识所需要的措施,其主要内容包括:安全卫生教材等图书资料,安全卫生展览和训练班等。

2. 安全卫生技术措施计划编制的依据和方法

编制职业安全卫生技术措施计划主要依据以下几方面:

(1)国家发布的有关职业安全卫生政策、法规和标准。

(2)在安全卫生检查中发现而尚未解决的问题。

（3）造成伤亡事故和职业病的主要原因和所应采取的措施。

（4）生产发展需要所应采取的安全技术和工业卫生技术措施。

（5）安全卫生技术革新项目和职工提出的合理化建议。

编制计划时，企业领导应根据本企业的情况，分别向车间提出具体要求，进行布置。车间主任要会同有关单位和人员制订出本车间的具体措施计划，经群众讨论，送安技科审查汇总，技术科编制、计划科综合后，由企业领导召开有关科室、车间等负责人参加的会议，确定措施项目施工负责人，规定完成日期，经企业领导批准后，报请上级部门核定。根据上级核定的结果，与生产计划同时下达各车间贯彻执行。

3. 安全卫生技术措施计划的经费来源

《矿山安全法》第三十二条规定："矿山企业必须从矿产品销售额中按照国家规定提取安全技术措施专项费用。安全技术措施专项费用必须全部用于改善矿山安全生产重要条件，不得挪作他用。"

八、危险源监控管理、隐患治理制度

1. 危险源监控管理制度

危险源是矿山企业建设、生产经营过程中潜在的危险，并在一定转化条件下能造成重大人员伤亡事故和财产损失及职业危害的不安全因素。它存在于受老窑水、断层水、含水层水威胁的作业场所，危险化学品库、尾矿库、爆破器材库、采面（采场）顶板、露天矿边坡、大面积采空塌陷区等是矿山企业安全生产重点控制和管理的部位。

为了搞好危险源的监控管理，必须对危险源进行辨识。通过对本企业的作业场所、作业条件和设备设施所存在的不安全因素进行综合分析，辨识出危险源，确定危险部位及造成事故的触发条件，预测造成事故的类别、职业危害及其后果，确定危害程度，设立警示标志，进行登记建档管理，实施现场挂牌监控。

矿山企业应当根据危险源的危害程度和触发条件，制定出有效的监控管理措施,进行定期检测、评估并制定应急处理预案。本着"谁主管、谁负责"的原则,实行集团公司、矿部、采场、工段和班组分级管理,定期检查。同时,还要结合矿山企业技术改造,采用新技术、新设备、新工艺、新材料来减少或消除其危害程度。重大危险源所在的企业,应对该危险源负全部责任。

矿山企业对矿山危险源建立监控管理制度,是把安全工作重点由事后处理转移到事前预防的轨道上来,是控制事故发生和职业危害的一项有效措施。

2. 隐患治理制度

矿山企业对事故隐患管理应建立隐患排查、登记、整改治理、销案制度,凡属已经检查发现的隐患,矿山企业均须逐项登记,并按照职责范围,实行班组、采区、矿部和公司分级负责整治的制度。要做到"三定四不推",即定负责人、定措施(包括经费来源)、定完成期限;凡班组、工段能解决的不推给采区、车间,采区、车间能解决的不推给矿部,矿部能解决的不推给公司、主管部门,公司、主管部门能解决的不推给县、市、省,做到及时整治,按期销案。

隐患管理工作的具体要求如下:

(1)矿山企业要严格管理,坚持"三同时"原则,从源头上减少隐患。

(2)加强培训教育,强化全员隐患意识,提高对隐患危害性的认识,发动群众排查身边隐患。

(3)认真开展各项安全检查,检查发现涉及安全生产的隐患、缺陷和问题,均应逐项登记,并按照职责范围,实行班组、采区、矿部、公司分级负责整治的制度。

(4)明确安全责任,理顺隐患整改治理机制,按照"三定四不推"原则,对隐患分级管理。

(5)坚持标准,提高隐患整改治理的科学管理水平。

(6)广开渠道,保障隐患整改治理资金的投入到位。

(7)落实措施,充分发挥工会和职工的群众监督作用,共同搞好隐患管理。

(8)加强隐患整改治理的信息反馈调节和督办检查,推动隐患整改治理按期销案。

(9)对一时不能消除的重大、特大事故隐患要加强监控、动态跟踪、确保安全,实行隐患整治指令制度,以推动隐患整治。

(10)事故隐患整改治理消除后,隐患整治单位应向原登记立案单位予以销案。

隐患治理是一件关系矿山职工生命财产安全和维护国家法纪的重要工作。矿山企业及其主管部门的领导人,对本企业、本部门的隐患整改治理工作负全面责任。对存在的隐患,不采取有效防护措施,发生伤亡事故的,安全法规规定,必须依法追究企业领导人和有关责任人的责任。因此,矿山企业各级领导必须以高度负责的态度和严肃认真的精神建立健全隐患整改治理制度,做好隐患整改消除工作。

九、职工伤亡事故和职业病统计报告管理制度

矿山企业发生伤亡事故必须立即组织抢救,立即如实报告当地安全生产监督管理部门和其他有关部门。未及时如实报告矿山事故或者瞒报事故的,按国家规定将受到处罚。同时,矿山企业也应做好伤亡事故的统计、分析工作。

职业病是指职工在生产劳动过程及其他职业活动中,因接触职业性有害因素引起的疾病。尘肺病是指在生产活动中吸入粉尘而发生的以肺组织纤维化为主的疾病。尘肺病在我国矿山发病范围最广、危害最大,必须重点防范。

矿山企业发生的职业病应及时上报。职工被确诊患有职业病后,其所在单位应根据职业病诊断机构的意见,安排其医疗或疗养。在医治或疗养后被确认不宜继续从事原有害作业或工作的,自确认

之日起的两个月内将其调离原工作岗位,另行安排工作;对于因工作需要暂不能调离的生产、工作技术骨干,调离期限最长不得超过半年。

十、安全考评奖惩制度

安全考评奖惩制度是企业安全管理制度的重要组成部分,是安全工作"计划、布置、检查、总结、评比"原则的具体落实和延伸。通过对企业内各单位的安全工作进行全面的总结评比,奖励先进,惩处落后,以充分调动职工遵章守纪、主动搞好安全工作的积极性。《矿山安全法》第六条规定,对坚持矿山安全生产,防止矿山事故,参加矿山抢险救护,进行矿山安全科学技术研究方面取得显著成绩的单位和个人,给予奖励;第七章对各种违规违制行为的处罚作出了规定。

安全生产总结评比的结果是安全奖惩实施的依据,评比的范围主要包括安全生产目标、违章违制记录、安全监督检查结果、安全教育情况、安全活动情况、安全生产劳动竞赛、安全措施计划完成情况、安全合理化建议数量、安全改革措施等有关安全的各方面。对完成任务、达到目标的单位和责任人,要进行奖励;否则,要进行处罚。对造成伤亡事故和财产损失的要追究有关责任人的行政或法律责任。目前广泛开展的安全奖惩措施有安全目标奖、安全风险抵押金、安全年终奖等形式。安全风险抵押金是根据不同岗位和职责的人员,预先缴纳一定数量的风险抵押金。不同的岗位,所缴纳的抵押金不同,责任大者所缴纳风险抵押金也多。到月底或年终进行考评,对安全生产优胜者,按一定的系数来发放奖金,对责任重大者,其系数定得高,奖金也拿得多。对发生事故者,将扣除风险抵押金。实践证明,这种奖惩制度的效果对促进安全工作作用明显。

各单位应本着促进安全生产的精神,坚持重奖重罚、物质奖励和精神奖励并重的原则,根据企业的实际情况,建立安全生产考评奖惩制度。

十一、劳动防护用品发放与使用制度

劳动防护用品是保护劳动者安全健康的一种预防性辅助措施。《安全生产法》第四十二条规定："生产经营单位必须为从业人员提供符合国家标准或行业标准的劳动防护用品,并监督、教育从业人员按照使用规则佩戴、使用。"矿山企业必须根据国家有关劳动防护用品配备标准的规定,根据本企业的不同工种、不同劳动条件发放劳动防护用品。

为保证劳动防护用品质量,国家对特种劳动防护用品建立了质量检验与认证制度。矿山企业在选购劳动防护用品时,必须选择具有"三证"和"一标志"的防护用品,即生产许可证、产品合格证、安全鉴定证和安全标志。

十二、特种设备管理制度

2013 年 6 月 29 日公布、2014 年 1 月 1 日起施行的《特种设备安全法》规定,特种设备是指对人身和财产安全有较大危险性的锅炉、压力容器(含气瓶)、压力管道、电梯、起重机械、客运索道、大型游乐设施、场(厂)内专用机动车辆,以及法律、行政法规规定适用本法的其他特种设备。

中华人民共和国国务院令 549 号《特种设备安全监察条例》也对特种设备的生产(含设计、制造、安装、改造、维修)、使用、检验检测及其监督检查等作了明确规定。特种设备安全监督管理部门负责对本行政区域内的特种设备进行安全监察。

特种设备生产、使用单位的主要负责人应当对本单位特种设备的安全和节能全面负责,使用单位应当建立健全特种设备安全管理制度和岗位安全责任制度,并应遵守下列规定:

(1)所使用的特种设备应符合安全技术规范的要求,购买的特种设备应附有安全技术规范要求的设计文件、产品质量合格证明、安装及使用维修证明、监督检验证明等文件。

（2）特种设备在投入使用前或者在投入使用后30日内，使用单位应当向直辖市或者设区的市的特种设备安全监督管理部门登记。登记标志应当置于或者附着于该特种设备的显著位置。

（3）使用单位应当建立特种设备安全技术档案。

（4）使用单位应当对在用特种设备进行经常性的日常维护保养，定期进行检查，并做好记录；发现异常情况，应当及时处理。

（5）特种设备应当进行定期检验，检验必须由有资格的单位进行。

（6）特种设备出现故障或者发生异常情况时，使用单位应当进行全面检查，消除事故隐患后，方可投入运行使用。

（7）特种设备存在严重事故隐患，无改造、维护价值，或者超过安全技术规范规定的使用年限，应当及时予以报废，并向原登记部门办理注销。

（8）使用单位应当制定特种设备的事故应急措施和救援预案。

（9）特种设备的作业人员（包括作业人员和相关管理人员）应当经特种设备安全监督管理部门考核合格，取得国家统一格式的特种作业人员证书，方可从事相应的作业或者管理工作。

（10）使用单位应当对特种设备作业人员进行特种设备安全教育和培训，保证特种设备作业人员具备必要的安全作业知识。

（11）特种设备作业人员发现事故隐患或者其他不安全因素，应当立即向现场安全管理人员和有关负责人报告。

第五节　职业危害与劳动保护

在生产劳动过程中存在的对职工的健康和劳动能力产生有害作用并导致疾病的因素，称为职业危害因素。矿山企业常见的职业危害因素有矿尘、生产性毒物和噪声等。

一、职业性危害因素

对劳动者的健康和劳动能力产生有害作用的职业性因素,称为职业危害因素。按其性质可分为以下三类:

(1)化学因素,是指目前引起职业病最为多见的职业性有害因素。包括生产性毒物(如汞、苯、砷、酚、氮氧化物等)和生产性粉尘(如矿尘、煤尘、金属粉尘、有机粉尘等)。

(2)物理因素,包括不良气象条件(如高温、高湿、高低气压等)、噪声、振动、电离辐射、非电离辐射等。

(3)生物因素,主要是指生产现场中存在的细菌、病毒等。

目前,我国露天矿山职业危害因素最严重的是矿尘,井下矿山是炮烟、二氧化碳和各种柴油机排放的废气污染严重。

二、生产性毒物的危害

生产性毒物是指在生产过程中产生或使用的有毒物质。生产性毒物侵入人体的途径包括:一是呼吸道,它是毒物侵入人体的主要途径;二是皮肤;三是消化道。

人体接触生产性毒物而引起的中毒称为职业中毒。职业中毒按其发病程度可分为以下两种类型。

(1)急性中毒:毒物一次或短期大量进入人体所致的中毒。

(2)慢性中毒:毒物少量或长期进入人体所致的中毒。

生产毒物进入人体后产生的主要危害有以下几个方面。

(1)神经系统:中毒性神经衰弱,多发性神经类、脑病变精神症状等。

(2)血液系统:血液系统损害,可出现细胞减少、贫血、出血。

(3)呼吸系统:窒息、中毒性肺水肿、支气管炎、哮喘、肺炎等。

(4)消化系统:口腔炎、胃肠炎。

(5)泌尿系统:肾脏损害、尿频、尿痛等。

(6)皮肤:皮炎、湿疹等。

三、劳动防护

1. 劳动防护基本概念

劳动防护是指依靠科学技术和管理,采取技术措施和管理措施,消除生产过程中危及人身安全和健康的不安全环境、不安全设备和设施以及不安全行为,防止伤亡事故和职业危害,保障劳动者在生产过程中的安全与健康。

劳动防护工作要贯彻"安全第一、预防为主、群防群治、防治结合"的方针,坚持"管生产必须管劳动防护"的原则,实行"用人单位负责、行业管理、国家监察、群众监督和劳动者遵章守纪"相结合的管理体制。

2. 劳动防护的主要任务

(1)力争减少或消灭工伤事故,保障工人安全生产。

(2)力争防止和消灭职业病,保障工人身体健康。

(3)搞好劳逸结合,保证工人有适当的休息时间,使工人经常保持精力充沛。

(4)根据妇女的生理特点,对女工进行特殊保护。

3. 劳动防护用品分类

劳动防护用品按照防护部位分为九类:

(1)安全帽类,是用于保护头部,防撞击、挤压伤害的护具,主要有塑料、橡胶、玻璃钢、胶纸、防寒和竹藤安全帽。

(2)呼吸护具类,是预防尘肺和职业病的重要护品。按用途分为防尘、防毒、供氧三类,按作用原理分为过滤式、隔绝式两类。

(3)眼防护具,用以保护作业人员的眼睛、面部,防止外来伤害,分为焊接用眼防护具、炉窑用眼防护具、防冲击眼护具、微波防眼护具、激光防护镜以及防 X 射线、防化学、防尘等眼防护具。

(4)听力护具,长期在 90 dB(A)以上或短时在 115 dB(A)以上环境中工作时应使用听力护具。听力护具有耳塞、耳罩和帽盔三类。

（5）防护鞋，用于保护足部免受伤害。目前主要产品有防砸、绝缘、防静电、耐酸碱、耐油、防滑等鞋。

（6）防护手套，用于手部保护，主要有耐酸碱手套、电工绝缘手套、电焊手套、防 X 射线手套、石棉手套等。

（7）防护服，用于保护职工免受劳动环境中的物理、化学因素的伤害。防护服分为特殊防护服和一般作业服两类。

（8）防坠落具，用于防止坠落事故发生，主要有安全带、安全绳和安全网。

（9）护肤用品，用于外露皮肤的保护，分为护肤膏和洗涤剂。

4．劳动防护用品的使用要求

（1）劳动防护用品使用前应首先做一次外观检查。检查的目的是认定用品对有害因素防护效能的程度，用品外观有无缺陷或损坏，各部件组装是否严密，启动是否灵活等。

（2）劳动防护用品的使用必须在其性能范围内，不得超极限使用；不得使用未经国家指定、经监测部门认可（国家标准）和检测还达不到标准的产品；不能随便替代，更不能以次充好。

（3）严格按照使用说明书正确使用劳动防护用品。

第二章 矿山生产技术与主要灾害事故防治

第一节 矿山生产技术基本知识

一、露天矿山生产技术

1. 露天矿山概述

露天矿山是指露在地表或者埋藏不深的矿床,采用露天开采方式进行采矿的矿山。

2. 露天矿山开采方式

露天矿山开采方式主要有四种:机械化开采、水力开采、人工开采和挖掘船开采。

(1)机械化开采,是指利用采掘设备,在露天矿山从事开采作业。

(2)水力开采,是指采用高压水射流冲击矿石,并用水力冲运矿石。

(3)人工开采,是指人力使用铁锤、钎杆打孔,进行爆破,将矿岩装入人力车运至排卸地点。

(4)挖掘船开采,是指利用挖掘船开采海洋或者河道中的矿床。

3. 露天矿山开采工艺

露天矿山开采由剥岩、采矿和掘沟三个环节构成,其主要生产工艺程序为:穿孔、爆破、矿岩铲装。露天开采工艺流程如图 2-1 所示。

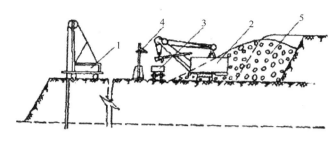

图 2-1　露天矿山开采工艺流程图

1—穿孔机;2—电铲;3—矿车;4—电机车架线;5—爆堆

4. 露天矿运输方式

露天矿运输方式主要有以下几种:

(1)公路自卸汽车运输。

(2)铁路机车运输。

(3)胶带运输机运输。

(4)斜坡箕斗提升运输。

(5)联合运输。

二、地下矿山生产技术

1. 地下开采概述

对于埋藏较深的矿床,通常采用地下开采的方法,即从地表掘进一系列通达矿体的通道,用以提升、运输、通风、排水和行人等。同时,为了采出矿石,还需要开凿一些必要的准备工程,这些通达矿体的通道,称为矿山井巷。

2. 井巷掘进施工方法

井巷掘进施工方法分为普通施工法和特殊凿井法(适于不稳定或含水量很大的地层)。

普通施工法一般采用钻眼爆破的方法。优点是操作简单、易于掌握、设备简单、安全可靠。分浅孔爆破法、中深孔爆破法和深孔爆破法。浅孔,直径<50 mm,深度<2 m,用于井巷工程;中深孔,直径<50 mm,深度2~4 m,用于井筒及大断面硐室;深孔,直径>50 mm,深度>5 m,用于立井井筒及溜煤眼、大断面硐室以及露天开采的台阶爆破。特殊凿井法主要有冻结法、钻井法和注浆法。

3. 采矿方法

(1)井工采煤方法。具体又细分为壁式和柱式两大体系。

壁式体系采煤法,根据每层厚度不同分为单一长壁采煤法和分层长壁采煤法;根据每层走向,分为走向长壁采煤法和倾斜长壁采煤法。

柱式体系采煤法分为房式、房柱式和巷柱式。留下煤柱不采的是房式,既采煤房又采煤柱的是房柱式。

(2)金属非金属地下矿山采矿方法。细分为3类,空场采矿法、崩落采矿法、充填采矿法。

①空场采矿法分为全面采矿法、房柱采矿法、留矿采矿法、分段矿房法、阶段矿房法。

全面采矿法适用薄和中厚的矿石和围岩稳固的缓倾角(<30°)的矿体;

房柱采矿法适用厚度不论的矿石和围岩稳固的水平和缓倾斜矿体;

留矿采矿法适用矿石和围岩稳固、矿石无自燃性、破碎后不结块的急倾斜矿床。

②崩落采矿法分为单层崩落法、分层崩落法、分段崩落法、阶段崩落法。

③充填采矿法。按矿块结构和推进方向分为单层充填采矿法、上向分层充填采矿法、下向分层充填采矿法和分采充填采矿法。按充填料和输出方式分为干式充填采矿法、水力充填采矿法和胶结充填采矿法。

(3)液体开采。液体开采又称特殊采矿法。多数液体采矿是用钻井法进行。

4. 矿用爆破器材及安全管理

矿用爆破器材包括炸药和起爆器材。

(1)炸药。硝酸铵类炸药是我国矿山最广泛使用的工业炸药,储存期 4～6 个月。

(2)起爆器材。起爆器材分为起爆材料和传爆材料两大类。雷管是爆破工程的主要起爆材料,导火线、导爆管属于传爆材料,继爆管、导爆线既可起爆又可传爆。

地下矿山禁止使用火雷管,可用电雷管;导火索,即导火线不能用在有瓦斯或矿尘爆炸的场所,常用于金属非金属矿山;导爆管也不能用在有瓦斯或矿尘爆炸的场所。

第二节　矿山安全生产特点

(1)采掘活动必须随采掘作业的推进而迁移,没有固定的工作空间和场所,工作环境条件受工程地质和水文地质状况的影响较大。这是采掘业区别于其他行业最显著的特征。这个特征也决定了矿山生产的危险性和复杂性。

(2)矿山企业是资源型企业,决定了矿山企业的寿命是有限的。一个矿山企业从基建起,生产能力要经过上升、达产、下降的过程,直至最后资源耗尽,停产闭坑。其经济状况也有一个上升、鼎盛、衰退的过程。

(3)矿山开采的规模、采掘方式、盈利水平等受矿产资源的储量、品位、矿床的产状和赋存条件、构造地质、水文地质、矿区的经济和自然地理条件等因素的制约,还要冒着市场竞争的风险,这决定了矿床开发的复杂性和风险性。

(4)生产区域大,门类多。一个矿山涉及的生产可能包括地下开采、露天开采、选矿、运输、尾矿库、废石场、基建、机修等,有的矿山还有炸药生产、冶炼。作业区域少则几平方公里,多则几十平方公里;地下巷道长度从几公里到数十公里。因此安全管理十分复杂。

(5)装备水平低。一般矿山的机械化程度仅达 40%～50%,劳动生产率低。

(6)危险因素多,生产条件恶劣。在采矿作业中,特别是地下矿山,工人在巷道狭窄、粉尘浓度高、噪声高、柴油设备的废气、阴暗潮湿的环境中工作,除了要承受机械、电气、车辆伤害、高处坠落等事故伤害外,露天矿山边坡坍塌、物体打击,地下矿山片帮冒顶、透水、放炮、中毒与窒息对工人生命安全威胁巨大,重大事故发生率较高。

(7)尾矿库、采空区、水害、地质灾害等重大危险因素(源)的潜在危害巨大。

第三节 矿山作业场所常见危险及职业危害因素

矿山开采中主要的职业性有害因素有生产性粉尘、生产性毒物、有害气体、不良气象条件、噪声和振动等。同时由于井下劳动强度大、作业姿势不良、采光照明不佳等,外伤等意外事故易发生。

1. 生产性粉尘

生产性粉尘是矿山行业中主要的有害因素,主要产生在开采、破碎、筛分、包装、配料、混合搅拌、散粉装卸及输送等过程和清扫、检修等作业场所。

在矿山生产过程中,可产生大量的含硅量高的粉尘。矿工患尘肺病的可能性较高。生产过程中,有尘作业工人长时间吸入粉尘,能引起以肺部组织纤维化为主的病变、硬化,丧失正常的呼吸功能,导致尘肺病。尘肺病是无法痊愈的职业病,治疗只能减少并发症、延缓病情发展,不能使肺组织的病变消失。此外,部分粉尘还可以引发其他疾病,急性中毒,致癌率增高。

2. 生产性毒物

毒物是指以较小剂量作用于生物体,能使生理功能或机体正常结构发生暂时性或永久性的病理改变、甚至死亡的物质。职业安全卫生中的毒物是指生产性毒物(又称职业性接触毒物),是指职工在生产过程中接触以固体、液体、气体、蒸气、烟尘等形式存在的原料、成品、半成品、中间体、反应副产品和杂质,并在操作时可经皮肤、呼吸道、消化道等进入人体,对健康产生损害、造成慢性中毒或死亡的物质。毒物对人体的危害程度与毒物的毒性、接触毒物的时间和剂量、人体健康状况及体质差异有关。

3. 有害气体

有害气体是指在矿山生产过程中可能会接触到的瓦斯、一氧化碳、二氧化碳、氮氧化物、硫化氢等气体,浓度过高时可使人中毒、窒息,甚至死亡。

4. 易燃易爆物质

凝聚相化学爆炸物质:包括火炸药,常温下能自行分解或在空气中进行氧化反应导致自燃爆炸的物质,常温下能与水或水蒸气反应产生可燃气引起燃烧爆炸的物质,极易引起可燃物燃烧爆炸的强氧化剂,受到摩擦、撞击或与氧化剂接触引起燃烧爆炸的物质等。

气相爆炸物质:分为Ⅰ类(矿井甲烷)、Ⅱ类(爆炸性气体、蒸汽)和Ⅲ类(爆炸性粉尘、纤维)等三类。

5. 腐蚀和腐蚀性物质

物质表面与周围介质发生化学反应或电化学反应而受到破坏的现象称为腐蚀,包括电化学腐蚀和化学腐蚀。腐蚀性物质按化学组成为无机酸性腐蚀物质、有机酸性腐蚀物质、无机碱性腐蚀物质、有机碱性腐蚀物质、其他有机及有机腐蚀性物质等几类。

6. 噪声

噪声是一类引起人烦躁或音量过强而危害人体健康的声音。生产环境中产生的生产性噪声又称工业噪声。工业噪声由于产生的动

力和方式不同,可分为:

(1)机械性噪声,是由机械的撞击、摩擦和转动而产生的,如破碎机、球磨机、电锯、锻锤、皮带、铲运机等产生的噪声。

(2)空气动力性噪声,是由气体压力发生突变引起气流的扰动而产生的,如鼓风机、汽笛、风动工具等产生的噪声。噪声能引起听觉功能敏感度下降甚至造成耳聋,或引起神经衰弱、心血管疾病及消化系统疾病的高发。噪声干扰影响信息交流,听不清谈话或信号,促使误操作发生率上升。

7. 振动

振动危害可分为全身振动和局部振动,致害程度与接振强度、频率和暴露时间密切相关。全身振动时可导致工效降低、辨识能力和短时间记忆力减低、视力恶化和视野改变,对血压升高、脊椎病变、女性生殖功能有一定影响。局部振动可导致外周循环机能障碍,表现为振动性白指;还能引起中枢神经、外周神经、植物神经功能紊乱。

生产中由生产工具、设备等产生的振动称生产性振动。在矿山生产中接触到的振动源包括:凿岩机、风镐等风动工具,电钻、电锯、砂轮机等电动工具,铲运机、牵引机等运输工具。

寒冷是振动病发病的重要外部条件之一,寒冷可导致血流量减少,使血液循环发生改变,导致局部供血不足,促进振动病发生。接触振动时间越长,振动病发病率越高。工间休息对预防振动病有积极意义。人对振动的敏感程度与身体所处位置有关。人体立位时对垂直振动敏感;卧位时对水平振动敏感。有的作业要采取强制体位,甚至胸腹部或下肢紧贴振动物体,振动的危害就更大。加工部件硬度大时,工人所受危害亦大,冲击力大的振动易使骨、关节发生病变。

为保护工人的身体健康,必须对振动危害加以控制,其主要途径如下:改革工艺,从根本上取消和减少手持风动工具的作业,用液压、焊接、粘接代替铆接;改进风动工具,采用有效减振措施,改革工具排气口的位置;采用自动、半自动操纵装置,以减少肢体直接接触振动体;手持振动工具者,应戴双层衬垫无指手套或衬垫泡沫塑料无指手套,并注意保暖防寒;对新工人应作就业前体检,有血管痉挛和肢端血管失调及神经炎患者,禁止从事振动作业;对接触振动的作业工人应定期体检,间隔时间应为2～3年;对振动病患者应给予必要的治疗,对反复发作者应调离振动作业岗位。

8. 辐射(电离、非电离辐射)

人体处于交变电磁场中或受到微波、紫外线、X射线等的照射,达到一定剂量就会产生辐射危害。根据辐射能量不同及对原子或分子的作用情况(电离与否)分为电离辐射和非电离辐射两大类。辐射主要用于加工、化学反应工艺、测量与控制、制作产品、医疗和科研。

9. 不良气象条件

矿山井下气象条件的特点是气温高、湿度大、温差大。因此,矿工易患感冒、上呼吸道炎症、风湿性疾病,易患腰腿痛、关节炎等。

高温时,人的反应速度、运算能力、感觉敏感性及感觉运动协调功能都明显下降,从而使劳动效率降低,操作失误率高。高温环境还会引起中暑,长期高温作业(数年)可出现高血压、心肌受损和消化功能障碍等病症。

受环境低温的影响,低温作业人员操作功能随温度的下降而明显下降。冷暴露,即使未致体温过低,对脑功能也有一定影响,使注意力不集中、反应时间延长、作业失误率增多,甚至产生幻觉,对心血管系统、呼吸系统也有一定影响。低温环境还会引起冻伤、体温降低,甚至造成死亡。

10. 采光、照明

作业场所采光、照明不良,易造成标示不清、人员的跌绊和误操作率增加的现象,因而在危害因素辨识时应对作业环境的采光、照明是否满足国家有关建筑设计的采光、照明卫生标准要求做出分析。

11. 冒顶、片帮

开采过程中岩层受破坏或者作业人员不按作业要求处理松石,

发生冒顶、片帮事故。在矿山事故统计中,冒顶、片帮事故占的比率很大。井下冒顶、片帮的原因有:采场回采顶板控制不好、跨度过大、矿柱预留不合理、顶板破碎、没处理松石等。

12. 运输、机械

由于运输、机械造成斗车撞伤事故、斜井跑车事故、电耙钢丝绳回弹事故等。

第四节　矿山主要灾害事故识别及防治

一、矿井水灾防治

1. 矿井透水前预兆

一般说来,矿井透水前主要有以下几种预兆:

(1)挂汗。积水区的水,在自身压力作用下,通过煤岩裂隙而在采掘工作面的煤岩壁上聚结成许多水珠的现象,叫挂汗。井下空气中的水分遇到低温的煤体,有时也可能聚结成许多水珠的现象。区别真假挂汗的方法是,仔细观察新暴露的煤壁面上是否潮湿,若潮湿则是透水预兆。

(2)挂红。矿井水中含有铁的氧化物,在它通过煤岩裂隙而渗透到采掘工作面的煤岩体表面时,会呈现暗红色水锈,这种现象叫挂红。挂红是一种出水信号。

(3)水叫。含水层或积水区内的高压水,向煤壁裂隙挤压时,与两壁摩擦会发出"嘶嘶"叫声,这就说明采掘工作面距积水区或其他水源已经很近了,若是煤巷掘进,则透水即将发生,这时必须立即发出警报,撤出所有受水威胁的人员。

(4)空气变冷。采掘工作面接近积水区域时,空气温度会下降,煤壁发凉,人一进入工作面就有凉爽、阴冷的感觉;但应注意,受地热影响较大的矿井地下水的温度偏高,当采掘工作面接近积水区时,气温反而升高。

（5）出现雾气。当采掘工作面气温较高时，从煤壁渗出的积水，就会被蒸发而形成雾气。

（6）顶板淋水加大。

（7）顶板来压，底板鼓起。

（8）水色发浑，有臭味。

（9）采掘工作面有害气体增加，积水区向外散发出瓦斯、二氧化碳和硫化氢等有害气体。

（10）裂隙出现渗水。如果出水清澈，则离积水区较远；若浑浊，则离积水区已近。

2. 透水事故应急处理

（1）立即成立现场指挥小组，启动应急预案。

（2）立即报告有关部门公司，请求援助。

（3）立即组织井下人员撤离，组织应急救援分队按预案进行救援。

（4）地面人员要掌握灾区范围、事故前人员分布，分析被困人员可能躲避的地点，首先应尽快设法与被困人员联系，确定被困人员的准确地点，利用风压、打钻或其他方式送入空气和食物，并迅速组织抢救。

（5）做好现场救援人员的安全防护工作，防止抢救过程中发生次生事故。

（6）对溺水人员要进行人工呼吸等现场急救措施。

（7）判断突水来源和突水最大量，了解透水地点、性质，估计透水量，静止水位和影响范围。

（8）迅速组织排水，当企业的排水能力不够时，向有关部门求援。企业应立即组织医疗救护人员携带急救药品、器具赶赴井口。

二、冒顶事故的防治

1. 冒顶事故前预兆

冒顶事故前主要有以下几种预兆：

(1)发出响声。岩层下沉断裂，顶板压力急剧加大时，木支架会发出劈裂声，紧接着出现折梁断柱现象；金属支柱的活柱急速下缩，也会发出很大声响。

(2)掉渣。顶板严重破裂时，出现顶板掉渣，掉渣越多，说明顶板压力越大。

(3)片帮煤增多。因煤壁所受压力增加，变得松软，片帮煤比平时要多。

(4)顶板裂缝。顶板有裂缝并张开，裂缝增多。

(5)顶板出现离层。检查顶板要用"问顶"的方法，俗称"敲帮问顶"。如果声音清脆表明顶板完好；顶板发出"空空"的响声，说明上下岩层之间已经脱离。

(6)漏顶。大冒顶前，破碎的伪顶或直接顶有时会因背顶不严和支架不牢固而出现漏顶现象，形成棚顶托空，支架松动而造成冒顶。

(7)有淋水。顶板的淋水量有明显增加。

2. 冒顶事故应急处理

(1)发生冒顶事故以后，抢救人员首先应以呼喊、敲打、使用地音探听器等与其联络来确定遇险人员的位置和人数。如果遇险人员所在地点通风不好，必须设法加强通风。若因冒顶遇险人员被堵在里面，应利用压风管、水管及开掘巷道、钻孔等方法，向遇险人员输送新鲜空气、饮料和食物。

(2)在抢救中，必须时刻注意救护人员的安全。如果察觉到有再次冒顶危险时，首先应加强支护，准备好安全退路。在冒落区工作时，要派专人观察周围顶板变化。在清除冒落岩石时，要小心地使用工具，以免伤害遇险人员。在处理时，应根据冒顶事故的范围大小、地压情况等,采取不同的抢救方法。

(3)顶板冒落范围不大时,如果遇险人员被大块岩石压住,可采用千斤顶等工具把其顶起,将人迅速救出。较大范围顶板冒落,把人堵在巷道中,也可采用另开巷道的方法绕过冒落区将人救出。

3. 冒顶事故案例分析

2001 年 5 月 18 日凌晨 3 时 30 分,广西合浦县某石膏矿发生重大冒顶事故,造成 29 人死亡,直接经济损失 456 万元。

(1)矿井基本情况

该石膏矿是由广西来宾县莆田石膏矿投资兴建,但实为陈宇棠个人投资拥有的一家集体企业,位于合浦县星岛湖乡大岭头石膏矿区北段,建设规模为 30 万吨/年,投资 3000 万元,于 1994 年 11 月 19 日开工建设。

该矿区地质情况复杂,主要受断层和软岩以及地下含水层影响。矿区内一条大的断裂破碎带经过矿区东北部,数条次级断裂分布于矿区中部。矿层受多条断裂带切割,距上覆含水层最近距离为 10 米。矿层顶板为钙质泥岩,底板为砂质泥岩,均具有强烈的吸水软化特点。

矿井原计划采用竖井加斜井开拓方式,在施工井筒时需使用冷冻法穿过含水层。由于投资太大,加上石膏矿价格大跌,矿方在建成竖井后没有继续施工斜井。因此该矿实际采用中央单一竖井两翼多水平开拓方式。水平之间采用下山联系。由于只有 1 个竖井,矿井未能形成正规通风系统,仅利用局扇通过风筒沿竖井将井下污风排出地面。采矿方法为前进式房柱法。发生冒顶范围为北翼采空区。

该矿于 1996 年 1 月施工竖井,1997 年 4 月建成竖井并经过单项工程验收后转入巷道施工。1998 年 4 月该矿转入正式生产,1998—2000 年分别生产石膏矿 7 万吨、8 万吨和 9 万吨。该矿曾于 1999 年 9 月 1 日至 2001 年 4 月 21 日发生过 4 次冒顶事故,造成 5 人死亡。

（2）事故经过

2001 年 5 月 18 日凌晨 2 时多，在二水平大巷打炮眼的炮工听到 210 下山附近有响声，3 时 30 分又发出轰轰响声，随后有一股较大的风吹出，电灯熄灭，巷道有些晃动。炮工打电话到三水平叫信号工滕某通知矿工撤退，但无人接电话，之后他们就撤到地面。后来滕某自己打电话到井口后也撤出地面。地面当班领导接到通知后立即到井下了解情况。此时井下已停电，北面二水平、三水平塌方的响声不断，无法进入工作面。凌晨 5 时，矿方清点人员时发现，当班 96 名矿工中位于三水平北翼工作面的 29 名矿工被困，生死不明，矿方随即向合浦县有关部门作了汇报，并向钦州矿务局求援。合浦县政府有关人员和钦州矿务局救护队很快赶到现场。经过 17 天全力抢救，最后终因井下情况复杂，土质松散，塌方面积大，施救困难，未能救出被困人员。鉴于被困人员已无生还希望的实际情况，6 月 3 日停止了抢救工作。

（3）事故性质和原因

这是一起由于企业忽视安全生产，严重违反矿山安全规程，有关部门监督管理不到位而发生的重大责任事故。

①事故的直接原因

由于主要巷道护巷矿柱明显偏小又不进行整体有效支护，加之矿房矿柱留设不规则，随着采空面积不断增加，形成局部应力集中。在围岩遇水而强度降低情况下，首先在局部应力集中处产生冒顶，之后出现连锁反应，导致北翼采区大面积顶板冒落，通往三水平北翼作业区的所有通道垮塌、堵死。

②事故的间接原因

第一，矿主忽视安全生产，急功近利，在矿井不具备基本安全生产条件的情况下，心存侥幸，冒险蛮干。该矿所有巷道都是在软岩中开掘，但矿主为节省投资不对巷道进行有效支护。在近两年已发生多起冒顶事故的情况下，矿主仍不认真研究防范措施加大巷道支护投入。同时,该矿又采取独眼井开采方法,致使事故发生后因通风不良和无法保证抢险人员安全而严重影响对事故的及时抢救。

第二,该矿违反基本建设程序,技术管理混乱。一是没有进行正规的初步设计;二是在主体工程未建成的情况下擅自投入大规模生产;三是没有编制采掘作业规程和顶板管理制度;四是主要巷道保安矿柱留设过小;五是没有制定矿井灾害预防处理计划。

第三,矿井现场安全管理不到位,缺乏有效的安全监督检查。该矿虽设有安全管理机构,但井下缺乏专门的安全管理人员,井下安全监督管理工作基本由值班长和带班人员代替,难以发现重大事故隐患。

第四,政府有关部门把关不严、监管不力。在该矿未经严格的可行性研究,也未作初步设计的情况下批准开办此项目,颁发各种证照。在发现该矿未达到基本安全生产条件就投入大规模生产时不及时制止。特别是在该矿发生多起冒顶事故后仍没有采取果断的关停措施。

第五,合浦县政府对安全生产工作领导不力,对外来投资企业安全管理经验严重不足,管理不到位。

(4)事故教训和防范措施

①必须严格执行矿山安全法规,不得擅自降低安全标准。该石膏矿没有正规设计,为节省开支,又擅自降低安全标准,留下了重大事故隐患。因此,必须严格建设项目的安全生产"三同时"审查验收制度,认真把好安全生产关,从源头上杜绝事故发生。

②必须强化事故隐患整改措施的监督检查。有关部门在对该石膏矿进行安全检查时,早已发现通风系统和生产系统不完善,巷道支护不够等问题,并下达过整改通知,但整改工作一直没有落实,事故还是发生了。因此,对事故隐患的整改,必须严格要求,加强督促,一抓到底,直到整改措施落实。

③加强对外来投资企业的管理。一方面这类企业不服从当地政

府及有关部门管理,另一方面地方政府和部门也怕影响利用外资,因此对外商比较迁就,在企业开办过程不按规定严格把关。今后,要切实加强对外来投资者的监管,坚决纠正对外来投资者在安全生产上的宽容倾向,在安全生产上对任何企业都必须严格要求。

④事故调查处理必须坚持"四不放过"原则。该石膏矿从 1999 年 9 月至 2001 年 4 月已发生过 4 次顶板冒落事故,造成 5 人死亡。事故发生后,当地有关部门也进行了调查处理,但防范措施没有真正落实到位,以致又发生了这起重大事故。今后,必须严格按"四不放过"原则认真查找事故原因,从中吸取深刻教训并督促各项防范措施的真正贯彻落实。

4. 冒顶事故的防范措施

(1)及时调整采矿工艺,保证合理的暴露空间和回采顺序,有效控制地压

要加强矿井地质工作和采矿方法的实验研究,对原设计的采矿方法不断进行改进,找出适合本矿山不同地质条件下的高效安全的采矿方法,加大采矿强度,及时处理采空区。要控制好采场顶板的稳定性,必须要有一个合理的开采顺序,因此要合理确定相邻两组矿脉的回采顺序;要根据不同的地质条件和采矿方法,严格控制采场暴露面积和采空区高度等技术指标,使采场在地压稳定期间采完。

(2)要加强顶板的检查、观测和处理,提高顶板的稳定性

顶板松石冒落往往是造成人员受伤的重要原因。对顶板松石的检查与处理,是一项经常性而又十分重要的工作,必须固定专人按规定的制度工作,才能确保顶板安全生产,防止松石冒落顶板事故发生。对一些危险性较大的采场,在技术、经济允许的条件下,应尽量采用科学方法观测顶板。目前国内较经济简便的观测手段有光应力计、地音仪及岩移观测等。要观测摸索不同岩石岩移的规律,科学地掌握顶板情况。对已发现的不稳定工作顶板,要及时进行处理,并尽可能采用科学有效的措施(如喷锚支护等)防止冒顶事故发生。

（3）科学合理地布置巷道及采场的位置、规格、形状和结构

要避免在地质构造线附近布置井巷工程，因为垂直于地质构造线方向的压应力最大，是岩体产生变化和破裂的主要因素。

要避免在断层、节理、层里破碎带、泥化夹层等地质构造软弱面附近布置井巷工程。因为在这些地方布置的工程更易产生冒顶。如井巷工程必须通过这些地带，也应采取相应的支护措施或特殊的施工方案。

井巷、采场的形状和结构要尽量符合围岩应力分布要求。因此，井巷和采场的顶板应尽量采用拱形。因为围岩的次生应力不仅与原岩应力和侧压系数有关，而且还与巷道形状有关。采用拱形形状时，施工难度不大且顶板压力不会太集中，顶板稳定性较好。

（4）加强顶板管理，提高顶板管理的技术水平

①加强安全教育和安全技术知识的培训工作，提高各级安全管理人员的技术水平，树立"安全第一"的思想，遵章守纪，建立群查、群防、群治的顶板管理制度。在各工作面备有撬棍，设立专人或兼管人员具体负责各工作面的排险工作，设立警告标志，做好交接班制度等。

②结合矿山实际，总结顶板管理的经验教训，从地质资料的提供、井巷设计、井巷维护技术、施工管理，制定出一套完整的井巷施工顶板管理标准，为科学有效地管理顶板提供技术支持。

三、中毒窒息事故的防治

中毒窒息事故一旦发生，如果救护不当，往往增加人员伤亡，导致伤亡事故扩大。特别是在矿山井下，有毒有害气体不容易散发，更易发生重大中毒窒息死亡事故。井下有毒有害气体主要来源于爆破产生的炮烟，火灾产生的一氧化碳、二氧化碳、氮氧化物等，以及柴油设备运行产生的废气，人员呼吸气体，坑木腐烂产生的气体等，井下长期不通风导致有毒有害物聚积。

1. 人员中毒窒息的前兆

当人员位于通风不良或长期不通风、有可能产生有毒有害气体聚集的场所时,如发现头晕、心跳加快、流泪、呼吸困难等情况时,有可能发生中毒窒息。

2. 中毒窒息事故的防治

(1)爆破后必须及时通风排除炮烟。

(2)矿井必须配备监测有毒有害气体的仪器,每次爆破后,必须立即进行通风,而后用仪器监测确认无有毒有害气体后,方可通知工人入井工作。

(3)矿山企业应为员工配备防毒防护用品。

第五节　安全色及安全标志

一、安全色

安全色即传递安全信息的颜色,目的是使人们对周围存在的不安全的环境、设备引起注意,在紧急情况下,借助所熟悉的安全色含义,识别危险部位,尽快采取措施,提高自控能力,防止发生事故。

安全色分为红、蓝、黄、绿四种颜色。

(1)红色:传递禁止、停止、危险或提示消防设备、设施的信息。

(2)黄色:传递注意、警告的信息。

(3)蓝色:传递必须遵守规定的指令性信息。

(4)绿色:传递安全的提示性信息。

对比色是使安全色更加醒目的反衬色,包括黑、白两种颜色。黑色用于安全标志的文字、图形符号和警告标志的几何边框。白色用于安全标志中红、蓝、绿的背景色,也可用于安全标志的文字和图形符号。安全色与对比色同时使用时,应按表 2-1 所规定的搭配使用。

表 2-1　安全色和对比色

安全色	对比色
红色	白色
蓝色	白色
黄色	黑色
绿色	白色

注:黑色与白色互为对比色。

安全色与对比色的相间条纹为等宽条纹,倾斜约 45°。红色与白色相间条纹,表示禁止或提示消防设备、设施位置的安全标记。黄色与黑色相间条纹,表示危险位置的安全标记。蓝色与白色相间条纹,表示指令的安全标记,传递必须遵守规定的信息。绿色与白色相间条纹,表示安全环境的安全标记。

二、安全标志

安全标志是用以表达特定安全信息的标志,由图形符号、安全色、几何形状(边框)或文字构成。

1. 矿山安全标志分类

矿山安全标志分为主标志和补充标志两类。主标志包括禁止标志、警告标志、指令标志和路标、名牌、提示标志。

禁止标志:禁止或制止人们的某种行为的标志。

警告标志:警告人们注意可能发生危险的标志。

指令标志:指示人们必须遵守某种规定的标志。

路标、名牌、提示标志:告诉人们目标方向、地点的标志。

补充标志是主标志的文字说明或方向指示,它只能与主标志同时使用。

2. 矿山安全标志牌的设置与管理

(1)矿山安全标志牌位置应设在与安全有关的明显的地方,并保证人们有足够的时间注意它所表示的内容。

（2）矿山安全标志牌应定期清洗，每季至少检查一次，如有变形、损坏、变色、图形符号脱落、亮度老化等现象应及时修理或更换。

3. 部分矿山安全标志

地下矿山矿井巷道重点部位应该悬挂醒目的安全标志，目的是提示员工注意安全，防止或避免事故的发生，确保安全生产。部分安全标志如图 2-2 至图 2-13 所示。国家标准 GB 14161—2008《矿山安全标志》中有详细规定。

图 2-2　禁带烟火
设置在禁止烟火地点

图 2-3　禁止明火
设置在明火作业地点

图 2-4　禁止启动
设置在不允许启动
的机电设备

图 2-5　禁止合闸
设置在变电室、移动电源
开关停电检修等

图 2-6　注意安全
设置在提醒人们注意安全
的场所及设备安置的地方

图 2-7　当心冒顶
设置在井下冒顶危险区、
巷道维修地段

图 2-8　当心爆炸
设置在爆炸材料库、运送
火药、雷管的容器或设备上

图 2-9　当心坠落
设置在建井施工、井筒
维修及井内高空作业处

图 2-10　必须戴矿工帽
设置在人员出入的井口、更衣房、矿灯
房及井下人员休息候车等醒目地方

图 2-11　必须携带矿灯
设置在入井口处、更衣房、
矿灯房等醒目地方

图 2-12　必须随身携带自救器
设置在入井口处、更衣室、
领自救器房等醒目地方

图 2-13　必须穿戴绝缘保护用品
设置在高压电器设备室内

第三章　矿山安全检查作业人员的职业特殊性

安全检查是消除隐患、防止事故、改善劳动条件的重要手段，是矿山企业安全生产管理工作的一项重要内容。矿山安全检查作业人员通过安全检查可以及时发现矿山企业生产过程中的危险因素及事故隐患和管理上的缺欠，以便有计划地采取措施，保证安全生产。

第一节　矿山安全检查的任务

矿山安全检查的任务主要包括以下几点：

（1）不同形式的安全检查要采用不同的方法。安全生产大检查，应由矿山企业领导挂帅，有关职能部门及专业人员组成检查组，发动群众深入基层、紧紧依靠职工，坚持领导与群众相结合的原则，组织好检查工作。安全检查可以通过现场实际检查，召开汇报会、座谈会、调查会以及个别谈心、查阅资料等形式，了解不安全因素、生产操作中的异常现象等方法进行。

（2）做好检查的各项准备工作，其中包括思想、业务知识、法规政策和物资准备等。

（3）明确检查的目的和要求，既要严格要求，又要防止一刀切，要从实际出发，分清主、次矛盾，力求实效。

（4）把自查与互查有机结合起来，基层以查为主，企业内相应部门要互相检查，取长补短，相互学习和借鉴。

（5）坚持查改结合，检查不是目的，只是一种手段，整改才是最终目的,一时难以整改的,要采取切实有效的防范措施。

(6)建立安全检查网络,危险源分级检查管理制度。

(7)安全检查要按安全检查表法进行,实行安全检查的规范化、标准化。在制定安全检查表时,应根据检查表的用途和目的具体确定安全检查表的种类。安全检查表的主要种类有设计用安全检查表、厂级安全检查表、车间安全检查表、班组安全检查表、岗位安全检查表、专业安全检查表等。

(8)建立检查档案,结合安全检查表的实施,逐步建立健全检查档案,收集基本的数据,掌握基本安全状况,实现事故隐患及危险点的动态管理,为及时消除隐患提供数据,同时也为以后的安全检查及隐患整改奠定基础。

第二节　矿山安全检查人员的作用

矿山安全检查工作是矿山强化企业安全管理工作的一部分,对保障矿山职工生命安全与健康,保护国家财产不受损失发挥了重要的作用。因此,矿山安全检查人员在矿山安全生产活动中起到举足轻重的作用,具体来说体现在以下几个方面。

(1)及早发现和纠正不安全行为。人的操作常常受心理因素和生理因素的影响,尤其是繁重、单调重复的作业,最易产生危险作业,在安全生产一段时间后,麻痹大意、疏忽侥幸的思想也会增长,形成自由操作。安全检查人员就是通过监督检查、了解取证,及早发现不安全行为,并通过提醒、说服、劝告、批评、警告,直至处分等手段,消除不安全行为,提高安全生产的可靠性。

(2)及时发现不安全状态,改善劳动条件,提高本质安全程度。由于腐蚀、老化、磨损等原因,设备易发生故障;作业环境温度、湿度、整洁等也因时而异;设施的损坏、物料变化等也会产生各种各样的问题。安全检查人员就是要通过安全检查,及时发现并排除隐患,保证安全生产。

（3）及时发现和弥补管理缺陷。计划管理、生产管理、技术管理和安全管理等方面的缺陷,都会影响安全生产。安全检查人员就是要直接查找或通过分析判断去发现管理缺陷,并及时予以纠正弥补。

（4）发现潜在危险,制定防范措施。按照事故发生的规律进行逻辑判断,观察、研究、分析能否发生重大事故、发生重大事故的条件、可能波及的范围及遭受的损失和伤亡,进而制定防范措施和应急对策。这是安全检查人员从系统、全局出发,发挥着宏观指导的作用。

（5）及时发现并推广安全生产先进经验。安全检查员在日常检查活动中,既是为了检查问题,又可以通过实地调查研究、比较分析发现安全生产先进典型,推广先进经验,以点带面,努力开创安全生产新局面。

（6）结合实际,宣传贯彻安全生产方针、政策和法律、法规。安全检查人员也是党和国家安全生产方针、政策和法律、法规的宣传员,在运用安全生产方针、政策、法律、法规的过程中,结合安全生产实际,容易深入人心,收到实效。

第三节　矿山安全检查人员的职业道德和安全职责

一、矿山安全检查人员的职业道德

（1）矿山安全检查人员必须经过专业安全知识教育培训方能开展安全检查活动;

（2）认真学习安全检查的有关法律法规和本单位安全生产的规章制度,提高遵章守纪的自觉性,严格执行各项规章制度;

（3）开展安全检查活动时出示证件,向被检查者证实自己的身份;

（4）遵守有关法律、法规的规定,秉公执法,不徇私情;

（5）不得向他人泄露案情及企业有关保密资料；

（6）为检举和举报人员保密。对检举、举报人员以及反映了不宜公开情况的被询问人的姓名等有关情况，要严守秘密；

（7）不得利用职权牟取私利，要公正廉洁，克己奉公。

二、矿山检查人员的安全职责

（1）依照国家矿山安全法律、法规和矿山行业安全规程、规定、技术标准及安全生产规章制度，检查矿山企业的安全生产状况；

（2）检查矿山企业安全生产责任制、安全生产规章制度的落实情况和特种作业人员持证上岗情况；

（3）协助领导组织定期的安全检查和专业检查，对查出的问题进行登记、上报并督促落实整改；

（4）协助领导制定、修改安全管理规章制度和临时性危险作业的安全措施；

（5）负责组织安全例会、安全活动日，开展安全竞赛和总结推广安全生产先进经验；

（6）制止"三违"（违章指挥、违章作业、违反劳动纪律），对于危及职工生命安全的紧急情况，可以采取临时处置措施；

（7）参与矿山建设工程安全设施的设计审查和工程竣工验收；

（8）参加矿山企业事故调查、分析、处理和提出防范措施；

（9）负责事故和"三违"情况的统计、上报；

（10）法律、法规规定的其他职责。

第一节 矿尘的危害及预防

一、矿尘的产生

矿尘是指矿山在生产过程中产生的,并能长时间悬浮于空气中的矿石和岩石的细微颗粒,也叫粉尘。悬浮于空气中的矿尘又称为浮尘,已沉落的矿尘称为落尘。

二、粉尘的分类

粉尘来源很广,国内常按粉尘性质分类,主要有以下几种:

(1)无机粉尘。包括金属性粉尘,如铅、铁等;非金属性粉尘,如石英、石棉等;人工无机粉尘,如水泥、金刚砂等。

(2)有机粉尘。如棉、麻、烟草、毛线、树脂、合成纤维等。

(3)混合性粉尘。是指两种以上粉尘混合存在的粉尘。

三、矿尘的危害

矿山在生产过程中产生的矿尘危害极大,矿尘的性质不同,以及进入人体的量和作用方式不同,对人体的危害各不相同,但归纳起来会使人体患有以下几个方面的病症。

(1)尘肺病。粉尘沉积于肺内,引起肺组织纤维化,从而使肺功能受到不同程度的损害。尘肺病可分为:矽肺病、煤肺病、煤矽肺病、石棉肺病等。

尘肺病分为三期:

①Ⅰ期,在重体力劳动时感到呼吸困难、胸痛、轻度咳嗽。

②Ⅱ期,在一般工作中感到呼吸困难、胸痛、干咳嗽并带痰。

③Ⅲ期,即使休息或静止不动也感到呼吸困难、胸痛、咳嗽密度大并带浓痰,有时还带血。

(2)肺粉尘沉着症。有些金属粉尘吸入肺内,肺呈现异物炎性反应,纤维化程度轻,肺功能一般不受影响。

(3)有机粉尘所致的肺部病变。如支气管哮喘、过敏性肺炎、非特异性慢阻塞性肺病等。

(4)呼吸系统肿瘤,是由于人体长期吸入致癌矿物尘(如部分金属尘、石棉尘等)而导致的。

(5)局部刺激作用。常见的有肥大性鼻炎、萎缩性鼻炎,还可能引起全身性中毒病状。

四、矿尘的预防

1. 综合防尘措施

我国矿山通过实践总结出了一套行之有效的综合性防尘措施,取得了显著的防尘效果。防尘的措施可概括为八个字:风、水、密、护、革、管、教、查,即通风防尘、湿式作业、密闭尘源与净化、个体防护、改革工艺与设备的产尘量、科学管理、加强宣传教育、定期测量检查。

2. 露天矿山防尘

(1)凿岩机采用湿式凿岩或安装捕尘装置防尘。

(2)在爆堆、排土场、储矿场等处的上空架设水管,自动向下喷雾降尘。

(3)路面洒水除尘。

(4)矿区主要路面采用沥青和混凝土铺设,减少扬尘。

（5）选矿破碎系统进行密闭通风除尘。

（6）焊接场所安装除尘器或排风扇除尘。

（7）加强个体防护，戴防尘口罩。

3. 矿井防尘措施

（1）通风除尘

矿井通风除尘的作用是稀释和排出进入矿井内空气中的矿尘。

（2）湿式作业除尘

①用水湿润沉积于矿岩堆、巷道周壁等处的矿尘或凿岩完成后尚未扩散进入空气中的矿尘，是一种较好的防尘措施。

②用水捕捉空气中悬浮的矿尘。即把水雾化成微细水滴并喷射于空中，使水与尘粒碰撞接触，则尘粒被水捕捉而附于水滴上从而加快其沉降速度。

（3）密闭抽尘与净化

密闭是把局部产尘点或设备所产生的矿尘局限在密闭空间之内，防止其飞扬扩散，并为抽尘净化创造有利条件。对高度集中的产尘点是非常重要而有效的防尘措施。

（4）加强个体防护

要求矿井里作业的人员必须戴防尘口罩。

第二节　噪声控制

噪声是指在生产过程中产生的一种对人们有害的声音。由机械构件相互撞击或摩擦等原因产生的噪声，称为机械性噪声；由气流的起伏运动或气动力产生的噪声，称为气流噪声。

一、噪声的危害

1. 损害听觉

短时间在噪声场所工作，会引起听觉疲劳产生暂时性的听力减退;长期在噪声条件下操作,会导致永久性耳聋,如表 4-1 所示。

表 4-1　工作 40 年后噪声耳聋发病率(%)

噪声级(dBA)	80	85	90	95	100
发病率	0	10	21	29	41

注:引自国际化标准。

2. 引起多种疾病

若长期在噪声性耳聋声级以上场所作业,会引起使人难以入睡、头晕、消化不良、食欲不振、恶心呕吐、心跳加快、血压升高等症状的疾病。

3. 影响语言交流与思考

在噪声环境下作业,语言清晰度降低,交谈与思考受影响,如表 4-2 所示。

表 4-2　噪声干扰

噪声级(dBA)	主观感觉	能进行正常交谈的最短距离(m)	电话通话质量
45	安静	10	很好
55	稍吵	3.5	好
65	吵	1.2	较困难
75	很吵	0.3	困难
85	太吵	0.1	不可能

4. 破坏设备和建筑物

强烈的噪声可导致机器设备或建筑物的破坏。

5. 引起事故

在某些场合(如矿井等处),由于噪声掩盖声响报警信号,会导致伤亡事故发生。

二、噪声控制的主要措施

国家对工矿企业车间作业场所的噪声作了明确的规定:8 小时

工作的情况下,最高噪声不得超过 90 dBA,因此,必须采取有效措施控制噪声。

（1）控制声源

通过改进设备的结构,改变操作工艺方法,提高加工精度和装配质量,把发声物体改造成不发声或发声小的物体,这是一种控制噪声的根本途径。

（2）降低传递路径上的噪声

降低传递路径上的噪声,主要是在机器设备上装设隔声罩,在进、排气管口或管路中安装消声器,在车间厂房的天花板或墙壁进行吸声处理,在车间厂房内的适当部位设置隔声屏障,对机器进行隔振处理等。

（3）加强个体防护

操作者在噪声环境中操作时,佩戴防声耳塞、耳罩和防声帽盔等防护用品。

噪声控制途径及效果如表 4-3 所示。

表 4-3　噪声控制途径及效果

部位	主要方法措施	应用范围	效　果
声源	在可能的情况下,减小功率、降低速度;改善动平衡,减小峰值加速度,避免结构共振,限制或减小撞击,改善润滑状况,提高零部件加工精度;阻尼振动;消除紊流,平滑流动,减小压力脉动;减小噪声辐射面积,改变噪声辐射方向;选用低噪声配套设备或零部件;改变工艺,如焊接代替铆接等	视机器设备噪声产生的原因而定	在机器设计阶段就开始注意降低噪声的问题,常可取得较好效果,而且可少花钱
	吸声处理	混响声较强的车间厂房	减少 6 ～ 8 dB

续表

部位	主要方法措施	应用范围	效 果
传递	隔声罩	机器各部位均有较强烈辐射噪声,采用全隔声罩;某部位有强烈辐射噪声,采用部分隔声罩	减少10～20 dB
路径	隔声屏障	在以直达声为主的地方,可以在有噪声的机器近旁竖立一隔声屏障,阻隔噪声对邻近区域的干扰	减少 5～15 dB
传递	消声器	降低空气动力设备(如风机、空压机等)的进排气口噪声及管道的气流噪声	减少 10～40 dB
路径	隔振	振动比较强烈,以致引起基础、墙壁振动显著辐射强烈的低频噪声的机组	视具体情况而定
接受者	佩戴个人防护用具	长时间在 90 dBA以上的噪声环境下工作,或短时间在 115 dBA 以上的噪声环境下工作	减少20 dB以下
	隔声操作间	机组较多而不便于对各个机组全面进行减噪处理的场所	减少20 dB以下
	遥测或遥控机组	自动化程度较高的地方	

第三节 防暑降温及防寒

一、高温作业及其危害

1. 高温作业

高温作业是指工矿企业的生产车间或露天矿作业的场所，遇到高气温或存在生产性热源，其工作地点气温高于室外气温 2℃或 2℃以上的作业。生产性热源是指生产过程中能够散发热量的生产设备、产品和工件等。

2. 高温作业的危害

高温作业很容易使人体内热量积聚，引发中暑；由于出汗多而大量丧失水分和无机盐等，如不及时补充水分，就会造成体内严重脱水和水盐平衡失调；还可能引起消化不良，胃肠疾病，有时发生肾功能不全等。导致操作者降低工作效率，事故发生率升高。

二、中暑及救护

1. 中暑

中暑是指在高温作业中发生的以体温调节障碍为主的急性疾病。其原因是通风散热不良，使人体的热量得不到适当的散发或因出汗过多，人体损失大量的钠盐和水分。中暑一般分为三类：即先兆中暑、轻症中暑和重症中暑。

中暑症状表现为：患者感到头晕、恶心、剧烈头痛、耳鸣、发汗停止、皮肤干热、体温高达 41～43℃，患者多半处于昏睡、意识不清的状态，其死亡率较高。

2. 中暑救护

发现中暑人员必须及时急救，救护方法如下：

（1）先兆中暑治疗，应将患者移到通风良好的阴凉处，擦干汗液，安静休息,松解衣扣,给予适量的清凉饮料、淡盐水或浓茶、人丹、十滴水等饮服后,待一定时间后即可消除症状。

(2)轻症中暑救护,除采用先兆中暑方法外,患者还有循环衰竭的症状时,可静脉注射 5%葡萄糖生理盐水,补充水和盐的损失,并及时对症治疗。

(3)重症中暑治疗,应立即采取紧急措施进行抢救。对已昏迷不醒者的治疗,以迅速进行降温为主,对循环衰竭者和热痉挛者的治疗,应以纠正水、电解质平衡紊乱和防止休克为主。

三、防暑降温措施

1. 组织措施

(1)矿山应高度重视防暑降温工作,指派专人负责,积极开展宣传防暑降温的重要性和防暑降温知识,发动群众做好防暑降温工作。

(2)建立完善防暑降温的规章制度,并严格执行。

(3)设立高温作业人员的临时休息宿舍。

2. 技术措施

(1)改进工艺,提高机械化、自动化生产的程度,减轻操作者体力劳动的强度,改善和避免高温强热辐射对人体的危害。

(2)尽可能把热源放置到车间外面或及时疏散热源。

(3)使用导热性差的材料(如石棉、草绳、青砖等)阻隔热源。

(4)加强通风,利用自然通风和机械通风相结合的方式,排出热量;特殊作业的场所可采用空调降温。

3. 卫生保健措施

(1)入暑前对高温作业人员进行身体检查,发现问题及时诊治,对确实不适应高温岗位工作的,应调离岗位。

(2)高温期间组织医务人员深入车间、作业现场进行巡回医疗和防治观察,发现问题及时治疗。

(3)加强个体防护,在强辐射热环境作业时,应穿戴好防辐射劳动防护用品,露天作业的职工必须戴草帽。

(4)及时供给高温作业职工清凉饮料及有关保健食品。

四、防寒

寒冷对人体的有害作用,称为冻伤。冻伤是指在冰点以下的低温而引起的局部性冻伤。常见的冻伤一般是在室外操作、野外作业和室内无取暖设施的作业人员,因极度寒冷而造成的局部冻伤。人体冻伤的局部疼痛有如烫伤,其后果严重,因此,必须采取预防措施。

(1)加强耐寒锻炼,如冷水浴,冷水洗脸、洗手、洗脚等,提高耐寒的适应性。

(2)做好御寒准备,穿戴好防寒服、鞋、帽、手套、面罩等。

(3)在室内作业场所装设取暖设施,如烤火炉、取暖器、暖气管道,热空调等。

(4)食用高热量食物,增加人体抗寒能力。

第四节　职业禁忌

职业禁忌,是指劳动者从事特定职业或者接触特定职业病危害因素时,比一般职业人群更易于遭受职业病危害和罹患职业病或者可能导致原有自身疾病病情加重,或者在从事作业过程中诱发可能导致对他人生命健康构成危险的疾病的个人特殊生理或者病理状态。

下列病症患者,不应从事接尘作业:

(1)各种活动性肺结核或活动性肺外结核;

(2)上呼吸道或支气管疾病严重,如萎缩性鼻炎、鼻腔肿瘤、气管喘息及支气管扩张;

(3)显著影响肺功能的肺脏或胸膜病变,如肺硬化、肺气肿、严重胸膜肥厚与粘连;

（4）心、血管器质性疾病，如动脉硬化症，Ⅱ、Ⅲ期高血压症及其他器质性心脏病；

（5）曾有接尘史，并已产生影响的；

（6）经医疗鉴定，不适于接尘的其他疾病。

下列病症患者，不应从事井下作业：

（1）听力已下降，严重耳聋；

（2）风湿病（反复活动）；

（3）癫痫症；

（4）精神分裂症；

（5）经医疗鉴定，不适合从事井下作业的其他疾病。

血液常规检查不正常者，不应从事有放射性的矿山井下作业。放射性辐射可引起放射病，它是机体的全身性反应，几乎所有器官、系统均发生病理改变，但其中以造血器官及血液系统、神经系统、消化系统的改变最为明显。人体受到大剂量电离辐射的一次或数次照射，可发生急性放射病。在从事放射性工作中，如防护不当，机体长期受到超容许剂量的体外照射，或有放射性物质经常少量进入并蓄积在体内，则可引起慢性放射病。慢性放射病也可能是急性放射病转化的结果。电离辐射主要作用于局部时，可引起急性和慢性放射性皮肤损伤。作用于眼部时，可引起放射性白内障。电离辐射尚具有远期效应，可致白血病、再生障碍性贫血等血液疾病。因此，血液常规检查不合格者，应当限制从事矿山井下作业。

第五节　矿山从业人员职业病预防的权利和义务

《中华人民共和国职业病防治法》以及《职业健康监护管理办法》等相关法律法规规定了矿山从业人员职业病预防的权利和义务。

第四章
职业病防治

一、矿山从业人员职业病预防的权利

劳动者享有下列职业卫生保护权利：

（1）获得职业卫生教育、培训；

（2）获得职业健康检查、职业病诊疗、康复等职业病防治服务；

（3）了解工作场所产生或者可能产生的职业病危害因素、危害后果和应当采取的职业病防护措施；

（4）要求用人单位提供符合防治职业病要求的职业病防护设施和个人使用的职业病防护用品，改善工作条件；

（5）对违反职业病防治法律、法规以及危及生命健康的行为提出批评、检举和控告；

（6）拒绝违章指挥和强令进行没有职业病防护措施的作业；

（7）参与用人单位职业卫生工作的民主管理，对职业病防治工作提出意见和建议。

二、矿山从业人员职业病预防的义务

劳动者除了享有职业卫生保护的权利外，也有自己应尽的义务，主要包括：

（1）劳动者应当学习和掌握相关的职业卫生知识；

（2）遵守职业病防治法律、法规、规章和各操作规程的规定；

（3）正确使用和维护职业病防护设备以及个人劳动防护用品；

（4）发现职业病危害事故隐患应及时上报。

第五章 | 事故报告、急救与避灾

为了加强对工伤事故的管理,增强职工的安全意识,避免或减少事故的发生,确保矿山安全生产,现将事故报告、急救与避灾的有关知识和事故应急处理方法加以介绍。

第一节　工伤事故

一、事故定义及范畴

1. 事故定义

事故是指人们在进行有目的的活动过程中,发生违背自己意愿的不幸事件。

工伤事故是指职工在劳动过程中发生的人身伤亡、急性中毒事故。

工伤事故是由伤害部位、伤害种类和伤害程度三个方面构成的。

(1)伤害部位:头、脸、眼、鼻、耳、口、牙、上肢、手指、下肢、足、肩、躯干、皮肤、黏膜、内脏、血液、神经末梢、中枢神经。

(2)伤害种类:挫伤、创伤、刺伤、擦伤、骨折、脱臼、烧伤、电伤、冻伤、腐蚀、听力损伤、中毒、窒息。

(3)伤害程度:我国分为死亡、重伤、轻伤。国外分为死亡、丧失劳动能力、部分丧失劳动能力、暂时不能劳动、需医疗但不休工、无伤害。

2. 事故范畴

事故范畴是指工伤事故统计中受伤害人员应包括的范围。包括在册职工、外来实习者(含临时工、合同工、代培工、实习生)、来单位参观、参加劳动和检查工作的人员等。

二、工伤事故的分类

对工伤事故进行分类,是为了认识事故的特点,研究和控制事故的发生。根据不同的标准,可分为以下几种。

(一)按伤害情况分类

1. 重大人身险肇事故

重大人身险肇事故是指险些造成重伤、死亡或多人死亡的事故。

2. 轻伤

轻伤是指负伤后需要休息一个工作日以上(含一个工作日),但未达到重伤程度的伤害。

3. 重伤

重伤指负伤后,经医师诊断为残废,或者可能成为残废,或虽不至于成为残废,但伤势严重的伤害。

凡有下列情形之一的,均作为重伤处理:

(1)伤势严重,需要进行较大的手术才能挽救生命的。

(2)人体要害部位灼伤、烫伤或虽非要害部位,但灼伤、烫伤面积占全身体表面积的1/3以上者。

(3)严重骨折(胸骨、肋骨、脊椎骨、锁骨、腕骨、腿骨等因受伤引起骨折)、严重脑震荡等。

(4)眼部受伤较剧,有失明的可能。

(5)手部伤害,如①大拇指轧断一节的;②食指、中指、无名指、小指任何一只轧断两节或任何两指各轧断一节的;③局部肌腱受伤甚剧,引起机能障碍,有不能自由伸屈的残废可能的。

(6)脚部伤害,如①脚趾轧断三只以上者;②局部肌腱受伤甚剧,引起机能障碍,有不能自由行走自如的残废可能的。

(7)内部伤害,如内脏损伤、内出血或伤及腹膜等。

（8）凡不在上述范围内的伤害,经医师诊断后,认为受伤较重,可根据实际情况参考上述各点,由企业行政会同基层工会作个别研究提出意见,由当地劳动部门审查确定。

4．死亡

（二）按一次事故伤亡人数分类

1．轻伤事故

是指只有轻伤而无重伤的事故。

2．重伤事故

指负伤职工中有1～2人重伤,而无死亡的事故。

3．死亡事故

指一次死亡1～2人的事故。

4．重大伤亡事故

指一次死亡3～5人或重伤3人以上(含3人,以下同)的事故。

5．特别重大伤亡事故

指一次死亡10人以上(含10人,以下同)或一次死亡虽不足10人,但死亡加重伤总数在10人以上的事故。

（三）按事故类别分类

它是按职工受到伤害的原因分类的。根据国家统计局和劳动部颁发的分类标准,分为20类:

（1）物体打击(指落物、滚石、锤击、碎裂、崩块、击伤等伤害,不含因爆炸而引起的物体打击);

（2）车辆伤害(包括挤、压、撞、倾覆等);

（3）起重伤害(指起重设备或操作过程中所引起的伤害);

（4）机械伤害(包括绞、碰、碾、割、戳等);

（5）触电(包括雷击伤害);

（6）淹溺;

（7）灼烫;

（8）火灾；

（9）高处坠落（包括从架子上、屋顶上坠落以及平地上坠落到地坑等）；

（10）坍塌（包括建筑物、堆置物、土石方倒塌等）；

（11）冒顶片帮；

（12）透水；

（13）放炮；

（14）火药爆炸（指火药与炸药在生产、运输、储藏过程中发生的爆炸）；

（15）瓦斯爆炸；

（16）锅炉爆炸；

（17）容器爆炸；

（18）其他爆炸（包括化学物爆炸，炉膛、钢水包爆炸等）；

（19）中毒（煤气、油气、沥青、化学、一氧化碳中毒等）和窒息；

（20）其他伤害（扭伤、跌伤、冻伤、野兽咬伤、钉子扎伤等）。

三、工伤事故的原因

（一）工伤事故的影响因素

根据系统工程的观点分析，工伤事故的影响因素如图 5-1 所示。工伤事故的发生取决于人的原因、物的原因、环境条件，并且受到管理状况的制约和事故发生过程的控制。

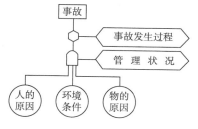

图 5-1　工伤事故影响因素分析

1. 人的不安全行为

(1)忽视和违反安全规程；

(2)误操作；

(3)不注意；

(4)疲劳；

(5)身体有缺陷等。

2. 环境条件和物的原因(指不安全的状态)

(1)设备和装置结构不良,材料强度不够,零部件磨损和变化；

(2)工作场地面积偏小或工作场所的其他缺陷；

(3)工作环境如颜色、照明、温度、振动、噪声、通信等存在问题；

(4)物体的放置、整理和整顿不合理；

(5)外部的、自然的不安全状态,存在危险物和有害物；

(6)安全防护装置失灵；

(7)防护用具、服装的缺乏或缺陷；

(8)作业方法不安全。

3. 管理原因(即管理上的缺陷)

(1)技术缺陷,工业建、构筑物及机械设备、仪器仪表的设计、选材、安装布置、维护检修有缺陷,或工艺流程、操作方法上存在问题；

(2)教育培训不够,工作人员安全知识和经验不足或不懂操作技术知识；

(3)劳动组织不合理；

(4)对现场工作缺乏检查或指挥有错误；

(5)没有安全操作规程或规程不健全,挪用安全措施费用,不认真实施事故防范措施,对安全隐患整改不力；

(6)人员身体上、精神上的缺陷,如疾病,听力、视力衰减,疲劳过度,醉酒,人的错觉,劳动态度不端正,不负责任,思想不集中等。

(二)工伤事故的发生

可以认为,物质原因和管理原因结合就构成生产中的事故隐患,而当事故隐患偶然被人为原因触发时,就会发生事故。

（三）防止工伤事故发生的注意要点

综上所述,为防止事故,应注意下列环节:

(1)原材料的危险性和有害性;

(2)生产中的生产条件和设备状况;

(3)作业环境;

(4)生产中人员状况;

(5)作业方法及操作情况。

第二节　事故报告与现场急救处理

一、事故报告

(1)伤亡事故发生后,事故现场人员应当及时采取自救、互救措施,并立即直接或逐级上报企业负责人。不能因为事故小,危害程度低就隐瞒不报,这样只会引起更严重的后果。

(2)事故现场人员应首先判断事故的形势,如果会危及自身的安全,应立即组织人员撤退。在自身的安全有保障的情况下,立即组织抢救伤员,并进行现场紧急救护;重大事故应立即由矿长或主要管理人员启动事故应急救援预案。

(3)企业负责人接到重伤、死亡事故报告后,应当迅速采取有效措施组织抢救,防止事故扩大或发生次生事故,减少人员伤亡和财产损失,并立即报告当地县政府安全生产监督管理部门等有关部门和工会组织。

事故报告应及时、准确、实事求是,不得弄虚作假。如果发现有隐瞒不报、谎报、迟报、故意破坏现场或毁坏证据等行为,将要严肃追究单位和个人的责任,并给予相应的经济、行政处罚,构成犯罪的,由司法机关追究刑事责任。企业职工有义务向有关主管部门举报事故。

（4）应当保护好事故现场，凡与事故有关的物体、痕迹、状态，不得破坏。为抢救受伤害者需要移动现场物体时，必须做好现场标志，绘制事故现场图，做好书面记录。

（5）在消除现场危险、采取防范措施，并经过有关部门或事故调查组同意后，方可恢复生产。

二、现场急救处理

（一）伤口简易包扎止血法

对动脉出血较快的伤口，应用绷带（或手巾、手帕）在动脉血管上部（近心脏端）进行缠绕压止血，或用手指指压法止血，以及用止血带进行止血，然后待医生到来后再进行处理。

（二）简易骨折固定法

1. 四肢骨折固定法

（1）小腿骨折时，在两踝、两小腿中段和两膝三个部位，利用腱肢拼拢固定。大腿骨折时，除采用小腿固定方法外，还对两腿上段、髋部分别用3～5条布条或皮带分段扎紧固定。

（2）利用木板或棍条代替夹板固定，其长度必须超过骨折肢体两个关节的长度。

2. 脊椎骨折固定法

担架或代用担架上铺好棉被（或棉衣），在脊椎骨损伤部位，放置一个小枕头，然后用两手托搬法将伤员平稳搬到担架上，使骨折的脊椎正好放在枕头上，并能保持脊椎在伸展位。再用布条或皮带将胸、腹、臀、两膝紧系在担架上，使胸、腰、椎固定不动，防止脊椎二次损伤。

3. 颈椎骨折的固定

由3人协同搬运，即一人固定头部、托住下颌和后枕部，保持头部在正中位。另两人托起肩背、臀部和下肢，步调一致地将伤员平放在担架上，颈部两侧各用小枕头（也可用折叠的衣服代替小枕头）将胸腰部、髋臀部、两膝部塞紧,再用皮带紧固定在担架上,有效地防止搬运时臀部摆动增加出血和加重出血性休克。

4．正确搬送伤员法

（1）平托法

3人用两手伸直插入伤员头部、肩胸、髋臀和下肢,然后动作协调一致地将伤员托起,平放在担架上。

（2）翻滚法

当伤者需要3人以上搬运时,搬动人的双手应伸入趴卧在地面上的伤员的面部、胸部、腹髋和膝盖部位,然后3人动作一致地将伤员翻滚到担架上,送往医院抢救。

在护送的途中,护送人员必须时刻注视伤者的伤情变化,随时准备应急处理。

（三）人工呼吸法

人工呼吸法适用于触电者休克、溺水、有害气体中毒窒息或外伤引起的呼吸停止的假死者。如果停止呼吸时间较短,可采用此法救治。

（1）实施人工呼吸前,应先将伤员运至安全、通风良好的地点,将衣领口解开,并松开裤带,注意保持体温。仰卧时腰部要垫上软的衣服,使胸部张开。并清除伤者口中的脏物,把舌头拉出或压住,防止堵塞喉管,妨碍呼吸。

（2）进行人工呼吸操作前,必须使伤者仰卧,救护者在其头部的一侧,用手将鼻孔捏住,以免吹气时从鼻孔中漏气;自己长呼一口气,而后紧对伤者的口将气吹入（最好放两层纱布或手帕再吹）,致使伤者吸气;然后松开捏鼻子的手,并用一手压伤者的胸部以帮助呼气。如此有节奏地均匀循环往复进行,每分钟吹14～16次,直至伤者能自行呼吸为止。人工呼吸正确操作方法如图5-2所示。

图 5-2　口对口人工呼吸法

（四）胸外心脏按压法

人工胸外心脏按压法，是用人工的
机械方法压心脏，代替心脏跳动时的唧筒作用，以达到血液循环之目
的。在生产现场遇触电或其他原因，造成心脏停止跳动或不规则的
颤动时，应立即进行胸外心脏按压，具体操作要点如下：

（1）置伤者仰卧在硬平板或平地上，头低于心脏位置。

（2）抢救者跨跪在伤者的腰部两侧。

（3）抢救者两手相叠，用手掌根部置于伤者胸骨下 1/3 部位，即
中指置于颈凹陷后边缘，而后自上而下直线均衡地用力向脊柱方向
按压，使胸骨下陷 3～4 cm，可以使心脏达到排血的作用。

（4）按压后手掌根突然放松（但手掌根部不离原位），依靠胸部的
弹性自动恢复原状时，心脏扩张，大静脉血液就能回到心脏里来。

按照上述四个步骤连续不断地按压，每分钟 60 次。按压时定位
准确，用力适当，不得简单粗暴，避免造成肋骨骨折、气血胸、心脏损
伤的危险。胸外心脏按压法实际操作方法如图 5-3 所示。

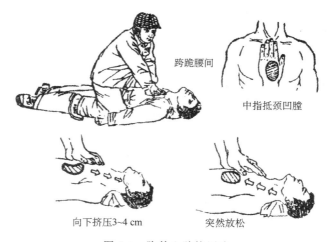

跨跪腰间

中指抵颈凹膛

向下挤压3～4 cm

突然放松

图 5-3　胸外心脏按压法

第三节　自救与避灾

自救是指在井下发生灾害事故时,在灾区或受影响的区域内,每个人进行的避灾和自我保护;互救则是指在有效地进行自救的前提下救护灾区内的受伤人员。在多数情况下,由于事故发生突然,救护人员不能及时到达事故现场组织抢救工作,因此,事故现场作业人员及周边人员必须及时开展救灾和避灾工作。即使在事故发生的中后期,作业人员掌握正确的避灾方法和逃生技巧,也是提高抢险救灾工作成效的重要因素。

一、矿工自救互救教育

每一个矿工都应接受自救互救教育,做到:

（1）熟悉各种事故的征兆;

（2）掌握各种灾害事故的避灾方法;

（3）掌握所在矿井的灾害事故应急救援预案;

（4）熟悉避灾路线和安全出口;

（5）掌握现场自救和急救他人的方法;

（6）了解与工作地点距离最近的电话的位置,熟悉和地面联系的方法;

（7）熟练地使用救护器材。

二、现场自救和避灾

1. 现场抢险

矿井火灾、水害、冒顶等事故在初始阶段波及的范围和危害一般比较小,这是控制事故和人员逃生的最佳时机。灾害事故发生后,受灾人员及波及人员应沉着冷静,一方面及时通过各种通信手段向上级汇报灾情,一方面认真分析和判断灾情,对灾害可能波及的范围、危害程度、现场条件和发展趋势作出判断。在保证安全的前提下,应采取积极有效的方法和措施,及时投入现场抢救,将事故消灭在初始阶段或控制在最小范围内。当现场不具备现场抢险的条件和可能危及人员的安全时,应及时组织人员撤退。

2. 安全撤离

当现场不具备现场抢险的条件和可能危及人员的安全,以及接到上级的撤退命令时,受灾人员应迅速安全地撤离灾区。撤离灾区时,应遵守下列行动准则:

(1)沉着冷静,坚定信念。撤离灾区时,必须保持清醒的头脑,情绪镇定,做到临危不乱,并坚定逃生的信念。

(2)认真组织,服从管理。现场的管理人员和有经验的人员要发挥组织领导作用,所有遇险人员必须服从指挥,保持秩序,不得各行其是,单独行动。

(3)团结互助,同心协力。所有人员应团结互助,主动承担工作任务,同心协力撤离到安全地点。

(4)加强安全防护。撤退时,要选用正确的逃生技巧、手段和使用一切可利用的安全防护用品和器材。

(5)正确选择撤退路线。撤退前,要根据灾害事故的性质和具体情况,确定正确的撤退路线。要尽量选择安全条件好,距离短的行动路线。在选择路线时,既不可图省事,受侥幸心理支配冒险行动,也不要犹豫不决而错过最佳撤退时机。

3. 妥善避灾

如撤退路线被全部封堵,无法撤离灾区时,遇险人员应在灾区范围内寻找相对安全的地方妥善避难,等待救援。避难人员应遵守以下原则:

(1)选择适宜的避难地点。无法撤离灾区时,应寻找顶板稳固、支架良好的地点或进入安全的避难硐室躲避。

(2)保持良好的精神和身体状态,坚定求生信念。要相互鼓励,以最大的毅力克服一切困难。不可过分悲观忧郁而放弃求生的机会,也不能急躁盲动,冒险乱闯。在等待过程中,要节省体力,合理使用照明设备和食物及饮用水,以延长避灾的时间。

(3)加强安全防护。在避难过程中,要密切注意事故的发展和所在地点的情况,使用一切可利用的安全防护用具和器材。

(4)改善避难地点的生存条件。如果所在地点的条件恶化,人员安全受到威胁,应及时选择并转移到其他安全地点。如因条件限制无法转移时,应积极采取措施,努力改善避难地点的生存条件,尽量延长生存时间。

(5)积极同救护人员取得联系。遇险人员可用矿灯、敲打铁轨或管道、岩壁等方式发出求救信号,或派人出去察看了解出井线路。察看工作只能派经验丰富、熟悉巷道的老工人担任,并至少有两人同行。

(6)若被困时间较长,要减少体力消耗,节水、节食和节约矿灯用电。

(7)积极配合救护人员的抢救工作。遇险人员在避难地点听到救护人员的联络信号,或发现救护人员来营救时,要克制情绪,不要慌乱和过分激动,应在可能的条件下积极配合。

第四节　金属非金属矿山各种灾害事故避灾措施

露天矿山边坡坍塌,地下矿山冒顶片帮、透水、中毒窒息等事故是矿山多发的重大事故,如果处理和救护不当,往往造成大量人员伤亡。因此,存在上述危险的矿山应制定应急救援预案,使抢险救灾工作做到统一指挥、科学调度、协调工作、有条不紊,加快抢救速度。作业人员应熟悉各种重大事故的预兆,熟练掌握各种事故的应急预案和必要的救护技术,熟悉矿山井下避灾路线,在紧急情况下能带领本单位工人避灾,并能利用现场条件开展自救和现场急救。

一、冒顶片帮事故的处理

1. 冒顶事故的自救避灾方法

(1)一经发现冒顶预兆,应立即进入安全地点躲避。如来不及撤退,要靠近巷道一侧站立(要防止片帮)或找就近的支护设施处(如木垛)躲避。

(2)遇险人员应及时发出呼救信号,但不能敲打对自己有威胁的物料和岩石传递呼救信号,不得在条件不允许的情况下强行挣扎脱险。

(3)要维护好冒落处与避灾处的支护,防止冒顶进一步扩大。

(4)若有压风管,应打开压风管供风,做好长时间避灾的准备。

2. 冒顶事故的救援方法

(1)发生冒顶片帮事故时,应尽快探明冒顶片帮的范围和被埋压、截堵人员的人数及可能的位置,并分析抢救、处理措施。

(2)迅速恢复冒顶片帮区的正常通风。如果一时不能恢复,应利用压风管、水管及开掘巷道、打钻孔等方法,向遇险人员输送新鲜空气、饮料和食物。

(3)在处理过程中必须由外向里加强支护,清理出抢救人员的通道。

(4)在抢救处理过程中必须有专人检查并监视顶帮情况,防止再次发生冒顶片帮事故。

(5)在抢救中如遇有大块岩石,不准用爆破法进行处理,应尽量绕开。如果威胁到遇难人员,则可利用千斤顶等工具移动石块,救出遇难人员。

二、滑坡及坍塌事故的处理

(1)首先应撤出事故影响范围内的人员,并设立警戒,防止无关人员进入危险区。

(2)积极组织抢险人员抢救因滑坡、坍塌被埋压的遇险人员。抢救人员要按先易后难、先重伤后轻伤的顺序进行抢救。

（3）认真分析造成滑坡、坍塌的主要原因，并有针对性地制定安全救灾措施。

（4）在抢险救灾前，首先检查采场架子头顶部是否存在再次滑落的危险，如存在较大危险应进行处理。

（5）在整个抢险救灾过程中，在采场架子头上、下都应选派有经验的人员观察架子头情况，发现问题要立即停止抢险工作进行处理。

（6）应采取措施阻止滑落的矿岩继续向下滑动。

（7）在危险区范围内进行抢险工作，应尽可能使用机械化装备和保护抢险工作人员的人身安全。

三、透水事故的处理

1. 透水事故的自救方法

（1）一旦发生井下透水事故，应立即通知附近区域的作业人员，同时向上级汇报，并按照规定的避灾路线撤退。要注意"人往高处走，水往低处流"，切不可进入透水点附近和低于透水点的独头巷道。

（2）如水势小，现场人员可就地取材加固工作面，堵住出水点，防止事故继续扩大。如水势凶猛，冲力很大，应立即避开出水口和泄水流，躲避到硐室内、巷道拐弯处或其他安全地点。如果情况紧急，来不及躲避，可抓牢棚梁、棚腿或其他固定物，防止被水打倒或冲走。

（3）人员撤出透水区域后，应将防水闸门关闭，以隔断水流。

（4）如果路标被破坏，迷失方向，应朝有风流的上山方向撤退。

（5）万一被水堵在天井、独头巷道里，一定要保持镇静，保存体力，设法与外界联系，等待救援。撤退中，如因冒顶或积水造成巷道堵塞，可找其他通道撤退。万一无法撤退时，应进行避灾，等待救援。

2. 透水时的现场处理措施

（1）当发现工作面有透水征兆时，要立即停止工作，撤出人员，同时迅速报告有关部门，及时采取处理措施。

（2）当进行探、放水工作时，事先要做好有关准备。要确定好避灾路线，保证一旦发生透水时，能组织人员迅速撤离。

（3）矿领导接到透水报告后，应立即通知矿山救护队，迅速判定水灾的性质，了解透水地点、影响范围、静止水位，估计透出水量、补给水源等，及时通知有关人员撤离危险区域，关闭有关地区的防水闸门。

（4）掌握灾区范围，搞清事故前的人员分布，分析被困人员可能躲避的地点。首先应尽快设法与其联系，确定被困者的准确位置，利用压风、打钻或其他方法送入空气和食物，并积极组织营救。如人员没有被隔离，应尽快抢救遇险人员，引导下部中段里的人员沿上行巷道升至地面。

（5）根据水情设置必要的构筑物阻水，按需要及时关闭防水闸门，保护矿井排水设备不被淹。如水泵房被淹，要采取强排水措施。

（6）迅速组织排水，开动全部排水设备，或立即增设水泵和管道排水，防止水害区域扩大。

（7）加强通风，防止有毒气体积聚和发生熏人中毒事故。

（8）排水后进行查看、抢险时，要防止冒顶、掉底和二次突水。

（9）抢救和运送长期被困的人员时，要防止突然改变他们已适应的环境和生存条件，造成不应有的伤亡。

3. 被淹井巷的恢复

矿井被淹没后，排除积水的工作是很复杂的。首先必须对水源、矿井静水容积和动态储量进行调查研究，然后制定恢复方案，选择适当能力的排水设备，组织力量进行排水和恢复工作。在涌水量不大或补给水源有限的情况下，可采用增加排水能力的办法直接排出矿井内的积水。

如果井下涌水量（动储量）特别大，用增加水泵能力不能将水排干时，则必须先堵住涌水通路，截住水源，然后再排水。在整个恢复工作时期，必须十分注意通风工作。因为在被淹井巷内通常积存有大量的二氧化碳、硫化氢等有害气体。当水位降低后，压力解除，上述有害气体即大量涌出。因此,必须在排水过程中加强对有害气体的检查,并用局扇进行局部通风,排除有害气体。

在井筒内安装排水管或进行其他作业的工作人员,必须佩戴安全带和自救器。在修复井巷时,要特别注意防止冒顶和坠井事故的发生。

四、中毒窒息事故的处理

1. 自救方法

作业人员进入通风不良或长期不通风、有可能产生有毒有害气体聚集的场所前,必须有预防中毒窒息事故的意识,一旦感觉到有中毒窒息的前兆,必须立即停止作业,撤离现场,到通风较好的上风向静坐或静卧。对作业场所进行通风,检测作业点有毒有害气体含量合格以后,方可进入作业点继续作业。

2. 救援方法

一旦发现人员中毒窒息,应按照下列措施进行救护:

(1)救护人员应首先摸清有毒有害气体的种类、可能的范围、产生的原因,中毒窒息人员的位置。

(2)救护人员必须戴呼吸器才能进入灾区。无呼吸器的人员不得进入灾区,以防止事故扩大。

(3)应携带自救器进入灾区救人,给中毒者戴上自救器,将其救出。

(4)救助中毒者时,应防止其胸部受到压迫,迅速抬到新鲜风流处施行人工呼吸或用苏生器进行救护。

(5)救人的同时进行通风,直到通风恢复正常,才允许人员进入作业。

五、火灾事故的处理

金属非金属矿山火灾事故发生率不高,但是后果非常严重。往往由于灭火方法不当,救护不及时,导致一般事故发展为重大事故。

一般直接烧死的人员较少,大部分死亡人员是因中毒窒息而亡的。因此,井下发生火灾事故一定要采取正确的救护方法。

（1）井下一经发现烟雾或明火,要立即上报。火灾初期是灭火的最佳时机,发现起火,应采取一切可能的方法直接扑灭,并迅速上报,切不可惊慌失措,四处奔跑。如火势太大,无法扑灭时,就要组织工人避灾和进行自救。

（2）处于火源上风侧的人员应逆着风流撤退。处于火源下风侧的人员,如果火势小,越过火源没有危险时,可迅速穿过火区到火源上风侧;或顺风撤退,尽快进入新鲜风流中撤退。

（3）撤退时,应迅速果断,忙而不乱,要随时注意观察巷道和风流的变化情况,谨防"火风压"可能造成的风流逆转。

（4）巷道已有烟雾,但烟雾不大时,迅速戴好自救器（无自救器应用湿毛巾捂住口鼻）,尽量躬身弯腰,低头快速前进;烟雾大时,应贴着巷道底和巷道壁,摸着铁道或管道快速爬出,迅速撤离;当有烟雾且视线不清时,应摸着巷道壁、支架、管道或铁道前进,以免错过通往新鲜风流的出口。

（5）在高温浓烟巷道中撤退时,应将衣服、毛巾打湿或向身上淋水进行降温,利用随身物品遮挡头面部,防止高温烟气刺激。万一无法撤离灾区时,应迅速进入避难硐室或其他较安全的地点避灾,等待救援。

第五节　矿山急救器材

金属非金属矿山经常发生各类安全生产事故,尤其是地下矿山,由于其作业环境比较恶劣,发生事故后应急救援往往难以开展,因此,积极做好矿山急救器材的配备、管理以及使用工作就显得尤为重要。

一、矿山需配备的急救器材

（1）消防器材。主要包括灭火器、消防水池、消防水管系统等。由于地下矿山火灾是金属非金属矿山安全事故中影响最大、发生次数最多的事故之一，因此，矿山必须在易发火作业面按照相关规定配备足够数量的消防器材，设计消防水管系统，必要时还要建立消防供水水池。

（2）破拆清障器材。金属非金属矿山一旦发生事故，往往会出现塌陷、爆炸等现象，因此作为救援队伍，必须配备工程破拆清障工具和专业车辆，如挖掘机、起重三脚架、液压起重机、千斤顶、液压钳、防爆工具、氧气瓶以及生命探测仪等。

（3）急救器材。按照相关规定，井下必须建立应急站，矿医院必须设立应急急救室，企业总医院必须设置急救科。矿井急救站需配备以下器材：苏生器、小型氧气筒、急救包、多用骨折固定担架、止血带以及绷带等。

（4）个人防护器材。主要包括矿灯和过滤式自救器，前者是矿工的"眼睛"，后者在发生火灾爆炸事故或有毒有害气体存在时可以起到救命的作用。

（5）通信器材。地下矿山发生事故后，能否与地面保持良好的通信畅通，是救援成功与否的关键因素之一，因此矿山通信器材也属于矿山急救器材。

二、自救器

自救器是一种体积小、重量轻、便于携带的防护个人呼吸器官的装备。其主要用途就是在井下发生火灾、瓦斯、煤尘爆炸，煤与瓦斯突出或二氧化碳突出事故时，供井下人员佩戴脱险，免于中毒或窒息死亡。目前煤矿的自救器，按其防护特点，分为过滤式自救器和隔绝式自救器两类。

1. 过滤式自救器

过滤式自救器是利用触媒在常温下将空气中含有的一氧化碳氧化为无毒的二氧化碳而制成的呼吸系统保护装置。适用于空气中氧气浓度不低于18%，一氧化碳浓度不高于1.5%的环境中，在个人防护逃生时使用。

（1）用途

过滤式自救器是用于煤矿井下发生火灾或瓦斯爆炸时防止一氧化碳中毒的个人呼吸保护装置，作业人员须随身携带，以备急用。

（2）使用环境条件

过滤式自救器适用于无煤与瓦斯和二氧化碳突出的矿井，环境大气中的氧气浓度不低于18%，一氧化碳浓度不大于1.5%，不含有其他毒气的空气中使用。过滤式自救器仅用于个人逃生使用。

（3）工作原理

使用滤毒罐时，含有一氧化碳的空气经过滤尘层进入干燥剂药层，它可以有效地过滤空气中的水分，防止触媒中毒失效。经干燥的气体进入触媒层进行氧化反应，将有毒的一氧化碳氧化成无毒的二氧化碳气体。再通过热交换器降温后，经口具供使用者吸气，呼出的气体经呼气阀直接排出。为避免因晃动或碰撞使药粒层产生自由空间，滤毒罐采用了补偿弹簧装置。

2. 隔绝式自救器

隔绝式化学氧自救器是个人呼吸系统保护装置，主要用煤矿井下开采工业，也可在其他地下工程和有可能出现有毒气体及缺氧环境进行的工程中使用。当作业环境内发生灾害事故，造成环境中缺氧或存有高浓度有害气体危及作业人员生命时，作业人员可及时佩戴隔绝式自救器，实现呼吸系统自我保护，从而安全撤离灾害现场，达到安全自救的目的。

（1）隔绝式自救器的构造

隔绝式自救器主要由高压系统、呼吸系统及CO_2过滤系统组成;高压系统包括氧气瓶、氧气瓶开关、减压器、自动手动补给阀和压力表等。呼吸系统由口具、鼻夹、呼吸软管、气囊、排气阀及呼吸阀等组成。具体构造如图 5-4 所示。

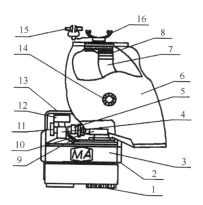

图 5-4　隔绝式自救器内部结构

1—底盖;2—挂钩;3—清净罐;4—氧气瓶;5—减压阀;6—气囊;7—呼气软管;8—呼吸阀;9—支架;10—补气压板;11—手轮开关;12—压力表;13—上盖;14—排气阀;15—鼻夹;16—口具

（2）使用时注意事项

①合理选择逃生路线,要选择最快能到达新鲜风流场所的路线。

②行走时要沉着平静,呼吸均匀,行走速度根据现场情况可稍快或稍慢。

③逃生过程中要戴好鼻夹和口具,不能漏气,也不能取下口具说话,必要时可用手势进行联络。

④佩戴自救器吸气时,气体比外界大气干热一些,表明自救器内药剂的化学反应在正常进行,对人体没有伤害,此时不可取下自救器。

⑤如果感到呼吸空气中有轻微的盐味或碱味,也不要取下口具,这是少量药粉被呼吸气体带出所致,没有危险。

⑥要防止损坏气囊,避免损失氧气。

⑦如果气囊压力太小不能满足呼吸要求时,说明自救器防护性能已经失效,应及时更换自救器。

第六节　地下矿山避险系统

根据《国务院关于进一步加强企业安全生产工作的通知》(国发〔2010〕23号)精神和《金属非金属矿山安全规程》(GB 16423—2006)等有关规定,金属非金属地下矿山(以下简称地下矿山)必须安装使用安全避险"六大系统",切实提高地下矿山企业安全保障能力。"六大系统"具体是指监测监控系统、人员定位系统、紧急避险系统、压风自救系统、供水施救系统和通信联络系统。

一、监测监控系统

地下矿山企业应建立采掘工作面安全监测监控系统,用于监测金属非金属地下矿山有毒有害气体浓度,以及风速、风压、温度、烟雾、通风机开停状态、地压等。监测监控系统由主机、传输接口、传输线缆、分站、传感器等设备及管理软件组成的系统,具有信息采集、传输、存储、处理、显示、打印和声光报警功能。

二、人员定位系统

当班井下作业人员数少于30人的,应建立人员出入井信息管理系统。井下人员定位系统应具有监控井下各个作业区域人员的动态分布及变化情况的功能。人员出入井信息管理系统应保证能准确掌握井下各个区域作业人员的数量。人员定位系统由主机、传输接口、分站(读卡器)、识别卡、传输线缆等设备及管理软件组成的系统,具有对携卡人员出/入井时刻、重点区域出/入时刻、工作时间、井下和重点区域人员数量、井下人员活动路线等信息进行监测、显示、打印、储存、查询、报警、管理等功能。

三、紧急避险系统

地下矿山紧急避险系统是指在矿山井下发生灾变时,为避灾人员安全避险提供生命保障的由避灾路线、紧急避险设施、设备和措施组成的有机整体。地下矿山企业应在每个中段至少设置一个避灾硐室或救生舱。独头巷道掘进时,应每掘进 500 m 设置一个避灾硐室或救生舱。避灾硐室或救生舱应设置在岩石坚硬稳固的地方。避灾硐室应能有效防止有毒有害气体和井下涌水进入,并配备满足当班作业人员 1 周所需要的饮水、食品,配备自救器、有毒有害气体检测仪器、急救药品和照明设备,以及直通地面调度室的电话,安装供风、供水管路并设置阀门。

四、压风自救系统

地下矿山企业按设计要求建立压风系统的基础上,按照为采掘作业的地点在灾变期间能够提供压风供气的要求,建立完善压风自救系统。压风自救系统是指在矿山发生灾变时,为井下提供新鲜风流的系统,包括空气压缩机、送气管路、三通及阀门、油水分离器、压风自救装置等。

空气压缩机应安装在地面。采用移动式空气压缩机供风的地下矿山企业,应在地面安装用于灾变时的空气压缩机,并建立压风供气系统。井下不得使用柴油空气压缩机。

井下压风管路应采用钢管材料,并采取防护措施,防止因灾变破坏。井下各作业地点及避灾硐室(场所)处应设置供气阀门。

五、供水施救系统

供水施救系统是指在矿山发生灾变时,为井下提供生活饮用水的系统,包括水源、过滤装置、供水管路、三通及阀门等。地下矿山企业应在现有生产和消防供水系统的基础上,按照为采掘作业地点及灾变时人员集中场所能够提供水源的要求,建立完善供水施救系统。井下供水管路应采用钢管材料,并加强维护,保证正常供水。井下各作业地点及避灾硐室(场所)处应设置供水阀门。

六、通信联络系统

通信联络系统在生产、调度、管理、救援等各环节中,通过发送和接收通信信号实现通信及联络的系统,包括有线通信联络系统和无线通信联络系统。地下矿山企业应按照《金属非金属矿山安全规程》的有关规定,以及在灾变期间能够及时通知人员撤离和实现与避险人员通话的要求,建设完善井下通信联络系统。

地面调度室至主提升机房、井下各中段采区、马头门、装卸矿点、井下车场、主要机电硐室、井下变电所、主要泵房、主通风机房、避灾硐室(场所)、爆破时撤离人员集中地点等,应设有可靠的通信联络系统。

矿井井筒通信电缆线路一般分设两条通信电缆,从不同的井筒进入井下配线设备,其中任何一条通讯电缆发生故障,另一条通信电缆的容量应能担负井下各通信终端的通信能力。井下通信终端设备,应具有防水、防腐、防尘功能。

采用无线通信系统的地下矿山企业,通信信号应覆盖有人员流动的竖井、斜井、运输巷道、生产巷道和主要采掘工作面。

第六章 露天矿山开采安全

第一节 露天矿山开采概述

露天矿山是指在地表开挖区通过剥离围岩、表土或砾石,采出供建筑业、工业或加工业用的金属或非金属矿物的采矿场及其附属设施。

根据矿床埋藏条件和地形条件,露天矿山分为山坡露天矿和凹陷露天矿。开采水平位于露天开采境界封闭圈以上的称为山坡露天矿,位于露天开采境界封闭圈以下的称为凹陷露天矿。

露天开采,通常是把矿岩划分成一定厚度的层次,采用从地表自上而下的开采方法。

一、露天矿开采的方式

露天矿开采的方式有:机械开采、人工开采、水力开采和挖掘船开采。

(1)机械开采

机械开采是用一定的采掘运输设备,在敞露的空间里从事开采作业。为了采出矿石需将矿体周围的岩石及覆盖物的岩层剥掉,并通过露天沟道或地下巷道把矿岩搬出地面。这种搬移的生产过程,称为剥离。开采矿石的生产过程,称为采矿。

（2）人工开采

人工开采是指人力使用铁锤、钎杆打孔，将矿岩装入人力车，运至排卸地点。

（3）水力开采

水力开采是用水射击高压水流冲采矿石，并用水力冲运。此法多用于开采松软的砂矿床。

（4）挖掘船开采

挖掘船开采是利用挖掘船开采海洋及河道中的砂矿床。

二、露天采矿场形成要素

露天开采所形成的采坑、台阶和露天沟道的总和称为露天矿场，如图 6-1 所示。

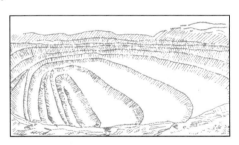

图 6-1　露天矿场示意图

1. 台阶的形成要素

露天矿山开采时，通常把矿岩划分成一定厚度的水平分层，自上而下逐层开采，并保持一定的超前关系，在开采过程中各个工作水平在空间上构成了阶梯状，此阶梯称为台阶。台阶构成要素如图 6-2 所示。

台阶的命名，通常是以开采台阶的下部平盘的标高为依据，故常把台阶叫作某某水平，如图 6-3 所示。开采时，将工作台阶划分成若干条带顺次序开采，每一个带叫作采掘带。

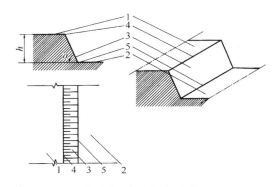

图 6-2　台阶构成要素

1—台阶上部平盘;2—台阶下部平盘;3—台阶坡面;
4—台阶坡顶线;5—台阶坡底线;α—台阶坡面角;h—台阶高度

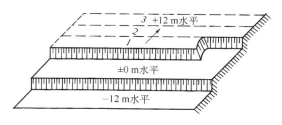

图 6-3　台阶的开采和命名

2. 露天采场形成要素

露天采场形成要素如图 6-4 所示。露天矿坑中的矿石采出后,矿坑四周揭露出来的由台阶组成的表面叫露天矿边帮,(如图 6-4 中的 AC、BF)。位于矿体下盘一侧的边帮叫作底帮,位于矿体上盘一侧叫顶帮,沿着矿体走向两端的边帮叫作端帮。

正在进行开采和将要开采的台阶组成的边帮叫作露天矿场的工作帮(如图 6-4 中的 DF)。

通过非工作帮最上一个台阶的坡顶线和最下一个台阶的坡底线所作的假想斜面,叫作露天矿场的非工作帮面或称最终帮坡面(如图

6-4 中的 AG、BH)。最终帮坡面与水平面的夹角叫作最终边坡角（如图 6-4 中的 β、γ）。

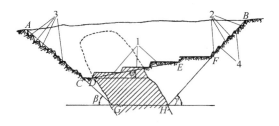

图 6-4　露天矿场形成要素

通过工作帮最上一个台阶坡底线和最下一个台阶坡底线所作的假想斜面叫工作帮坡面（如图 6-4 中的 DE）。工作帮坡面与水平面的夹角叫作工作帮坡角（如图 6-4 中的 φ）。工作帮的水平部分叫作工作平盘（如图 6-4 中的 1）。

最终帮坡面与地表的交线为露天矿场的上部最终境界线（如图 6-4 中的 A、B 点）。

非工作帮上的平台，按其用途可分为安全平台、运输平台和清扫平台。

安全平台（如图 6-4 中的 2），是用作缓冲和阻截滑落的岩石，同时还可用作减缓最终帮坡角以保证最终边帮的稳定性和下部平台的工作安全。

运输平台（如图 6-4 中的 3），是作为工作台阶与出入沟之间的运输联系的通路。

清扫平台（如图 6-4 中的 4），是用于阻截滑落的岩石并用清扫设备进行清理，它又起到了安全平台的作用。

三、露天矿开采的特征

国内外广泛应用露天矿开采的主要原因是它比地下开采有着突

出的特点：

（1）受开采空间限制小，可采用大型机械设备，有利于实现自动化，从而较大地提高开采强度和矿石产量。

（2）资源回收率高。一般矿石损失率为 3％～5％，贫化率为50％～80％。

（3）劳动生产率高。露天开采因为作业条件好，机械化程度高，所以劳动生产率比地下开采低品位矿石的劳动生产率高。

（4）生产成本低。露天开采的成本一般比地下开采的成本低50％～75％，因而有利于大规模开采低品位矿石。

（5）开采条件好，作业场所比较安全。

（6）建设速度快，单位矿石基建投资较低。我国大中型露天矿基建一般 3～4 年，而大型的地下矿基建时间要 7～10 年。一般大型露天矿单位矿石基建投资比地下矿要低 1～3 倍。

露天开采的不足之处是：

（1）开采过程中，穿孔、爆破、采装、汽车运输、卸载以及排土时粉尘较大，汽车运输时排入大气中的碳化氢多，排土场的有害成分流入江河湖泊和农田等，污染大气、水和土壤，危及人员的身体健康，影响农作物和生物的生长和繁殖。

（2）露天矿开采需要把大量的剥离物运往排土场抛弃，因此排土场占地面积大，影响农业的发展。

（3）受气候条件的影响，如遇严寒和冰雪、酷暑和暴雨等，会影响开采。

第二节　露天矿山开采工艺安全要求

一、概述

露天矿山开采是根据矿源埋藏的深浅度、地质地形情况、露天矿场的空间几何形状,以及周边的环境等,作出设计方案,从而确定开采顺序。

山坡露天矿的开采,如矿体走向与山坡同向一致时,一般是在矿场表层自上而下开掘单壁沟,按由里向外的采掘顺序进行开采。

凹陷露天矿开采的顺序是从上至下进行掘沟、剥离和采矿。上部水平依次推进至最终境界,下部水平顺次序开拓和准备,不断结束旧的工作水平。

露天矿开采全过程的顺序是掘沟、剥离、采矿三项工作,而这三者都是由穿孔、爆破、采装、运输等工艺来实现的。

露天矿山在全过程开采期间的顺序,掘沟、剥离、采矿三者在时间和空间上必须保持超前与滞后的关系,才能确保露天矿山安全、稳定地进行生产。

二、穿孔作业及安全要求

穿孔工作是露天矿开采的第一道工序,其目的是为随后的爆破工作提供装放炸药的孔穴。穿孔质量的好坏,直接关系到其后的爆破、采装等工作的效率。

（一）穿孔设备

我国露天矿使用的穿孔凿岩机械主要有以下四类:

(1)冲击凿岩机,包括:①导轨式凿岩机;②伸缩式凿岩机;③潜孔式凿岩机。

(2)回转式凿岩机。

(3)冲击回转式钻机——牙轮钻机。

(4)凿岩台车。

（二）凿岩机的技术性能

1. 潜孔钻机

潜孔钻机是我国 20 世纪 50 年代使用的一种穿孔设备,60 年代取代了笨重的钢绳冲击钻,以后,由于穿孔设备的不断发展又生产出牙轮钻机,而退居第二。潜孔钻机效率如果发挥较好,台年穿孔量约为 60 万~150 万 t。表 6-1 为国内常用潜孔钻机的技术性能。

表 6-1　国内的潜孔钻机的技术性能

型号 性能	KQ-150A (即 YQ-150A)	KQ-200 (即 72—φ200)	KQ-250 (即 QZ-250)
钻孔直径(mm)	150	200~220	230~250
钻孔角度(°)	60,75,90	60~90	90
钻具转速(r/min)	60	13.5/17.9/27.2	22.3
推进轴压(kg)	0~1200	0~1530	0~3000
回转扭矩(kg·m)	113	592/491/440	862
提升速度(m/min)	16	12.7	13.4
钻杆直径(mm)	108	168	180,230
压气消耗量(m³/min)	11~13		
主空压机容量(m³/min)		22	22
电机容量(kW)		311	
其中:回转电机	7.5	10/11/15	22
提升电机	5	11	55
行走电机	22	2×30	与提升共用
空压机电机		185	185
工作时外形尺寸(m) (长×宽×高)	5.83×3.45×11.75	9.76×5.74×14.33	11.2×5.93×15.33
钻机重量(t)	12	41.6	45

2. 牙轮钻机

牙轮钻机是我国 20 世纪 50 年代中期生产的一种新型穿孔机械,随着牙轮钻机的不断更新改造,现已成为我国露天矿山广泛使用穿孔的主要设备。国内外使用的牙轮钻机技术性能见表 6-2。

表6-2　国内外常用的牙轮钻机技术性能

性能＼型号	KY-250C(即HYZ-250C)	KY-310	45-R	60-R(Ⅲ)	GD-120	M-5	CBⅢ-250	BAⅢ-320
钻孔直径(mm)	225~250	250~310	170~270	230~380	250~380	380	214~269	269~320
钻孔角度(°)	90	90	60~90	60~90	60~90	60~90	60~90	90
最大轴压(t)	42	45	32	50	54	54	30	90
推压方式	封闭链条—齿条—电机	同左	同左	同左	封闭链条—齿条—液压马达	三倍链轮组—液压马达	四倍钢绳滑轮组—液压缸	钢绳—液压缸
钻具提升速度(m/min)	9.8	17.9	27	27	34	30.5	9	19.2
回转方式	交流电机	直流电机	同左	同左	同左	双直流电机	直流电机	底部回转直流电机
钻具回转速度(r/min)	62	0~100	0~100	0~145	0~120	0~100	0~150	0~250
空压机能力(m³/min)	22	40	28	37	42	2×37	25	2×2
钻杆直径(mm)	159,203	219,278	140~219	184~324	197~343	273	384	
电机容量(kW)	383.3	375.5					384	715.5

续表

型号 性能	KY-250C(即HYZ-250C)	KY-310	45-R	60-R(Ⅲ)	GD-120	M-5	CBⅢ-250	BAⅢ-320
其中:回转电机	40	54	48	52	78	2×78	60	100
空压机	185	225	112	2×149	186	2×149	200	2×200
提升行走电机	75	54	37	52	78	149	2×32	
钻机工作尺寸(m) 长	11.9	13.67	11	13	13.11	13.6	8.63	11.25
宽	4.8	5.705	5.6	5.8	5.97	6.2	4.96	5.6
高	17.9	18	17.5	23.4~27.9	23.8~28.7	25.3	15.31	17.19~24.7
钻机重量(t)	84	116	65	93	113	86	65	120

牙轮钻机的穿孔速度比潜孔钻机约高 40%～100%，台年穿孔最高效率可达 1200 万～1400 万 t，总之，牙轮钻机使用的成本比潜孔钻机成本低，而效率高。

（三）凿岩机常见故障及排除方法

凿岩机工作效率的高低，除与自身的结构、制造质量有直接关系外，还有很重要的因素是，能否及时排除机器产生的故障。下面就凿岩机常见故障及排除方法介绍如下。

1. 活塞冲击次数减少，冲击力减弱，凿岩效率低

产生原因：供风系统中压力低，凿岩机零件堵塞。

排除方法：提高供风压力，清除被堵塞的零件。

2. 凿岩机冲击次数不稳定，凿岩效率低

产生原因：

（1）供风系统中的压力不均匀。

（2）钎尾长度不适，钎尾过长或过短都会影响凿岩机钻孔效率。

（3）凿岩机自身有故障使冲击次数不均匀，主要原因有以下方面。

①转动套筒或转动格条套筒与机头配合不当，有活塞研缸或卡住现象；

②配气阀动作不灵活；

③润滑不良；

④活塞活动不正常。

排除方法：

（1）调整供风压力，均衡供风；

（2）制造标准尺寸的钎尾；

（3）清洗转动套筒和转动格条套筒；

（4）修理或更换磨损的零部件；

（5）配气阀不灵活时，用细油石清除产生的毛刺；

（6）充分利用凿岩机自动注油器，均匀润滑。

3. 凿岩机冲击次数正常,但转动减少或不均匀,钻进速度低

产生原因:回转机构零件磨损间隙增大。常见的磨损现象有:

(1)螺旋棒与螺旋母的螺旋槽磨损;

(2)活塞冲击端花键和转动格条里的花键槽磨损严重;

(3)转动套的内六方孔或钎尾六方棱磨损严重;

(4)转动套和转动格条配合不紧,有滑动现象。

排除方法:更换已磨损的零件。更换方法:一是成对地更换;二是更换磨损严重的零件。

4. 供风压力正常,但机器开动后不能运转,有活塞研缸或卡住现象

产生原因:

(1)活塞与汽缸之间的间隙过小;

(2)活塞与汽缸、活塞小头与前面垫圈同心度不好;

(3)供风系统中不干净,有脏物进入凿岩机内;

(4)凿岩机润滑不良或工作时间过长,机体发热;

(5)活塞质量差,冲击端受冲击而被打断。

排除方法:

(1)装配活塞时,应保证与汽缸间有合理间隙;

(2)保持活塞与垫圈的同心度;

(3)吹净供风管路中的脏物;

(4)保持凿岩机有良好的润滑;

(5)活塞研缸后,应对活塞进行修磨,严重时须更换;

(6)对已磨损的汽缸内毛刺用旧活塞加油的金刚砂进行研磨。

5. 卡钎器卡不住钎子

产生原因:

(1)卡钎器螺栓上的弹簧失效或损坏;

(2)机头筒套前部凸台磨损严重。

排除方法:

（1）更换新的螺栓弹簧；

（2）对磨损严重的卡钎器凸台进行修理。一般多采用烧焊方法，而后用砂轮磨光。

6. 机器排风口结冰，影响排风，降低凿岩效率

产生原因：

（1）供风管路脏，风中含有脏气；

（2）风中含水量重；

（3）排风口部分堵塞，使排风时阻力增大。

排除方法：

（1）吹净风管中的脏物，保证供风清洁；

（2）疏通被堵塞部分的排气孔；

（3）在风路系统中安装水分离器，并经常放出分离出来的积水。

7. 凿岩时，水针经常容易损坏

产生原因：

（1）钎尾进水针孔太细或长度不够，或水针孔中心偏斜；

（2）水针质量差，直径粗细不均，全长不直，焊缝不严等；

（3）转动格条套筒陈旧，左右摇摆，折断水针。

排除方法：

（1）按规格要求加工钎尾水针的孔，并保证中心孔不偏斜；

（2）按标准加工水针；

（3）更换已磨损坏的格条套筒。

8. 气腿调压阀受振后移位

产生原因：

（1）固定弹簧弹力失效，无防振能力；

（2）密封圈磨损过甚，漏风量大。

排除方法：

（1）及时更换磨损弹簧；

（2）更换磨损的密封胶圈。

9. 气腿动作不灵活,给风后不动

产生原因:

(1)伸缩管弯曲,气腿伸缩受阻;

(2)气腿在使用时摔变形,影响皮碗动作;

(3)伸缩管前端密封胶圈磨损严重,漏风量大;

(4)胶碗磨损严重,漏风量大;

(5)其他密封胶圈损坏,漏风量大;

(6)横臂中间的环形密封胶圈磨损过甚,产生漏气。

排除方法:

(1)校正伸缩管;

(2)及时修复外管;

(3)更换磨损的皮碗;

(4)更换磨损的密封圈,保证各部位密封性能良好。

10. 凿岩机工作时,从排风口外喷雾

产生原因:

(1)凿岩机所用水压大于风压,使机器内部充水;

(2)水针后端的水针套磨损,内孔增大;

(3)风针后端胶圈垫损坏,向机器内漏水;

(4)钎杆或钎头水针堵孔,水排不出去;

(5)水针焊缝裂开,向机器内漏水;

(6)注水阀外圈上密封胶圈损坏;

(7)水针尺寸短,不能进入钎层,水进不到钎子里去;

(8)水针制作时不合标准,后端凸沿距离后端面尺寸过长,水流不到针内。

排除方法:

(1)风压必须大于水压;

(2)及时更换损坏的密封胶圈、水针套、风针胶垫;

(3)使用合格的水针;

(4)及时疏通堵死的水针,钎杆或钎头水孔不能疏通时要及时更换。

11. 凿岩机不能停止工作,或关闭时仍有轻微运转

产生原因:

(1)启动机构中的阻塞阀把手卡住,扳不动;

(2)阻塞阀把手配合处磨损后间隙过大,产生松动现象;

(3)操纵阀由于经常转动而磨损,配合间隙增大,产生串风现象;

(4)装在棘轮空刀槽里的密封胶圈磨损严重而串风。

排除方法:

(1)更换阻塞阀的把手;

(2)更换磨损的操纵阀或磨损的密封胶圈。

12. 凿岩机机头、汽缸、汽缸套发热

产生原因:

(1)注油器或机器油道堵塞,机器得不到必要的润滑;

(2)润滑油变质或不清洁。

排除方法:

(1)清洗注油器和机器油道,使其畅通;

(2)使用合格的润滑油。

13. 凿岩机运转正常,冲击次数和转动情况良好,但穿孔效率低

产生原因:

(1)钎头磨钝,刃角变大;

(2)钎杆弯曲,转动时磨孔帮;

(3)钎头或钎杆水针堵死,岩粉排不出去。

排除方法:

(1)更换磨损的钎头,使用合格刃角钎头;

(2)校正弯曲的钎杆或更换合格的钎杆;

(3)疏通钎头或钎杆的水孔,保证排粉用水量。

（四）凿岩安全要求

（1）凿岩工必须经培训考试合格后，方能上岗。

（2）作业前应对设备进行认真点检，并检查作业场地有无塌方、危岩、障碍物等，确认安全后，方可开动设备。

（3）钻孔过程中应经常观察孔口及设备运转情况，发现异常应及时处理，禁止打干孔。

（4）停送电和启动设备时必须做到呼唤应答，凿岩机移动前应检查机下是否有人或障碍物，机上是否有滑动物件，提钎杆时，钻机大架、平台严禁站人。

（5）包扎电缆线时，必须拉中断开关，挂安全警示牌或设专人看守。未经修理人员许可，不准擅自送电。大雨时不准停、送高压令克。

（6）处理电气故障、清扫配电箱柜、修理或调整电磁抱闸，必须切断电源。

（7）电缆线不准放在泥浆水里或金属物上，如遇车辆通过电缆线时，应用木材或石块保护，以防压坏电缆线。

（8）操作空气开关和拉电缆线时，必须戴好绝缘手套或使用绝缘棒。变压器开关送电前，应检查确认变压器壳体是否漏电后方可操作。

（9）清扫、紧固、注油及修理转动部位时，必须停机进行并切断电源。

（10）采场爆破发出第一次报警信号前，凿岩机必须开到安全可靠的地点停机避炮，并将门窗关好。放炮后要检查、清扫平台和顶部方可送电。

（11）大、中型爆破，应将电缆线拉出爆区，爆破后应检查确认，发现电缆线有破损应立即包扎。

（12）修理提升电磁抱闸时，必须将旋转机构托住，防止松闸后自动坠落。放钻具时不准用手托钻头。

(13)修理或更换风管必须停风。孔口有人工作时,不准向冲击器送风。

(14)凿岩机移动时,突出部位距台阶边缘必须保持 3 m 以上,并设专人指挥。抱闸制动不灵不准开机,钻机停放或作业时,纵轴线应垂直地面;台阶宽度不足时钻机纵轴线与台阶坡顶夹角不得小于 45°,突出部位距台阶边缘不得小于 2.5 m。严禁停放在爆堆或松方地点。

(15)钻机不宜在超过 15°的坡面上行走,如必须通过此路面时,应放下钻架,并采取防倾覆措施。

(16)起落大架前将钻杆、旋转减速箱拴牢,并仔细检查起落机构是否卡紧,任何人不得在大架下逗留通行。如发现钢丝绳锈蚀或断丝(断丝超过 10%),必须更换。

(17)电炉罩盖必须齐全,人离开时必须切断电源,凿岩司机操作室内严禁用明火取暖。夜间应有良好的照明。

三、爆破工作安全要求

爆破工作是露天矿开采的又一重要工序,其目的是为随后的采装、运输、选矿提供适宜的矿岩物。因此,爆破质量的好坏,对后续工作有很大的影响。

1. 爆破方法

在露天矿开采中,使用的爆破方法有:

(1)浅孔爆破法,用于小型矿山。

(2)深孔爆破法,大型矿山普遍采用这种方法。

(3)硐室爆破法,用于基建工程和特殊情况下的爆破。

(4)药壶爆破法,在穿孔工作困难的条件下使用,将深孔孔底用药壶法扩孔。

(5)外覆爆破法,用于二次爆破处理根底等。

此外,对于大块的第二次爆破,国内外还采用破碎机完成破碎的,如图 6-5 所示。破碎机由碎石器、支臂、行走机构、动力设备及控制系统等部分组成。它的主要工作机构是碎石器,借助压气或液压作动力,用凿头直接破碎岩石块。

图 6-5　破碎机

2. 露天爆破工艺要求

(1)有足够的储备量,露天开采中一般是以采装工作为中心组织生产,为了保证挖掘连续作业,要求工作面每次爆破的矿岩量,能至少满足挖掘机 120～240 h 的采装需要。

(2)有合格矿岩块度,露天爆破后的矿岩块度,既要小于挖掘机铲斗的容积的块度,又要小于破碎机入口的允许块度,即:

按挖掘机要求:$a \leqslant 0.8 \sqrt[3]{V}$

按破碎机要求:$a \leqslant 0.8A$

式中,a——允许的矿岩最大块度,m;

V——挖掘机斗容,m³;

A——破碎机入口最小宽度,m。

(3)应有完整的爆堆和台阶,爆破后的松散矿岩堆,称爆堆。爆堆的尺寸,对采装、运输工作都有较大的影响。爆堆过高,会影响挖掘机安全工作;爆堆过低,挖掘机不易装满铲斗;因此,爆堆的高度和宽度都要适宜。

爆破后的台阶工作面应完整,不允许出现根底、伞岩等凸凹不平现象,如图 6-6 所示。

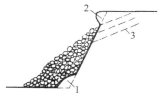

图 6-6　露天矿爆破
工作面不完整示意

1—根底;2—伞岩;3—后冲

3. 露天矿采掘爆破

由于挖掘机械的斗容量不断增大，矿山生产急剧提高，因此，对每次爆破的矿岩量也要求越来越多，为了满足挖掘机采装的需要，国内外露天矿广泛采用多排孔微差爆破、多排孔微差挤压爆破以及采用高台阶爆破等大规模的爆破方法。一次爆破 5～10 排炮孔，炮孔个数达 200～300 个，爆破矿岩量达 30 万～50 万 t。

（1）多排孔微差爆破

多排孔微差爆破，是指排数在 4～6 排以上的微差爆破。这种爆破方法爆破量大，矿岩破碎效果好。

①多排孔微差爆破的单位炸药消耗量如表 6-3 所示。

表 6-3　单位炸药消耗量

岩石坚硬系数(f)	0.8～2	3～4	5	6	8	10	12	14	16	20
单位炸药消耗量 (Q)（kg/m³）	0.4	0.43	0.46	0.50	0.53	0.56	0.60	0.64	0.67	0.70

②多排孔微差爆破常用的微差时间是 25～50 ms。

③起爆顺序，多排孔微差爆破起爆顺序有多种形式，常见的形式如图 6-7 所示。

依次逐排起爆法如图 6-7 中(a)，它的网路连接简单，也有利于克服根底，在正常采掘爆破时用得较多。

斜线起爆法如图 6-7 中的(b)和波形起爆法如图 6-7 中的(c)，这两种方法能使岩石充分碰击破碎，爆堆较集中，但网路连接复杂。

中间掏槽起爆法如图 6-7 中的(d)，它首先用中间那排掏槽孔形成槽沟状自由面，然后再依次起爆两侧各排孔。

（2）多排孔微差挤压爆破

多排孔微差挤压爆破，是指工作面残留有爆堆情况下的多排孔微差爆破。碴堆的存在，为挤压创造了条件，一方面能延长爆破的有效作用时间,改善炸药能的利用和破碎效果;另一方面,能控制爆堆宽度,避免矿岩飞散。

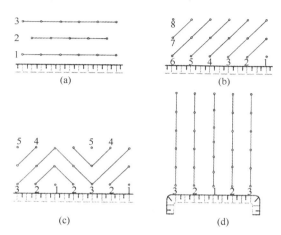

图 6-7   多排孔微差爆破的起爆顺序

根据国内外采用多排孔微差爆破的实际经验,在实施多排孔微差挤压爆破时,应注意以下事项:

①碴堆厚度对爆堆宽度的影响。为了保护台阶工作面线路,在装炸药时应参照表 6-4。

②单位炸药消耗量和药量分配,多排孔微差挤压爆破的单位炸药消耗量,比一般微差爆破大 20%~30%。

表 6-4   碴堆厚度对爆堆宽度的影响

岩石坚硬系数(f)	单位炸药消耗量（kg/m³）	下述碴堆厚度时爆堆前移距离(m)						
		10	15	20	25	30	35	40
17~20	0.7~0.95	31	27	20	15	10	5	0
13~17	0.5~0.8	27	21	13	5	0	/	/
8~13	0.3~0.6	15	11	0	/	/	/	/

③微差间隔时间,由于挤压爆破要堆压前面的碴堆,因而它的起爆间隔时间要比普通微差爆破长 30%～50% 为宜。挤压爆破的间隔时间一般为 50～100 ms。

④爆破排数与起爆顺序,挤压爆破的排数应在四排以上。各排的起爆顺序,除可采用前述多排孔微爆破的几种起爆顺序外,还有一种环形起爆方法,如图 6-8 所示。它使各排崩落的矿岩向一个方向挤压、移位,有利于应力叠加和补充爆碎,爆破效果好。

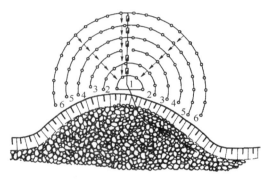

图 6-8　环形起爆

四、铲装作业安全要求

铲装作业是露天矿开采生产过程的中心环节。铲装通常是使用装载机械将爆破后的矿岩装入运输设备内或直接倒卸到指定的地点。

1. 铲装设备

(1)索斗铲(见图 6-9)。它的铲斗由一条提升钢绳吊挂在悬臂上,是由牵引钢绳和提升钢绳相配合控制其铲装和卸载。索斗铲通常安置在开采台阶的上部平台上。

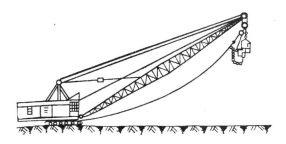

图 6-9 索斗铲示意图

（2）液压铲（见图 6-10），结构简单、重量轻；调速容易、简便，易实现自动或半自动控制；该铲外形尺寸较小，回转及行走速度较快，灵活性大，抗冲击性能好，便于更换工作机构，可以一机多用。但要求精度较高、维修较为复杂。

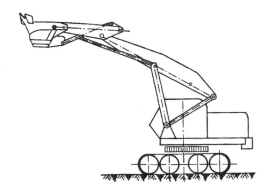

图 6-10 液压铲示意图

（3）轮胎式前装机（见图 6-11）。行走速度快、机动、灵活；爬坡能力大，可在 20°左右的坡度上行走和进行采装作业。但对矿岩块度适应性较差，生产能力受影响；该机使用寿命短。

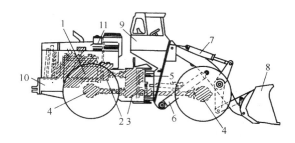

图 6-11　轮胎式前装机示意图

1—柴油发动机;2—液力变矩器;3—变速箱;4—前、后桥;5—车架铰链;6—动臂提升油缸;7—转斗曲缸;8—铲斗;9—司机室;10—燃料箱;11—滤清器

2. 采装安全要求

(1)挖掘机汽笛或警报器应完好。进行各种操作时,均应发出警告信号。夜间作业时,车下及前后的所有信号、照明灯应完好。

(2)挖掘机作业时,发现悬浮岩块或崩塌征兆、盲炮等情况,应立即停止作业,并将设备开到安全地带。

(3)挖掘机作业时,悬臂和铲斗下面及工作面附近,不应有人停留。

(4)运输设备不应装载过满或装载不均,也不应将巨大岩块装入车的一端,以免引起翻车事故。

(5)装车时铲斗不应压碰汽车车帮,铲斗卸矿高度应不超过0.5 m,以免震伤司机,砸坏车辆。

(6)不应用挖掘机铲斗处理粘厢车辆。

(7)两台以上的挖掘机在同一平台上作业时,挖掘机的间距:汽车运输时,应不小于其最大挖掘半径的 3 倍,且应不小于 50 m;机车运输时,应不小于二列列车的长度。

(8)上、下台阶同时作业的挖掘机,应沿台阶走向错开一定的距离;在上部台阶边缘安全带进行辅助作业的挖掘机,应超前下部台阶正常作业的挖掘机最大挖掘半径 3 倍的距离,且不小于 50 m。

（9）挖掘机工作时,其平衡装置外形的垂直投影到台阶坡底的水平距离,应不小于 1 m。操作室所处的位置,应使操作人员危险性最小。

（10）挖掘机应在作业平台的稳定范围内行走。挖掘机上下坡时,驱动轴应始终处于下坡方向;铲斗应空载,并下放与地面保持适当距离;悬臂轴线应与行进方向一致。

（11）挖掘机通过电缆、风水管、铁路道口时,应采取保护电缆、风水管及铁路道口的措施;在松软或泥泞的道路上行走,应采取防止沉陷的措施;上下坡时应采取防滑措施。

（12）挖掘机、前装机铲装作业时,铲斗不应从车辆驾驶室上方通过。装车时,汽车司机不应停留在司机室踏板上或有落石危险的地方。

（13）挖掘机运转时,不应调整悬臂架的位置。

五、运输作业安全要求

我国露天矿山运输的方式主要有:矿用汽车运输、铁路电机车运输、带式运输机运输、斜坡箕斗提升运输、斜坡卷扬运输、架空索道运输、人力运输等。

1. 道路运输安全要求

（1）深凹露天矿运输矿(岩)石的汽车,应采取尾气净化措施。

（2）不应用自卸汽车运载易燃、易爆物品;驾驶室外平台、脚踏板及车斗不应载人。不应在运行中升降车斗。

（3）双车道的路面宽度,应保证会车安全。陡长坡道的尽端弯道,不宜采用最小平曲线半径。弯道处的会车视距若不能满足要求,则应分设车道。急弯、陡坡、危险地段应有警示标志。

（4）雾天或烟尘弥漫影响能见度时,应开亮车前黄灯与标志灯,并靠右侧减速行驶,前后车间距应不小于 30 m。视距不足 20 m 时,应靠右暂停行驶,并不应熄灭车前、车后的警示灯。

(5)冰雪或多雨季节道路较滑时,应有防滑措施并减速行驶;前后车距应不小于 40 m;拖挂其他车辆时,应采取有效的安全措施,并有专人指挥。

(6)山坡填方的弯道、坡度较大的填方地段以及高堤路基路段,外侧应设置护栏、挡车墙等。

(7)正常作业条件下,同类车不应超车,前后车距离应保持适当。生产干线、坡道上不应无故停车。

(8)自卸汽车进入工作面装车,应停在挖掘机尾部回转范围0.5 m以外,防止挖掘机回转撞坏车辆。汽车在靠近边坡或危险路面行驶时,应谨慎通过,防止崩塌事故发生。

(9)对主要运输道路及联络道的长大坡道,应根据运行安全需要,设置汽车避让道。

(10)道路与铁路交叉的道口,宜采用正交形式,如受地形限制应斜交时,其交角应不小于45°。道口应设置警示牌。车辆通过道口之前,驾驶员应减速瞭望,确认安全方可通过。

(11)装车时,不应检查、维护车辆;驾驶员不应离开驾驶室,不应将头和手臂伸出驾驶室外。

(12)卸矿平台(包括溜井口、栈桥卸矿口等处)应有足够的调车宽度。卸矿地点应设置牢固可靠的挡车设施,并设专人指挥。挡车设施的高度应不小于该卸矿点各种运输车辆最大轮胎直径的2/5。

(13)拆卸车轮和轮胎充气之前,应先检查车轮压条和钢圈完好情况,如有缺损,应先放气后拆卸。在举升的车斗下检修时,应采取可靠的安全措施。

(14)不应采用溜车方式发动车辆,下坡行驶不应空挡滑行。在坡道上停车时,司机不应离开;应使用停车制动,并采取安全措施。

(15)露天矿场汽车加油站,应设置在安全地点。不应在有明火或其他不安全因素的地点加油。

（16）夜间装卸车地点,应有良好照明。

2.溜槽、平硐溜井运输

（1）应合理选择溜槽的结构和位置。从安全和放矿条件考虑,溜槽坡度以 45°～60°为宜,应不超过 65°。溜槽底部接矿平台周围应有明显警示标志,溜矿时人员不应靠近,以防滚石伤人。

（2）确定溜井位置,应依据可靠的工程地质资料。溜井应布置在矿岩坚硬、稳定、整体性好、地下水不大的地点。溜井穿过局部不稳固地层,应采取加固措施。

（3）放矿系统的操作室,应设有安全通道。安全通道应高出运输平硐,并应避开放矿口。

（4）平硐溜井应采取有效的除尘措施。

（5）溜井的卸矿口应设挡墙,并设明显标志、良好照明和安全护栏,以防人员和卸矿车辆坠入。机动车辆卸矿时,应有专人指挥。

（6）运输平硐内应留有宽度不小于 1 m(无轨运输时,不小于 1.2 m)的人行道。进入平硐的人员,应在人行道上行走。平硐内应有良好的照明设施和联络信号。

（7）容易造成堵塞的杂物,超规定的大块物件、废旧钢材、木材、钢丝绳及含水量较大的黏性物料,不应卸入溜井。溜井不应放空,应保持经常性放矿制度。

（8）在溜井口周围进行爆破,应有专门设计。

（9）溜井上、下口作业时,无关人员不应在附近逗留。操作人员不应在溜井口对面或矿车上撬矿。

溜井发生堵塞、塌落、跑矿等事故时,应待其稳定后再查明事故的地点和原因,并制定处理措施;事故处理人员不应从下部进入溜井。

（10）应加强平硐溜井系统的生产技术管理,编制管理细则,定期进行维护检修。检修计划应报主管矿长批准。

（11）雨季应加强水文地质观测，减少溜井储矿量；溜井积水时，不应卸入粉矿，并应采取安全措施，妥善处理积水，方可放矿。

3. 带式输送机运输

（1）带式输送机两侧应设人行道，经常行人侧的人行道宽度应不小于 1.0 m；另一侧应不小于 0.6 m。人行道的坡度大于 7°时，应设踏步。

（2）非大倾角带式输送机运送物料的最大坡度，向上应不大于 15°，向下应不大于 12°。

（3）带式输送机的运行，应遵守下列规定：

①任何人员均不应乘坐非乘人带式输送机；

②不应运送规定物料以外的其他物料及设备和过长的材料；

③物料的最大块度应不大于 350 mm；

④堆料宽度，应比胶带宽度至少小 200 mm；

⑤应及时停车清除输送带、传动轮和改向轮上的杂物，不应在运行的输送带下清矿；

⑥必需跨越输送机的地点，应设置有栏杆的跨线桥；

⑦机头、减速器及其他旋转部分，应设防护罩；

⑧输送机运转时，不应注油、检查和修理。

（4）带式输送机的胶带安全系数，按静载荷计算应不小于 8，按启动和制动时的动载荷计算应不小于 3；钢绳芯带式输送机的静载荷安全系数应不小于 5。

（5）钢绳芯带式输送机的卷筒直径，应不小于钢丝绳直径的 150 倍，不小于钢丝直径的 1000 倍，且最小直径不应小于 400 mm。

（6）各装、卸料点，应设有与输送机连锁的空仓、满仓等保护装置，并设有声光信号。

（7）带式输送机应设有防止胶带跑偏、撕裂、断带的装置，并有可靠的制动、胶带和卷筒清扫以及过速保护、过载保护、防大块冲击等装置；线路上应有信号、电气连锁和紧急停车装置；上行的输送机，应设防逆转装置。

(8)更换拦板、刮泥板、托辊时应停车,切断电源,并有专人监护。

(9)胶带启动不了或打滑时,不应用脚蹬踩、手推拉或压杠子等办法处理。

4. 架空索道运输

(1)架空索道运输,应遵守 GB 12141《货运架空索道安全规范》的规定。

(2)索道线路经过厂区、居民区、铁路、道路时,应有安全防护措施。

(3)索道线路与电力、通信架空线路交叉时,应采取保护措施。

(4)遇有八级或八级以上大风时,应停止索道运转和线路上的一切作业。

(5)离地高度小于 2.5 m 的牵引索和站内设备的运转部分,应设安全罩或防护网。高出地面 0.6 m 以上的站房,应在站口设置安全栅栏。

(6)驱动机应同时设置工作制动和紧急制动两套装置,其中任一套装置出现故障,均应停止运行。

(7)索道各站都应设有专用的电话和音响信号装置,其中任一种出现故障,均应停止运行。

5. 斜坡卷扬运输

(1)斜坡轨道与上部车场和中间车场的连接处,应设置灵敏可靠的阻车器。

(2)斜坡轨道应有防止跑车装置等安全设施。

(3)斜坡卷扬运输速度,不应超过下列规定:

①升降人员或用矿车运输物料的最高速度:斜坡道长度不大于 300 m 时,3.5 m/s;斜坡道长度大于 300 m 时,5 m/s;在甩车道上运行,1.5 m/s。

②用箕斗运输物料和矿石的最高速度:斜坡道长度不大于

300 m时,5 m/s;斜坡道长度大于 300 m 时,7 m/s。

③运输人员的加速度或减速度,0.5 m/s²。

(4)斜坡卷扬运输的机电控制系统,应有限速保护装置、主传动电动机的短路及断电保护装置、过卷保护装置、过速保护装置、过负荷及无电压保护装置、卷扬机操纵手柄与安全制动之间的连锁装置、卷扬机与信号系统之间的闭锁装置等。

(5)卷扬机紧急制动和工作制动时,所产生的力矩和实际运输最大静荷重旋转力矩之比 K,均应不小于 3。质量模数较小的绞车,保险闸的 K 值可适当降低,但应不小于 2。

调整双卷筒绞车卷筒旋转的相对位置时,制动装置在各卷筒闸轮上所产生的力矩,不应小于该卷筒悬挂重量(钢丝绳重量与运输容器重量之和)所形成的旋转力矩的 1.2 倍。

计算制动力矩时,闸轮和闸瓦摩擦系数应根据实测确定,一般采用 0.30~0.35,常用闸和保险闸的力矩应分别计算。

(6)应沿斜坡道设人行踏步。斜坡轨道两侧应设堑沟或安全挡墙。

(7)斜坡轨道道床的坡度较大时,应有防止钢轨及轨梁整体下滑的措施;钢轨敷设应平整、轨距均匀。斜坡轨道中间应设地辊托住钢丝绳,并保持润滑良好。

(8)矿仓上部应设缓冲台阶、挡矿板、防冲击链等防砸设施。矿仓闸门口下部应设置接矿坑或刮板运输机,以收集和清理撒矿。

(9)卷筒直径与钢丝绳直径之比,应不小于 80。卷筒直径与钢丝直径之比,应不小于 1200。

专门运输物料的钢丝绳,安全系数应不小于 6.5;运送人员的,应不小于 9。

钢丝绳在卷筒上多层缠绕时,卷筒两端凸缘应高出外层绳圈 2.5 倍钢丝绳直径的高度。钢丝绳弦长不宜超过 60 m;超过 60 m 时,应在绳弦中部设置支撑导轮。

（10）卷扬司机、卷扬信号工、矿仓卸矿工之间，应装设声光信号联络装置。联系信号应清楚；信号中断或不清，应停止操作，并查明原因。

（11）在斜坡轨道上，或在箕斗（矿车）、料仓里工作，应有安全措施。

（12）调整卷扬钢丝绳，应空载、断电进行，并用工作制动。拉紧钢丝绳或更换操作水平时，运行速度不应超过 0.5 m/s。

（13）对钢丝绳及其相关部件，应定期进行检查与试验；发现下列情况之一均应更换：

①专门运输物料的钢丝绳，在一个捻距内断丝数目达到钢丝总数的 10%。

②因紧急制动而被猛烈拉伸时，在拉伸区段有损坏或长度增加 0.5% 以上。

③磨损达 30%。

④有断股或直径缩小达 10%。

多层缠绕的钢丝绳，由下层转到上层的临界段应加强检查，并且每季度应将临界段串动 1/4 绳圈的位置。

运输物料的钢丝绳，自悬挂之日起，隔一年做第一次试验，以后每隔 6 个月试验一次。

箕斗卷扬钢丝绳的连接套拔出 5 mm 以上，或出现其他异常现象时，应重新浇注连接。

六、露天矿山开采检查要点

1. 工作面布置检查要点

（1）阶段高度。应符合《金属非金属矿山安全规程》的要求。

（2）工作台阶段坡面角符合设计要求，非工作阶段的最终坡面角，按设计角度执行。

（3）最小工作平台宽度符合设计要求，并保证采矿的运输设备、运输线路、供电和通信线路设置在工作平台的稳定范围内。

(4)挖掘机或前装机铲装爆堆高度不大于机械最大挖掘高度的1.5倍。

2.穿孔、爆破作业检查要点

(1)穿孔作业按爆破作业参数设计要求进行,钻机距阶段边缘的距离应符合《金属非金属矿山安全规程》规定。

(2)钻机在较大的坡度上行走(大于15°)必须放下钻架,采取防倾覆措施。在输电线下面通过时必须放下主架。

(3)钻机与下部台阶接近坡底线的电铲不同时作业。

(4)操作人员在主架上处理故障或进行正常维护时,必须佩戴安全带。

(5)打完的钻孔应用有孔号标志的坚硬盖板或其他有效方法封盖。

(6)硫化矿等存在炸药自燃自爆危险的炮孔爆破应进行温度测量,并采取防炸药自燃自爆措施。

(7)硐室爆破、中深孔(包括深孔)爆破都必须编制爆破设计说明书,并经单位技术负责人批准。

(8)裸露爆破和浅孔爆破应编制爆破说明书,由单位总工程师或爆破工作领导人批准。

(9)有严格的爆破器材管理、领用和清退登记制度。爆破作业均应由取得爆破作业证的人员担任。

(10)在爆破危险区域内有两个以上的单位(作业组进行露天爆破作业时,必须统一指挥)。

(11)爆破作业现场设置坚固的人员避炮设施,其设置地点、结构及拆移时间,应在采掘计划中规定,并经矿长或总工程师批准。

(12)爆破后,爆破员必须按规定的等待时间进入爆破地点,检查有无危石、盲炮和残炮等现象,并及时处理后方可进行后续作业。

（13）每次爆破后，爆破员应认真填写爆破记录，未用完的爆破器材应及时退库。

（14）采用电雷管起爆系统应制定防治杂散电流和静电措施。

3．铲装作业安全检查要点

（1）同一平台作业的两台以上的挖掘机及相邻两阶段同时作业的挖掘机间的距离必须满足相关的规定。

（2）挖掘机工作时，其平衡装置外形的垂直投影到阶段坡底的水平距离应不小于 1 m。

（3）挖掘机在作业平台的稳定范围内行走。

（4）挖掘机上下坡时，驱动轴应始终处于下坡方向；铲斗空载，下放与地面保持适当距离；悬臂轴线应与行进方向一致。

（5）挖掘机、前装机铲装作业时，禁止铲斗从车辆驾驶室上方通过。

（6）推土机在倾斜工作面作业时，允许的最大作业坡度应小于技术性能所能达到的坡度

（7）推土机作业时，其刮板不得超出平台边缘。

（8）推土机不得后退开向平台边缘。

（9）推土机区平台边缘小于 5 m 时，必须低速运行。

（10）推土机行走时人员不得站在推土机上或刮板上。

（11）人员不得在提起的刮板上停留或进行检查。

（12）推土机牵引车辆或其他设备时，应有专人指挥其行驶速度不得超过 5 km/h。

4．运输作业安全检查要点

（1）道路技术参数满足要求。

（2）双车道的路面宽度，保证会车安全。

（3）山坡填方的弯道、坡度较大的塌方地段以及高堤路基路段外侧设置护栏、挡车墙等。

（4）汽车运输在急弯、陡坡、危险地区的道路应设有警示标志。

（5）深凹露天矿运输矿（岩）石的内燃车辆，采取废气净化措施。

（6）卸矿平台（包括溜井口、吊桥卸矿口等处）宽度满足调车要求。卸矿地点设置牢固可靠的挡车设施。

（7）夜间装卸车地点，照明良好。并设有安全车挡及专人指挥。

（8）露天矿场汽车加油站，设置在安全地点。

第三节　边坡管理

一、概述

随着我国露天采矿技术的不断发展，露天矿的有效与合理开采深度不断增加，边坡的高度、面积也不断增加，造成边坡不稳定的因素也增多。再加上一些矿山对边坡管理不善，最终导致边坡岩体滑动或崩落坍塌，给国家财产造成了严重的损失，给矿山职工生命带来了严重的伤害。因此，必须加强边坡管理。

二、边坡破坏的形式和类型

由于露天开采使边坡岩体的平衡状态受到破坏，在次生应力场的作用下，发生滑坡、坍塌现象，称为边坡破坏。

1. 边坡破坏的形式

（1）坍塌

边坡的局部岩体突然下落而堆积在边坡的坡底，这种破坏形式称为坍塌，如图 6-12 所示。

（2）滑坡

边坡局部岩体沿某一平面或曲面，整体向下滑动，这种破坏形式称为滑坡，如图 6-13 所示。

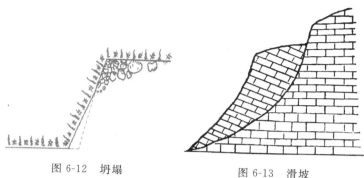

图 6-12　坍塌　　　　　图 6-13　滑坡

2. 边坡破坏的类型

边坡破坏可分为以下三种类型:

(1)单台阶局部边坡滑落,小块岩体沿着一个或多个节理面产生局部滑落,滑落的垂直距离一般小于台阶高度,如图 6-14 中 a 所示。

(2)几个台阶大规模楔体滑落,两个或两个以上的连贯性台阶,因受地质构造的控制,沿着结构面产生的整体楔体滑落,如图 6-14 中 b 所示。

(3)多台阶风化破碎岩体的大滑落,多台阶沿着破碎岩体和风化带产生的边坡滑落,如图 6-14 中 c 所示。

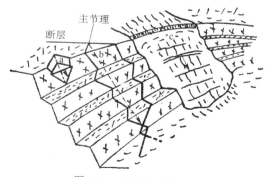

图 6-14　边坡破坏类型

三、影响边坡破坏的主要因素

(1)岩性。主要有岩石的强度、凝聚力、胀性等,整体结构性好的坚硬致密的岩体一般不会发生滑坡,常见的滑坡是砂质岩、泥岩、灰岩以及片理化岩层产生。

(2)地质构造。是指孔隙、裂隙、节理、破碎带等新形成弱面,它为地表水的渗透和地下水的活动提供了良好的通道,使岩石的抗剪强度降低。

(3)水文地质条件。地表水的渗透和地下水的活动,也是导致滑坡发生的重要因素。这种滑坡现象一般发生在雨后。

(4)人为因素。主要有边坡的形态,周围的爆破震动,地面植被破坏及水库、排土场等叠加因素,造成边坡的破坏。

四、边坡事故的预防措施

治理露天矿边坡滑坡的原则是:尽早发现,预防为主;查明情况,对症下药;尽早治好,防止恶化;进行综合预防。预防边坡事故的主要措施如下。

1. 组织措施

(1)建立健全边坡管理和检查制度,选派工程技术人员和富有经验的工人管理边坡。

(2)在雨季应加强对边坡、采场的检查,发现边坡有塌滑的征兆,检查人员有权制止作业,撤出人员和设备,并向有关领导报告,及时采取防范措施。

(3)边坡必须设立专门观测点,定期检测边坡稳定情况。

(4)露天矿开采必须按照开采的顺序进行,不得违反设计开采规范。

(5)及时整改边坡隐患。

2. 技术措施

(1)排水。排除边坡范围内外的地表水,是预防边坡各类滑坡事故的重要措施。

①对含水量较大的露天矿边坡,通常采用地下井巷排水疏干的方法,抽水井巷深度和间距应达到解除潜在破坏带内的水压时为止,钻井深度应大于边坡高度,抽水井巷深度与边坡高度的比例为1:2~1:1。

②边坡岩体以外的地表水,设置拦截水沟,截引地表水,防止水流入边坡范围内。

③利用自然沟谷,布置成树枝状的排水系统。

(2)修整边坡。在开采的生产过程中,根据揭露的边帮岩体情况及时平整和刷帮,改善边坡轮廓形状。目前国内外修整边坡的方法有两种:一是人工修整法,二是采用套索铲清整坡面,如图 6-15 所示。

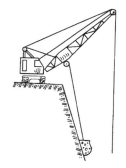

图 6-15 套索铲清
整坡面图

(3)筑挡墙。在边坡的上方修筑挡墙,挡截雨水排入边坡。

(4)控制爆破。为了保护边坡的稳定,对临近边坡的爆破要严加控制。根据国内外的经验,主要措施是采用微差爆破、预裂爆破和光面爆破等爆破方法。

①微差爆破减震。微差爆破的主要优点是,可以减少爆破的震动。为了充分发挥微差爆破的减震作用,应设法增加爆破的段数和控制微差间隔时间。

②预裂爆破隔离边坡。临近边坡的预裂爆破,是指沿边坡界线钻凿一排较密的平行孔,每个孔装入较少炸药,在采掘带尚未爆破之前先行起爆,从而获得一条有一定宽度并贯穿各孔的裂缝。由于有这条预裂缝将采掘带和边坡分隔开来,随后采掘爆破的地震波在裂

缝上产生较强的反射,使得透过它的地震波强度大为削弱,据有关工程的测定表明,由于这条预裂缝的作用,使爆破震动可以减少50%～80%,从而保护了边坡的稳定。

③光面爆破保护边坡。临近边坡的光面爆破,是沿边界线钻凿一排较密的平行孔,往孔内装较少的炸药,是在采掘大爆破之后再进行起爆,从而沿密集钻孔形成平整的岩壁。

(5)人工加固。人工加固是防止露天边坡滑坡的一种有效措施,其加固的主要方法有以下几种。

①设置坡脚护墙:在破碎带的坡脚衬砌岩石或混凝土块,以防止和限制坡脚移动。

②抗滑桩:桩作为抗滑措施,桩材有木桩、钢板桩、钢管桩、钢轨桩、混凝土桩、钢筋混凝土桩和钢筋混凝土管桩等。

③注浆:这种方法用于有开口节理和裂隙的岩层,这种岩层才能灌注水泥砂浆,凝固后胶结岩石增加了岩石的强度。

五、边坡安全检查要点

边坡检查要点主要包括边坡管理、边坡主要参数及边坡稳定性三个方面:

1. 边坡管理检查要点

(1)大、中型矿山或边坡潜在危险较大的矿山,应建立健全边坡监测、管理和检查制度。

(2)配备人员负责边坡管理工作。

(3)配备现场监测的仪器设备,对边坡进行监测和维护,有监测记录。

(4)对采矿场工作帮及运输、行人的非工作帮定期进行安全稳定性检查,有检查记录。

(5)文字资料:

①边坡和其他工程地质勘察报告;

②以往对边坡等所作的专门研究报告；

③采矿设计说明书；

④生产勘探资料；

⑤滑坡分析报告；

⑥边坡岩体位移、地下水压、爆破震动监测数据、分析报告。

（6）图纸：

①边坡工程地质平面图；

②边坡分区工程地质剖面图；

③矿区水文地质图；

④边坡岩体地质结构分析图；

⑤钻孔柱状图；

⑥矿区水文地质图。

（7）日常观测、检查记录。

（8）有预防边坡滑落的措施。

（9）危险区域设置醒目的安全标志，严禁人员进入。

2. 边坡主要参数检查要点

（1）高度超过 20 m 的露天采矿场实行分层台阶开采；

（2）边坡的形式和角度及几何形状符合设计要求；

（3）开采境界内和最终边坡邻近地段的废旧巷道、采空区和溶洞至少超前一个阶段进行处理，处理前编制施工设计，并报主管部门审批；

（4）机械铲装时，合并段数不超过三个；

（5）按设计确定的宽度预留安全、运输平台；

（6）保持阶段的安全坡面角，不超挖坡底；

（7）每个阶段采掘结束，及时清理平台上疏松岩土和坡面上的浮石，并组织验收；

（8）堆卸境界外邻近地区废石，遵守设计规定，保证边坡稳定，采取防止滚石、塌落的危害。

3. 边坡稳定性检查要点

(1)委托有资质的检验机构对露天采矿场边坡稳定性进行检测，保存检测的结论和意见及提交的检测报告；

(2)提前剥离采场上部表土层，防止上部坡角超标引起表土层坍塌；

(3)有防止地表水渗入边帮岩体弱层裂隙或直接冲刷边坡的措施；

(4)应在露天矿边坡上及封闭圈设置截洪沟和排水设施；

(5)临近最终边坡附近爆破时必须采取控制爆破措施；

(6)对边坡不稳定区段应采取人工措施加固边坡。

第四节　露天矿山防尘

露天矿山开采时的爆破作业以及大型采掘设备的采装作业都会产生大量的粉尘，从而带来粉尘污染。粉尘污染一直是露天矿山环保中一个亟待解决的问题，它不但降低了作业区及其周边环境的空气质量，引起矽肺、煤肺、石墨肺、石棉肺等职业病，危害工人的身体健康和生命安全，而且还会损坏机器设备，引发多种事故，从而影响生产和企业的经济效益。因此，合理地防治粉尘污染，最大限度地减小其危害，对矿山的生产与建设而言具有极其重要的意义。

一、主要尘源及其特点

露天采矿场在穿孔(深孔)和钻眼、爆破和二次破碎、铲装、汽车运输、汽车卸载、推土机平整工作面和排土场等生产过程中都会产生大量的粉尘。其中，粉尘相对集中于以下作业环节：钻机穿孔作业过程；爆破作业过程；装卸、车辆运输过程。

（1）钻机穿孔作业产尘

打孔过程中,岩石破碎成粉末,如不采取措施,将产生较多粉尘。

（2）爆破作业产尘

爆破作业时,矿岩由于受到药包爆破的巨大压力作用而粉碎,随后形成粉尘。爆破瞬间产生的粉尘量最大,但形成的高浓度粉尘在空气中的维持时间较短。爆破产生的粉尘散移开采区的时间较长,最严重的是爆破产尘表面吸附的爆破生成的有毒有害气体对人体的危害。

（3）铲装作业产尘

铲装作业产生的粉尘一部分落在矿岩表面上,另一部分则是经摩擦、碰撞的粉尘受到振动影响后形成二次扬尘。铲斗在向汽车卸料时由于落差也会产生大量的粉尘;同时,清扫爆堆时也会产生粉尘。

（4）车辆运输作业产尘

汽车运输时,路面行车产生扬尘;汽车运输路面沉积的粉尘受到汽车经过所产生的挤压、振动和气流的影响,会产生无规则运动,形成二次扬尘。

露天采矿场具有产尘点多、产尘量大、空气含尘浓度高等特点。此外,露天采矿场粉尘还具有分散度高的特点。前苏联统计资料显示,露天采矿场直径小于 10 μm 的粉尘占粉尘总量的 90%;露天矿深部实测数据显示,直径小于等于 5 μm 的粉尘占总量的 86.3%,小于 10 μm 的占 95.2%。

二、露天矿山防尘措施

由于露天采矿场的产尘点多,粉尘分散度高,在粉尘防治时必须采取多点、多方式的综合防治措施。

1. 抑制钻机与浅眼凿岩工作时的粉尘

钻机防尘可分为干式捕尘、湿式捕尘和干湿结合捕尘 3 类。

（1）干式捕尘。干式捕尘通常采用孔口捕尘装置,它由捕尘罩、抽尘软管、除尘器、风管及风机组成。露天矿干式捕尘的除尘设备通常采用旋风除尘器和布袋除尘器。旋风除尘器是靠离心力的作用捕集粉尘,它的总除尘效率为 $65\% \sim 68\%$,对 $10\ \mu m$ 以上的粉尘除尘效率可达 90% 以上;袋式除尘器是一种高效除尘器,它是利用纤维织物的过滤作用进行除尘的。袋式除尘器主要用于过滤 $1\ \mu m$ 以下的粉尘,而不适宜于处理含有油雾、凝结水和粉尘黏性大的含尘气体。

(2)湿式捕尘。湿式捕尘有两种方式:一种采用高压水箱将水送入主钻杆内,通过冲击器进入孔底,使炮孔底部岩粉变成泥浆排出孔外;另一种是通过钻杆送入风水混合物至眼底,冲洗岩粉变成泥浆由孔口排出。

浅眼凿岩通常采用湿式捕尘,因此浅眼凿岩应坚持使用中心供水或旁侧供水的湿式凿岩,若压风及供水管路不便敷设时,也可采用移动湿式凿岩装置。

我国部分具有典型意义的露天矿钻机除尘方式及其除尘效率见表 6-5。

表 6-5　露天矿钻机除尘方式及其除尘效率

钻机型号及作业方式	除尘方式及设备	排放浓度/$(mg \cdot m^{-3})$	岗位浓度/$(mg \cdot m^{-3})$	除尘效率/%
KY-310 型牙轮钻湿式作业	湿式除尘器	109.9	1.3	95.4
KY-310 型牙轮钻湿式作业	湿式除尘器旋风除尘器	111.0	<2.0	99.1
78-Φ200 潜孔钻干式作业	旋风除尘器布袋除尘器	6.6	<2.0	99.1
YQ-150A 潜孔钻	YJ 除尘器	<10.0	<2.0	99.1
HYZ-250B 牙轮钻干式作业	旋风除尘器布袋除尘器	25.0	<2.0	99.1
HYZ-250B 牙轮钻干式作业	布袋除尘	10.0	<2.0	99.1

2. 抑制爆破作业时产生的粉尘

露天矿进行爆破作业时,产尘强度大,爆破时的尘柱可达数十米高,爆破瞬间产尘量可达数千至数万 mg/m^3,是影响矿区环境的主要污染源。

爆破作业粉尘的抑制,除采用合理的炮孔网度、微差爆破以及空气间隔装药,以减少粉尘产生量外,还采用水封爆破、向预爆区洒水、钻孔注水等措施,人为地提高矿岩湿度。国外还使用各种自行通风洒水装置来进行爆破后的空气除尘。在德国的采石场,浅眼凿岩时使用特制的塑料堵塞物填塞炮孔,爆破时冻胶状的塑料堵塞物能黏附爆破时产生的粉尘的 60%~70%。

3. 岩矿装卸过程中的防尘

装卸作业的防尘主要是抓一个"湿"字,即洒水是降低空气含尘量的主要手段。装载硬岩,采用水枪冲洗最为合适,挖掘软而易起尘的矿岩时,则采用洒水器为佳;其次是密闭司机室,采用专门的捕尘装置。

4. 运输路面防尘

汽车路面扬尘造成露天矿空气的严重污染是不言而喻的。据白银露天矿调查,汽车路面产尘量占总产尘量的 90% 以上。当前国内外露天矿汽车路面的防尘措施有以下 4 种:

(1)洒水车洒水,或沿路铺设洒水器向路面洒水。

(2)路面喷洒吸湿性强的钙或镁盐溶液。

(3)路面表层中掺入粉状和粒状氯化钙。

(4)用乳液处理路面。

用洒水车或洒水器向路面洒水,是当前国内外露天矿山普遍采用的方法。它具有简便及防尘效果好的优点。但该法的缺点为:耗水量大,在高温条件下作用期短,冰冻期不仅不能应用,而且洒水会使路面和车轮过早磨损。

使用钙、镁盐溶液喷洒路面或将氯化钙掺入水中,可使洒水降尘效果和作用时间大为增加。用乳液处理路面,通常采用喷洒石油或重油然后撒一层 8～10 cm 厚的碎石,它适用于干燥炎热地区,用这种方法处理的路面不但产尘量低,而且路面的磨损量也大大减少。

5. 单机密闭技术

在我国,大部分露天矿的大型设备均安装了空气调节装置。一些安装于大型采掘设备上的具有代表性的空气调节装置及其内的平均粉尘浓度见表 6-6。

根据原冶金工业部安全环保研究院现场调查,广东云浮硫铁矿、海南铁矿、大冶铁矿将汽车空调或窗式空调使用到电铲、钻机、前装机和电机车上,取得了良好的除尘效果。

表 6-6 大型设备空气调节装置及其内的平均粉尘浓度

驾驶室	密闭材料	空调类型	平均粉尘浓度(mg/m³)
汽车	橡胶	汽车空调	2.47
电铲	三夹板	三星牌	3.62
钻机	三夹板	三星牌	0.38
汽车	橡胶	汽车空调 508	1.50
电铲	橡胶	汽车空调 510	1.30
钻机	橡胶	汽车空调 510	1.10
前装机	橡胶	汽车空调 508	1.50
汽车	橡胶	汽车空调 508、510DDK/1	0.93
电机车	橡胶	DK/1	0.67
电铲	橡胶	窗式空 CKT/3A	1.62
钻机	橡胶	窗式空 CKT/3A	1.15
推土机	橡胶	窗式空 GC/1	1.18

第五节　露天矿山防灭火

基于露天矿生产活动的特点,露天矿火灾具有以下几个特点:

(1)火灾的致因形式多样。在露天的环境下开采矿石,有多个生产环节和多种大型机器设备参与,同时有自然环境因素的影响,露天矿火灾发生的形式是多样的,可能因人为因素、爆破作业、电气设备故障、火工品及油料运输车的事故、车辆操作不当或摩擦碰撞、轮胎摩擦和煤炭自燃等引发火灾。

(2)火灾发展过程迅速。露天矿生产活动在开阔空间进行,氧气充足,一旦发生火灾,大部分情况下为完全燃烧,发展迅速,难于控制;在冬春两季,多大风天气,一旦遇到火情,后果更加严重。

(3)易于排烟排热,人员疏散较易。露天环境下,火灾产生的烟雾、热量容易排到大气中;同时,人员遇火时方便四散逃逸,所以,露天矿火灾难以造成重大人员伤亡。

一、露天矿山火灾发生的主要原因

露天矿山火灾可分为外因(外源)火灾和内因(自燃)火灾。其发生的主要原因包括以下几方面:

(1)用火管理不当;

(2)对易燃易爆物品管理不善,库房不符合防火标准,没有根据物质的性质分类储存;

(3)电气设备绝缘不良,安装不符合规程要求,发生短路、超负荷、接触电阻过大等;

(4)工艺布置不合理,易燃易爆场所未采取相应的防火防爆措施,设备不能及时维护检修;

(5)违反安全操作规程,使设备超温超压或在易燃易爆场所违章动火、吸烟;

（6）避雷设备装置不当，无避雷装置或缺乏检修，发生雷击引起火灾；

（7）易燃易爆生产场所、设备、管线没有采取消除静电措施，发生放电引起火灾；

（8）棉纱、油布、沾油铁屑等，由于放置不当，在一定条件下起火，引起火灾；

（9）生产场所的可燃蒸汽、气体或粉尘在空气中达到爆炸浓度，因通风不良，遇火源引起火灾；

（10）爆破作业中发生的炸药燃烧，爆破原因引起的硫化尘燃烧，木材燃烧。

二、露天矿山火灾预防措施

露天矿山火灾预防措施主要包括以下几点：

（1）设置消防设备和器材。

（2）采掘设备，应配备灭火器材，设备加注燃油时，严禁吸烟和明火照明；禁止在采掘设备上存放汽油和其他易燃易爆材料，禁止用汽油擦洗设备。使用过的油纱等易燃材料，应妥善管理和处置。

（3）各厂房和建筑物之间应建立消防隔离设施，消防通道上禁止堆放杂物。

（4）发现火灾时，必须立即采取一切可能的方法直接扑灭，并迅速报告。

三、露天矿山防灭火检查要点

露天矿山防灭火检查要点主要包括：

（1）矿山的建筑物和重要设备，应按 GBJ 16 和国家发布的其他有关防火规定，以及当地消防部门的要求，建立消防隔离设施，设置消防装备和器材，消防通道上不应堆放杂物。

（2）重要采掘设备，应配备灭火器材，设备加注燃油时，不应吸烟或采用明火照明,不应在采掘设备上存放汽油和其他易燃易爆材料,不应用汽油擦洗设备。

(3)易燃易爆器材,不应放在电缆接头、轨道接头或接地极附近。

(4)废弃的油、棉纱、布头、纸和油毡等易燃品,应妥善管理。

(5)应结合生活供水管设计地面消防水管系统,水池容积和轨道规格应考虑两者的需要。

(6)矿山企业应规定专门的火灾信号,应做到发生火灾时,能通知作业地点的所有人员及时撤离危险区,安装在人员集中地点的信号和声光设备。

(7)任何人员发现火灾,应立即报告调度室组织灭火,并迅速采取一切可能的方法直接扑灭初起火灾。

(8)木材场、防护用品仓库、炸药库、氢和乙炔瓶库、石油液化气站和油库等场所,应建立防火制度,采取防火措施,备足消防器材。

第六节　露天矿山防排水

一、概述

(一)露天矿防排水的重要性

防排水是露天矿山的辅助生产工作,但它却是保证矿山安全和正常生产的先决条件。尤其是凹陷露天矿本身就像一口大井,从客观上它就具备了汇集大气降水、地表径流和地下涌水的条件。因此,在露天矿的整个生产期间都要采取有效的防排水措施。

(二)露天矿发生涌水的危害

露天矿发生涌水将给开采工作带来困难,甚至造成危害,其主要影响是:

(1)降低设备效率和使用寿命。如挖掘机在有水的工作面上作业时,其工作时间利用系数一般只达到正常挖掘机的 $1/3\sim1/2$。对于汽车和机车不仅降低效率而且严重威胁行车安全。在水的氧化腐蚀作用下增加了设备故障概率,降低使用寿命。

(2)影响矿山工程进展速度。采场底部汇水受淹时,不能按时掘沟,给新水平的准备工作造成很大困难。如不及时排除汇水,必然会降低矿山工程的进展速度。

(3)破坏边坡的稳定性。水是造成滑坡的一个主要因素,它能使岩体的内摩擦角和黏聚力等物理性能指标降低,从而削弱边坡岩体的抗剪强度。大面积的滑坡会切断采场内的运输线路,并掩埋作业区,使生产中断。

(三)露天矿产生涌水的因素

1. 主要自然因素

(1)气候条件的影响。降水渗透是地下水获得补充的主要来源,而蒸发又是潜水的主要排泄方式之一,所以气候对地下水的水量大小、水位高低有着直接的影响。

(2)地表水体的影响。地表水体(河流、湖泊等)和地下水在一定条件下可以互相转化和补给,两者之间有着密切联系。河流和湖泊的水位、流量变化会传递给附近的潜水。

(3)地形条件的影响。地形影响到地下水的循环条件和含水岩层埋藏的深度。位于侵蚀基准面以上和地势较高的矿床,很可能无水或含水较少。反之,就可能含水较多。

(4)岩石结构的影响。岩石结构致密、节理裂隙不发育时,则其透水性就弱,不易充水甚至隔水。反之,透水性就较强,充水量也就很大。

(5)地质构造的影响。岩石的产状和褶皱、断层等构造对地下水的静储量、地表水与地下水的联通影响很大。

2. 主要人为因素

（1）不正确的开采工作的影响。对防水排水工作的重要性认识不足，或没有掌握矿山的水文地质资料，没有采取有效的防水排水措施时，往往易导致突然发生涌水引起不必要的损失。如由于开采工作上的错误，开通了含水层，使矿山突然发生涌水。

（2）废坑积水的影响。废弃的矿坑常有大量的积水，当排水工作停止后，废坑内的积水位上涨，这种水源一经与采场沟通，在一瞬间就会以很大的水压和水量突然涌入采场。

（3）未封闭和封闭不严的勘探钻孔的影响。地质勘探结束后，因未用黏土或水泥将钻孔封死，导致水进入了作业区。

二、露天矿防水的主要措施

1. 地面防水的主要措施

（1）挖截水沟。截水沟的作用是截断从山坡流向采场的地表水。当矿区降水量大，周边地形又较陡时，截水沟还起到拦截、疏引暴雨山洪的作用。露天矿截水沟的布置如图 6-16 所示。

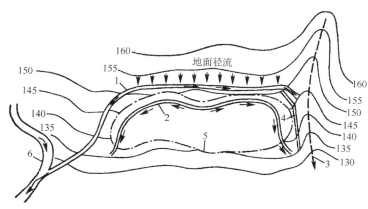

图 6-16　露天矿截水沟的布置

1—外部截水沟；2—内部截水沟；3—雨季山洪；4—拦洪堤；5—开采境界；6—河流

截水沟的排泄口与河流交汇时,要与河流的流水方向相适应,并使截水沟底标高在河水的正常水位之上。其目的是减少截水沟的排泄阻力和防止河水冲刷倒灌。

(2)河流改道。当河流穿过露天开采境界时,须将其改道迁移。改道的位置选择在线路短、地势低平和渗水弱的地段里进行改道。

(3)修筑调洪水库。季节性的小型地表水流横穿开采境界时,除采取改道措施外,还可以在上游利用地形修筑小型调洪水库截流,并储洪水。

(4)修筑拦河护堤。当露天开采境界四周的地面标高与附近河流、湖泊的岸边标高相差很小,甚至低于岸边地形时,应在岸边修筑拦河护堤。护堤的作用是预防河流洪水上涨灌入采场。

2. 地下防水的主要措施

(1)探水钻孔,是防止地下涌水的有效措施。尤其是对于有地下采空区和溶洞分布的露天矿,应对可疑地段预先打探水钻孔,探明地下水源状况,以便采取相应措施,避免突然涌水造成危害。

(2)设防水墙和防水门,采用地下井巷排水或疏干的露天矿山,为保证地下水泵房不受突然涌水淹没的威胁,必须在地下水泵房设防水门。防水门采用铁板或钢板制成,并应顺着水流的方向关闭,门的四周要有密封装置。

对于不能排水、疏干的地下旧巷道,应设防水墙,使之与地下排水或疏干巷道相隔离。防水墙可用砖砌或混凝土修筑,墙的厚度视水压和墙的强度而定。

(3)留防水矿柱。当露天矿采掘工作或地下排水巷道接近积水采空区、溶洞或其他自然水体时,可留有防水矿柱,并划出安全采掘边界,如图 6-17 所示。

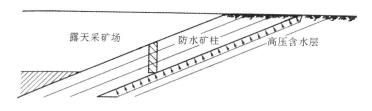

露天采矿场　　　防水矿柱　　　高压含水层

图 6-17　露天采场防水矿柱

图 6-17 中,保证防水矿柱不被高压水冲溃的基本条件为:

$$\sigma_n = hy\cos^2\alpha \geqslant D$$

式中,σ_n——防水矿柱正压力,$\mathrm{kg/cm^2}$;

　　　h——防水矿柱的垂直厚度,cm;

　　　y——矿柱岩石的容量,$\mathrm{kg/cm^3}$;

　　　α——含水层倾角;

　　　D——含水层的静水压力,$\mathrm{kg/cm^2}$。

防水矿柱的厚度与强度要足以承受静水压力而不致发生溃水事故,同时又要尽量减少矿石的损失。

三、露天矿排水

露天矿经疏干和采取各种防水措施后,基本控制住大量的地下水和地表水,使之不能进入采场。但仍会有少量的涌水渗入作业区,对这部分少量涌水和大气降雨汇水,必须予以排除。

露天矿排水的排水系统主要有以下几种:

(1)自流排水系统。它是利用露天采场与地形的自然高差,不用水泵动力设备,只依靠排水沟等简要工程将水自流排出采场的排水系统。

(2)露天采场底部集中排水。该排水系统的实质是在露天采场底部设临时水仓和水泵,使进入到采场里的水全部汇集到底部水仓里,再由水泵经排水管排至地表,如图 6-18 所示。

（3）露天采场分段截流排水系统。这种排水是在露天采场的边帮上设置几个固定式水泵站,分为拦截排出涌水。各固定泵站可以将水直接排至地表,也可以采取接力方式通过上一个水平的泵站将水排到地表,分段截流排水系统如图 6-19 所示。

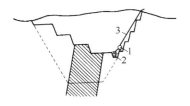
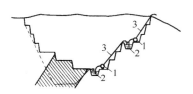

图 6-18　露天采场底部集中排水系统　　　图 6-19　露天矿分段截流排水系统
1—水泵;2—水仓;3—排水管　　　　　　　1—水泵;2—水仓;3—排水管

（4）地下井巷排水系统。地下井巷排水系统的布置形式很多,它可以采取垂直式的泄水井或放水钻孔将采场里的水泄到集水巷道里,如图 6-20 所示。也可以在边坡上开凿水平泄水巷道泄水,如图 6-21 所示。

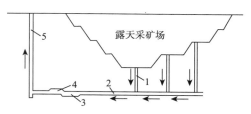

图 6-20　垂直泄水的地下井巷排水系统
1—泄水井;2—集水巷道;3—水仓;4—水泵房;5—竖井

我国金属露天矿采用水平泄水巷道泄水的较多。泄水平巷设在边帮上的平台下面,一般比平台标高下卧 0.5 m 并与排水沟相通。采场里的水由排水沟流入泄水平巷,再经泄水天井和泄水斜井汇集到集水平巷的水仓里,最后由水泵经管道从竖井排到地表。水平泄水的地下井巷排水系统如图 6-21 所示。

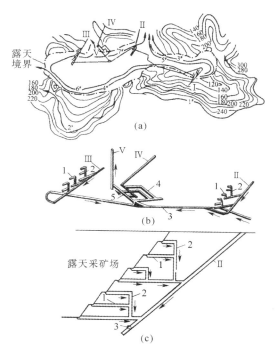

图 6-21　水平泄水的地下井巷排水系统

1#、2#、3#、4#、5#、6#、7#—截水沟；Ⅰ，Ⅱ，Ⅲ—泄水斜井；
Ⅳ—通风斜井；Ⅴ—竖井；1—泄水平巷；2—泄水天井；3—集水平巷；4—水仓；5—水房

四、露天矿防排水安全检查

（1）露天矿山应设置防排水机构，大、中型露天矿应设专职水文地质人员，建立水文地质资料档案。每年应制定防排水措施，并定期检查措施执行情况。

（2）露天采矿的总出入沟口、平硐口、排水井口和工业场地，均应采取妥善的防洪设施。

（3）矿山应按设计要求建立排水系统，上方应设置截水沟，有滑坡可能的矿山,应加强防排水措施,应防止地表、地下水渗流到采场。

（4）露天矿应该按照要求设置排水泵站。遇超过设计防洪频率的洪水时,允许最低一个台阶临时淹没,淹没前应撤出一切人员和重要设备。

（5）矿床疏干过程中出现陷坑、裂缝以及可能出现的地标陷落范围,应及时测定、设立标志,并采取必要的安全措施。

（6）各排水设备,应保持良好的工作状态。

（7）矿山所有排水设施及其机电设备的保护装置,未经主管部门批准,不应任意拆除。

（8）邻近采场境界外堆卸废石,应避免排土场蓄水软化边坡岩体。

（9）应采取措施防止地表水渗入边坡岩石有软弱结构面或直接冲刷边坡。边坡岩体存在含水层并影响边坡稳定时,应采取疏干降水措施。

（10）露天开采转为地下开采的防、排水设计,应考虑地下最大潜水量和因集中降雨引起的短时最大径流量。

第七章 小型露天采石场开采安全

第一节　概　述

小型露天采石场是指从事年采剥总量 50 万吨以下,且工作坡面最高点与最低点的垂直距离(最大开采高度)不超过 50 米的山坡型露天采石场。

一、概念

由于小型露天采石场分布较广,大部分分布在山区,现场的作业人员也大部分来自农村,因此,存在普遍缺乏安全意识及安全能力,负责人、管理人员和特种作业人员未接受安全教育培训的现象,也使小型露天采石场的开采存在以下特点:

(1)采用一面坡式开采,采掘面上存在浮石、伞檐,暴露的矿体断裂、破碎,作业环境极不安全。极易发生高处坠落、坍塌、物体打击与爆破飞石等安全事故,造成人员伤亡和设备损害。

(2)普遍采用干式凿眼的作业方式,施工作业时有大量的粉尘。

(3)存在不同程度的掏采作业。

(4)存在上下交叉作业的现象。

(5)作业设备落后,不能按期进行检测检验。

(6)爆破器材的管理不规范。

(7)废石、废土随意堆放,容易引发泥石流等事故。

二、小型露天采石场的开采条件

小型露天采石场必须具备以下条件才能进行开采活动：

（1）依法取得采矿许可证、安全生产许可证、民用爆破物品使用许可证和工商营业执照等证照。

（2）由具有相应资质的设计单位编制开采设计方案，并经过县级以上安全生产监督管理部门对开采方案设计的安全设施设计进行审批。采石场的布置和开采方式发生重大变化时，应当重新设计和审批。

（3）制定安全生产规章制度，包括安全生产责任制、各工种操作规程、安全检查与培训制度，特别要完善复工复产、雨后、炮后排险检查制度。

（4）设置专职安全机构或配备至少一名具有安全资格证书的专职安全生产管理人员。

（5）小型露天采石场主要负责人必须经过安全培训和考核，具备安全专业知识，具有安全生产和处理事故的能力。

（6）特种作业人员应经过专门安全教育和技术培训，经考核合格取得操作资格证书后，方可上岗作业。

（7）应当采用台阶式开采。不能采用台阶式开采的，应当自上而下分层顺序开采。严禁采用扩壶爆破、掏底崩落等开采方式。

（8）采用中深孔爆破。不具备实施中深孔爆破条件的，由所在地安全生产监督管理部门聘请有关专家进行论证，经论证符合要求的，方可采用浅孔爆破开采。

（9）要害岗位、重要设备和设施及危险区域，应严加管理。

（10）爆破器材有严格的保管、发放、领用、清退登记制度；爆破作业有爆破说明书，并严格执行。爆破工作开始前，必须确定危险区的边界，并设置明显的标志和岗哨，使所有通路处于监视之下，每个岗哨应处于相邻岗哨监视线范围内，爆破前有明确的警戒信号。

（11）相邻的采石场开采范围之间最小距离应当大于 300 m。对可能危及对方生产安全的，双方应当签订安全生产管理协议，明确各自的安全生产管理职责和应当采取的安全措施，指定专门人员进行安全检查与协调。

（12）进入采场作业现场的人员，必须佩戴安全帽。在距离地面高度超过 2 m 或者超过 30°的坡面上作业时，应当系好安全绳或安全带，安全绳应当拴在牢固地点，严禁多人同时使用一条安全带。

（13）加强防尘工作，业主应当定期为职工发放安全防护用品，并监督、指导职工正确佩戴；坚持湿式作业，做好喷雾洒水；为从业人员进行定期健康检查，建立健全尘毒危害作业工人的健康档案。

（14）应建立由专职或兼职人员组成的救护和医疗急救组织，配备必要的医疗器材和药物；每年对职工进行自救和互救训练。

（15）职工必须参加工伤保险。

（16）按照国家有关规定提取和使用安全生产费用。

（17）建立应急救援队伍，制定应急救援措施，并定期组织作业人员进行演练。

在安全检查时，按照以上 17 点实施。

第二节　开采工艺安全要求

一、工作面的布置及凿岩安全要求

1. 工作面布置

国家安全生产监督管理总局于 2011 年 4 月 18 日公布实施的《小型露天采石场安全生产暂行规定》对小型露天采石场所做出了特殊规定。小型露天采石场应采用台阶式开采，不能采用台阶式开采的，应当自上而下分层顺序开采。这种开采方式是将小型露天采石场自上而下划分成若干平行的条块,自最外层的条块自上而下分割成若干阶段,先开采最上层条块,依次向下开采。每阶段产出的矿石都将抛到采场底部平台。第一条块采完后,依次开采第二、第三……第 n 平台,直到采至采场底部平台,再从第二条块开始新的一轮开采。这样一来,露天矿的边帮一直是两个台阶,即工作坡面最高处一个台阶和正在生产的台阶。

当开采终结时,会形成两种状况:①最终边坡坡面是由多个台阶组成的假想斜面;②一个完善的斜面。对于后一种情况可以考虑在最终边坡面形成时,根据地质构造情况增加一些台阶,以增强其稳定性。

台阶是作为边坡结构中的基本单元,伴随开采的全过程。不同用途的台阶进行组合就会形成不同的边坡结构。台阶的宽度、高度、坡面角等参数加上不同的组合决定了最终边坡角的大小。

2. 阶段构成的安全要求

(1)阶段高度应符合表 7-1 的规定。

表 7-1　阶段高度的确定

矿岩性质	采掘方式		阶段高度
松软的岩土	机械铲装	不爆破	≤机械的最大挖掘高度
坚硬稳固的矿岩		爆破	≤机械的最大挖掘高度的 1.2 倍
砂状的矿岩	人工开采		≤1.8 m
松软的矿岩			≤3.0 m
坚硬稳固的矿岩			≤6.0 m

如果阶段高度超过表 7-1 的规定,必须在保证安全的前提下,经过技术论证,并报主管部门批准。

(2)挖掘机或铲装机铲装时,爆堆高度应不大于机械最大挖掘高度的 1.5 倍。

(3)人工开采时,工作阶段坡面角应符合表 7-2 的规定。

表 7-2　工作阶段坡面角的确定

矿岩性质	工作阶段坡面角
松软的矿岩	≤所采矿岩的自然安息角
较稳固的矿岩	≤50°
坚硬稳固的矿岩	≤80°

（1）非工作阶段的最终坡面角和最小工作平台的宽度,应在设计中规定。

（2）采矿和运输设备、运输线路、供电和通信线路,必须设置在工作平台的稳定范围内。

（3）爆堆边缘到汽车道路边缘的距离,应不小于 1 m。

3. 凿岩（穿孔）作业

（1）钻机稳车时,应与台阶坡顶线保持足够的安全距离;千斤顶至阶段边缘线的最小距离:台车为 1 m,牙轮钻、潜孔钻、钢绳冲击钻机为 2.5 m,松软岩体为 3.5 m。禁止在千斤顶下垫块石,并确保台阶坡面的稳定。钻机作业时,平台上不应有人,禁止非操作人员在其周围停留。钻机与下部台阶接近坡底线的电铲不应同时作业。钻机长时间停机,应切断机上电源。

穿凿第一排孔时,钻机的中轴线与台阶坡顶线的夹角应大于 45°。

（2）移动电缆和停、切、送电源时,必须穿戴好高压绝缘手套和绝缘鞋,使用符合安全要求的电缆钩;跨越公路的电缆,应埋设在地下。钻机发生接地故障时,应立即停机,同时任何人均不应上、下钻机。打雷、暴雨、大雪或大风天气,不应上钻架顶作业。不应双层作业。高空作业时,应系好安全带。

（3）上、下台阶同时作业的挖掘机,应沿台阶走向错开一定的距离;在上部台阶边缘安全带进行辅助作业的挖掘机,应超前下部台阶正常作业的挖掘机最大挖掘半径 3 倍的距离,且不小于 50 m。

（4）挖掘阶段爆堆的最后一个采掘带，相对于挖掘机作业范围内的爆堆阶段面上的第一排孔位地带，不得有钻机作业或停留。

二、爆破作业安全要求

爆破作业是采石场生产过程中的重要工序，其作用是利用炸药在爆破瞬间放出的能量对周围介质做功，以破碎矿岩，达到掘进和采矿的目的。

常见的爆破危险有爆破震动、爆破冲击波、爆破飞石、拒爆、早爆、迟爆等，易发生爆破事故的场所有：炸药库；爆破器材的运输；爆破作业的工作面；爆破后的工作面；爆破器材加工地。

导致爆破事故的主要原因有：放炮后过早进入工作面，盲炮处理不当或打残眼，炸药运输过程中强烈震动或摩擦；装药工艺不合理或违章作业，警戒不到位，点火迟缓，没有使用计时导火线，拖延点炮时间；非爆破专业人员作业，爆破作业人员违章；使用爆破性能不明的材料；炸药库管理不严等。

从导致爆破事故主要原因和小型露天采石场爆破安全规程可知，为确保小型露天采石场达到安全生产条件，应做到以下几点，以加强爆破作业前、爆破作业和爆破后的工作面的管理。

1. 爆破前准备工作

（1）爆破作业单位应向有关公安机关申请领取《爆破作业单位许可证》后方可实施爆破作业，或委托营业性爆破作业单位实施爆破作业。

（2）爆破员具有相应爆破员的资质，并获得证书。

（3）制定施工安全与施工现场管理的各项管理规章制度。

（4）爆破工程施工前，应根据爆破设计文件要求和场地条件，对施工场地进行规划，并开展施工现场清理与准备工作。

（5）爆破工作开始前，必须确定危险区的边界，设置明显的标志和岗哨，爆破前有明确的警戒信号。

(6)根据爆破安全规程要求,浅孔爆破安全距离为 300 m;中、深孔爆破安全距离为 200 m。因此,在爆破作业安全距离以内不得有民房、高压线、等级公路、铁路、文物古迹、通信设施等;相邻采石场之间必须规定统一的爆破作业时间,可能危及对方生产安全时,双方应当签订安全生产管理协议。

2.爆破作业管理

(1)应当由具有相应资质的单位编制爆破设计,并严格按照审批的爆破设计进行爆破作业。

(2)使用符合国家标准或行业标准的爆破器材。爆破器材有严格的保管、发放、领用、清退登记制度。

(3)进行爆破器材加工和爆破作业的人员,应穿戴防静电的衣物。

3.爆破后检查管理

(1)等待时间:爆后 5 min 后,经当班爆破班长同意后方可进入爆区。如不能确定有无盲炮,应超过 15 min 后方可进入检查。

(2)检查内容包括:确认有无盲炮;爆堆是否稳定,有无危坡、危石;警戒区内公用设施及重点保护建筑物的安全情况。

安全检查过程应当按照以上内容进行。

三、铲装作业安全要求

(1)挖掘机汽笛和警报器应完好。进行各项操作时,均应发出警告信号。夜间作业时,车下及前后的所有信号、照明灯应完好。

(2)挖掘机作业时,发现悬浮岩块或崩塌征兆、盲炮等情况,应立即停止作业,并将设备开到安全地带。

(3)挖掘机作业时,悬臂和铲斗下面及工作面附近,不得有人停留。

(4)运输设备不应装载过满或不均,以免引起翻车事故。

(5)装车时铲斗不应碰压汽车车帮,铲斗卸矿高度应不超过

0.5 m,以免震伤司机或砸坏车辆。

(6)不应使用挖掘机铲斗处理粘厢车辆。

(7)两台以上的挖掘机在同一平台上作业时,挖掘机的间距:汽车运输时,应不小于其最大挖掘半径的3倍,且应不小于50 m;机车运输时,应不小于两列列车的长度。

(8)上、下台阶同时作业的挖掘机,应沿台阶走向错开一定的距离;在上部台阶边缘安全带进行辅助作业的挖掘机,应超前下部台阶正常作业的挖掘机最大挖掘半径3倍的距离,且不小于50 m。

(9)挖掘机工作时,其平衡装置外形的垂直投影到台阶坡底的水平距离,应不小于1 m。

(10)挖掘机应在作业平台的稳定范围内行走。挖掘机上下坡时,驱动轴应始终处于下坡方向;铲斗应空载,并下放与地面保持适当距离;悬臂轴线应与行进方向一致。

(11)挖掘机通过电缆、风水管、铁路道口时,应采取保护电缆、风水管及铁路道口的措施;在松软或泥泞的道路上行走,应采取防止沉陷的措施;上下坡时应采取防滑措施。

(12)挖掘机、前装机铲装作业时,铲斗不应从车辆驾驶室上方通过。装车时,汽车司机不应停留在司机室踏板上或有落石危险的地方。

(13)挖掘机运转时,不应调整悬臂架的位置。

四、运输安全要求

在小型露天采石场开采中,运输事故往往发生在挖掘机的装矿阶段和翻斗汽车的运输途中,随着露天开采的深度加深,运输事故的发生概率也随之增高,为预防小型露天采石场运输事故的发生,应采取以下措施:

(1)深凹露天矿运输矿石的汽车,应采取废气净化措施。

(2)严禁使用自卸汽车运载易燃、易爆物品;驾驶室外平台、脚踏板及车斗不准载人;禁止在运行中升降车斗。

(3)车辆在矿区道路上宜中速行驶,急弯、陡坡、危险地段必须限速行驶,行驶在养路地段应减速。急转弯处严禁超车。

(4)双车道的路面宽度,应保证会车时通过车辆的安全。陡长坡道的尽端弯道,不宜采用最小曲线半径。弯道处会车视线距离若不能满足要求,则应分设车道。

(5)雾天和烟尘弥漫影响能见度时,应开亮车前黄灯与标志灯,并靠右侧减速行驶,前后车间距离应大于 30 m。车距不足 20 m 时,应靠右暂停行驶,车前、车后的警示灯不得熄灭。

(6)冰雪和多雨季节,道路较滑时,应采取防滑措施并减速慢行;前后车距不得小于 40 m;禁止急转方向、急刹车、超车或拖挂其他车辆;必须拖挂其他车辆时,应采取有效的安全措施,并有专人指挥。

(7)山坡填方的弯道、坡度较大的填方地段以及高堤路基路段外侧应设置护栏、挡车墙等。

(8)对主要运输道路及联络道的长大坡道,可根据运行安全需要设置汽车避难道。

(9)道路与铁路交叉的道口,宜采用正交形式,如受地形限制必须斜交时,其交角应不小于 45°;道口必须设置警示标志牌;车辆通过道口前,驾驶员必须减速瞭望,确认安全方可通过。

(10)自卸汽车进入工作面装车,应停在挖掘机尾部回转范围 0.5 m 以外,防止挖掘机回转撞坏车辆。汽车在靠近边坡或危险路面行驶时,应谨慎通过,防止崩塌事故发生。

(11)装车时,禁止检查、维护车辆;驾驶员不得离开驾驶室,不得将头和手臂伸出驾驶室外。

(12)卸矿平台要有足够的调车宽度。卸矿地点必须设置牢固可靠的挡车设施,并设专人指挥。挡车设施的高度不得小于该卸矿点各种运输车辆最大轮胎直径的 2/5。

(13)拆卸车轮和轮胎充气,要先检查车轮压条和钢圈完好情况,如有缺损,应先放气后拆卸。在举升的车斗下检修时,必须采取可靠的安全措施。

(14)禁止采用溜车方式发动车辆,下坡行驶严禁空挡滑行。在坡道上停车时,司机不能离开,必须使用停车制动并采取安全措施。

(15)小型露天采石场的汽车加油站,应设置在安全地点。不准在露天采场存在明火及不安全地点加油。

(16)夜间装卸车地点,应有良好照明。

五、常见事故类型及防范措施

1. 物体打击

小型露天采石场物体打击事故是由于在爆破作业后,采面上的浮石、险石处理不及时,发生滚落、坠落对人造成伤害的事故。为了预防此类事故的发生,要加强对小型露天采石场管理人员和现场作业人员的安全培训教育工作,提高管理人员和现场工作人员的安全意识;加强小型露天采石场的安全投入保障,提高其安全技术水平;爆破作业后要及时、彻底清理采面残留的浮石、险石,杜绝浮石、险石落下而发生的物体打击事故的发生。

2. 坍塌

坍塌事故的发生大部分是由于小型露天采石场采用了"一面墙"的开采方式,利用凿岩爆破先掏空下部,以使处于上部的岩面悬空,失去支撑而自由塌落。掏底开采将上方岩面全部崩落,在工作面上形成较大的悬石或伞檐从而形成了重大安全隐患。预防坍塌事故的发生应当采用台阶式开采。不能采用台阶式开采的,应当自上而下分层顺序开采。严禁采用扩壶爆破、掏底崩落等开采方式。

3. 高处坠落

小型露天采石场作业人员不按安全操作规程中的规定作业,在凿石、爆破、清理岩面等高处作业时不系安全带,从而导致高处坠落事故的发生。为了避免高处坠落事故的发生,小型露天采石场应通过培训提高管理人员和作业人员安全意识,减少冒险蛮干的现象;在进行高处作业时采取保护措施,杜绝"三违"现象的发生,从而避免高处坠落事故的发生。

4. 爆破伤害

部分小型露天采石场为了减少凿岩量,提高产量,仍然使用扩壶爆破、掏底崩落等落后不安全的开采方式,造成爆破事故的发生。为了避免爆破事故的发生,小型露天采石场应根据《小型露天采石场安全生产暂行规定》的规定采用台阶式开采,杜绝采用扩壶爆破、掏底崩落等开采方式;对大块岩石使用机械破碎的方式,杜绝进行二次爆破,以免产生大量飞石;使用符合标准的爆破器材,不使用过短导火索,预防早爆。

第三节　边坡管理

边坡稳定性在小型露天采石场安全生产中起着至关重要的作用,边坡一旦受到破坏,往往会带来灾难性的后果。据统计,在露天采石场的所有事故中,由于边坡失稳所造成的伤亡事故约占 70%。所以控制住这类事故的发生,将会使小型露天采石场的安全状况将得到很大改善。

小型露天矿边坡破坏主要是指坍塌和滑坡,造成边坡破坏的原因大致可分为两类,一方面是自然因素,另一方面是人为因素。

1. 自然因素

(1)边坡所处范围的地质构造(层理、节理、断层、褶曲等)。

(2)岩性(强度、渗透性、孔隙率、膨胀性等)。

(3)地下水及地表地形、气候特征、地震等。

2. 人为因素

(1)边坡的形态。

(2)周围的爆破震动。

（3）地表植被破坏及水库、排土场等人为构筑物等。

一般是由几种因素叠加，共同作用而造成边坡破坏，但也有单一因素造成边坡破坏的。在几种因素共同作用时，往往以一两种为主，其他因素只是对主要因素起促进作用。

一、边坡的破坏类型

采石本身是一种对原岩的破坏，采剥作业打破了边坡岩体内的原始应力的平衡状态，出现了次生应力场，在次生应力场和其他因素的影响下，常使边坡岩体发生变形破坏，即岩体失稳。

边坡岩体破坏类型按破坏机理可分为 4 类。

1. 平面破坏

平面破坏是指边坡沿某一主要结构面发生滑动，其滑动线表现出直线性。

边坡中如有一结构弱面倾向与边坡倾向相近或一致，且其倾角小于边坡角，又小于弱面间的内摩擦角时，容易发生这类滑动破坏。当结构面下端在边坡上出露，岩层的抗剪强度又不能抵抗滑动岩体向下滑动的力时，即沿层面发生破坏，如图 7-1 所示。

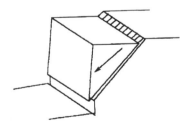

图 7-1　平面破坏图（箭头为滑动方向）

2. 楔体破坏

在边坡岩体中有两组或两组以上结构面与边坡相交，将岩体相互交接成楔形体而发生破坏。当两组或两组以上结构面的组合交线的倾向与边坡相近,倾角小于坡面角而大于结构面上的内摩擦角时,容易发生这类滑动。这种滑动有时是发生在单个台阶上,也可能发生在几个台阶上甚至整个边坡体上,如图7-2所示。

图 7-2 楔体破坏图(箭头为滑动方向)

3. 圆弧形破坏

边坡岩体在破坏时其滑动面呈圆弧状下滑破坏。这种破坏一般发生在土体中,散体结构的破碎岩体或软弱和沉积岩中的边坡也常以此种形式破坏,在破坏前被破坏的坡顶往往出现明显裂隙,如图7-3所示。

图 7-3 圆弧形破坏图(箭头为滑动方向)

4. 倾倒破坏

当岩体中结构面或层面很陡时,每个单层弱面在重力形成的力矩作用下向自由空间变形而发生的一种破坏形式。当层状岩体的结构面与边坡平行,其结构面的倾向与边坡倾向相反,且倾角在70°～80°时,由于边坡脚的岩体受压破坏,或者由于上覆岩层的挤压,层状岩体发生弯曲、折断和倾倒破坏。这种破坏类型与前3种类型的破坏机理不同,它主要不是剪切破坏而是在重力作用下岩块向下塌落,如图 7-4 所示。

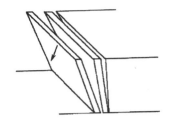

图 7-4　倾倒破坏图(箭头为滑动方向)

二、边坡管理的安全要求

1. 变形

(1)必须建立健全边坡管理和检查制度,当发现边坡上有裂陷、浮石及伞檐悬在上部时,必须迅速进行处理。处理时必须系安全带或采取其他可靠的安全措施,边坡底部的工作人员要撤到安全地点。

(2)应由专门的技术人员负责边坡管理工作;雨季应加强对边坡和采场的边坡检查,发现隐患,及时清除。如发现边坡有塌滑征兆,有权制止作业,将作业人员和设备撤出,并向负责人报告。

(3)边坡有变形和滑动迹象,必须设立专门观测点,定期观察记录变化情况。

(4)遇有以下情况时,必须采取有效的安全措施:

①岩层内倾于采场,且边坡角大于岩层倾角;

②多组节理、裂隙结合的结构面内倾于采场;

③较大岩体结构弱面切割边坡,构成不稳定的楔形体。

(5)小型露天采石场按照由上往下的开采顺序,分水平开采。各作业水平台阶应保持一定的超前距离。严禁从下部不分段掏采。采剥工作面禁止形成伞檐、空洞等。

(6)放炮后,必须及时从上而下清除险石、浮石,清除完毕后方准作业。禁止在悬崖陡壁的危险处作业。禁止在边坡底部休息和停留。

2. 坍塌

坍塌是指在外力或重力的作用下,超过自身的强度极限或因结构稳定性破坏而造成的事故。

引起坍塌的主要原因有:

(1)当岩体的结构面与边坡平行时,以及结构面和边坡面倾角太陡时,由于边坡底脚的岩体受压破坏或人为开采破坏,上部岩体将失去支撑,原有的应力平衡被打破,在次生应力场的作用下,边坡就会坍塌。底脚破坏的范围越大,坍塌的体积也就越大,造成的危害也就越严重。

(2)不按照开采顺序,在台阶底部掏采,形成伞檐和悬空顶,上部岩石失去底部支撑,岩体滑落。

坍塌事故是恶性事故,直接威胁作业人员的生命安全和造成重大经济损失。小型露天采石场重大事故的分类统计表明:80%的重大事故是由于坍塌而引起的。

从引起坍塌的主要原因我们可以发现,引起坍塌的原因既有采石场自然条件,又有人为因素(如掏采)。通过现场检查发现,从采石场底部直接掏采的现象非常普遍,这样作业容易形成伞檐和悬空顶,而且部分采石场的作业人员在形成伞檐和悬空顶部作业、休息,如果上部岩石失去底部支撑,则最终造成岩石滑落,造成伤人事故的发生。

第四节　防尘及防灭火要求

一、防尘技术

小型露天采石场在采石生产过程中,需要经过打眼、爆破、破碎、转载、装卸、运输等多道工序,每道工序、各个环节都产生大量的粉尘。生产环境中的粉尘的存在不但会导致生产环境恶化,加剧机械设备磨损,缩短机械设备的使用寿命。更重要的是危害人体健康,引起各种职业病。因此,应采取减少产尘技术措施、降低粉尘飞扬技术措施和防尘管理三方面的综合控制措施。

1. 减少产尘技术措施

(1)选择合理的生产工艺

改革工艺设备和工艺操作方法,采用新工艺、新设备、新材料,向机械化、自动化、密闭化生产发展,是消除和减少粉尘危害,改善工作区内外环境条件的根本途径。

(2)选择合理的生产布局

风力会将悬浮的粉尘从一个地点带到另一个地点,因此在布置厂房时,选择合理的厂房位置和生产布局,是改善工作区劳动条件,减少粉尘危害的重要途径。

(3)采后生态恢复措施

小型露天采石场在完成或终止采石功能之后,采取植被重建等生态系统功能恢复等措施,可以有效减少水土和飞沙的外排。

2. 降低粉尘飞扬技术措施

(1)湿式打眼

湿式打眼是将具有一定压力的水,通过湿式打眼机具送到炮眼眼底,用水湿润和冲洗打眼过程中产生的粉尘,使粉尘变成尘浆从炮眼流出,从而达到抑制粉尘飞扬、减少空气中矿尘含量的目的。

(2)水封爆破

水封爆破是指在打好炮眼注入一定量的压力水,水沿矿物质节理和裂隙渗透,矿物质被湿润到一定的程度后,把炸药填入炮眼,然后插入封孔器,封孔后在具有一定压力的情况下进行爆破,从而达到降尘消烟和消火的目的。

(3)使用通风除尘系统

通风除尘系统时通过设置集尘罩来控制和排除生产过程产生的粉尘,防止其扩散和传播,通常通过设置集尘罩来控制。

（4）喷雾降尘

喷雾降尘是指水在一定的压力作用下,通过喷雾器形成雾状水滴与空气中悬浮的粉尘接触而捕捉沉降的方法,其降尘机理与湿式除尘相似。

喷雾降尘是一种应用广泛的防尘措施,它可用于爆破、破碎、转载、装卸等工序。与其他防尘措施相比,它具有结构简单、使用方便、耗水量小、降尘效率高、费用低等特点。

在降尘过程中还要采取预防粉尘二次飞扬的措施。预防二次飞扬的措施包括及时清除除尘罩捕捉的粉尘和沉积在地面、设备上的粉尘,避免形成二次尘源。

（5）个人防护措施

企业必须为从业人员提供符合国家标准或者行业标准的防尘口罩和保护设施,并指导、监督其正确使用。

3. 防尘管理

防尘管理是防尘工作不可分割的重要组成部分,包括以下内容:

（1）建立防尘管理制度,使防尘工作逐步实现制度化、科学化。在实施的过程中,应该配合适当的奖惩机制,确保防尘管理制度的有效实施。

（2）加强防尘教育。通过防尘教育,提高从业人员的防尘意识和防尘技能,使从业人员对防尘工作的重要性、必要性有了充分的认识,才能从根本上减少和避免职业病危害的发生。

（3）加强粉尘检测和防治工作,采取有效措施防治职业危害,建立职工健康档案。

二、防火技术

小型露天采石场火灾主要是外因火灾,主要包括以下几个方面:

（1）明火引燃的火灾;

（2）油料在运输、保管和使用时引起的火灾;

（3）机械作用引起的火灾；

（4）电气设备的绝缘损坏和性能不良、短路和过负荷引起的火灾；

（5）雷击造成的火灾。

通过研究火灾发生的主要原因，控制火灾发生要做到以下几点：

（1）建（构）筑物和大型设备，必须按国家的有关防火规定和当地消防机关的要求，设置消防设备和器材。

（2）重要采掘设备，应配备电气灭火器材。

（3）设备和车辆加油时，严禁吸烟、明火和照明。

（4）禁止在采掘设备上存放汽油和其他易燃易爆材料。

（5）禁止用汽油擦洗设备。

（6）使用过的油纱等易燃材料，应妥善管理和处置。

（7）矿山企业应规定专门的火灾信号，并应做到发生火灾时，能通知作业地点的所有人员及时撤离危险区。安装在人员集中地点的信号，应声光兼备。

（8）任何人员发现火灾，应立即报告调度室组织灭火，并迅速采取一切可能的方法直接扑灭初期火灾。

（9）木材场、防护用品仓库、炸药库、氢和乙炔瓶库、石油液化气站和油库等场所，应建立防火制度，采取防火措施，备足消防器材。

（10）小型露天采石场应成立兼职消防队。

第五节　小型露天采场防排水

一、水对小型露天采石场的影响

水对小型露天采石场的主要影响是指对其边坡稳定性的影响。

1. 地表水的影响

地表水会对小型露天采石场有侵蚀和冲刷的作用，对其边坡坡面造成严重的破坏。冬季,在坡面上会形成冰流,阻止边坡内地下水的渗出,使地下水位升高,水压上升,造成边坡失稳;夏季,雨水的冲刷作用,使坡面下降,雨水形成的沟壑,会搬运大量的岩土体,使岩体的裂隙增大,大大地减弱了边坡的稳定性,同时地表水的渗入会使边坡岩体的自重增加,大大降低边坡的稳定性。

2. 含水层的影响

含水层的水包括孔隙水、裂隙水和岩溶水,是造成矿山涌水最常见的水源,由于其水量大、水压高,不易疏干,因此对边坡的稳定具有极大的危害性。

3. 地下水的影响

(1)静水压力的作用

当地下水赋存于岩体裂隙中时,可对裂隙两壁产生静水压力。静水压力的作用,能改变岩体的摩擦阻力,从而对边坡的稳定不利。当地下水高于岩体滑动面时,静水压力可降低岩体抗剪强度。

(2)动水压力的作用

在破碎岩体的裂隙或断层带中流动的地下水,在岩石颗粒上流动所产生的压力称为动水压力,也叫渗透压力。

当动水压力较大时,水流会带走裂隙或断层破碎带中的岩石颗粒和岩体的可溶解成分,减小岩体内聚力和摩擦力,产生潜蚀作用。潜蚀作用会破坏岩体的稳定性,尤其是当地下水流和结构面联系在一起时,对边坡稳定的威胁更大。

(3)水的软化作用

对粘土质岩体和节理裂隙发育的岩体,随着含水量增加,会显著降低岩体的内聚力和内摩擦角,抗剪强度会减低到干燥时的 $1/20 \sim 1/4$。

在以上三种作用中,静水压力的作用更为突出,静水压力的作用受地下水位变化的影响,因此降低地下水位是改善边坡稳定性的主要方法之一。

二、防治措施

1. 地面水的防治

主要通过防止地表水涌入采场的工作,来降低或保持地下水位,使边坡岩土体处于良好的稳定状态。

防治措施包括:截水沟,河流改道,调洪水库,拦河护堤明沟。

通过在坡体内或者露天矿台阶上开挖截水沟,以拦截地表水,使其不能进入采场内。

2. 地下水的防治

通过查明地下水源,做好水文观测工作和掌握水文地质资料是做好地下防水工作的主要措施。地下水防治的措施有以下几种:防水墙和防水门,探水钻孔,防水矿柱,注浆防水帷幕,地下连续墙,疏干巷道的布置。

通过在边坡岩体的重要位置设置钻孔水压机,来实测岩体不同部位的水压分布,查清岩体的渗透性和渗流以及水压分布情况,以便采取相应的措施。由于地下水系统常呈季节性变化,故其观测记录至少要一年以上。

3. 植被防护措施

植物对边坡可以起到很好的防护作用,植物的茎叶或者枯枝落叶能缓冲高速落下雨滴的冲刷作用,消耗雨滴的大量动能,从而削弱雨滴对岩石的溅蚀。当植被的覆盖达到一定程度或者枯枝落叶达到一定厚度时,可增加土地的抗剪强度,有利于坡体的稳定。植物的根系具有较强的抗拉强度,对岩土层起到锚固的作用,使土体和斜坡达到稳定的状态。

第八章　地下矿山开采安全

第一节　概　述

一、地下矿山井巷工程

各种矿物都或深或浅地埋藏于地下。由于其埋藏深浅不同,开采方法也不相同,对于埋藏较浅或露在地表的矿床,一般采用露天的方法开采;而对于埋藏较深的矿床,通常采用地下开采的方法进行开采。采用地下开采方法时,需从地表掘进一系列通达矿体的各种通道,用以提升、运输、通风、排水和行人等。而且,为了采出矿石,还需要开凿一些必要的准备工程。这些通达矿体的各种通道,通常称为矿山井巷。

按井巷在矿床开采中所起的作用,分为开拓巷道、采准巷道、回采巷道等。

主井是提升矿石的主要通道,一般为箕斗井或罐笼井。副井的作用是专门用来运送人员、设备、材料和提升废石;通风井是将新鲜空气送至井下作业面,将污浊空气排至地表,以使井下有一个良好的工作环境;溜矿井没有直通地表的出口,它是用来溜放矿石的垂直或倾斜天井;充填井则专门用来下放充填材料,充填采空区或采场。

二、矿床开采单元及开采顺序

在开采矿体时，一般要将整个矿床划分为阶段，再把阶段划分为采区或矿块。采区（或矿块）是开采矿床的基本单元。

1. 矿床开采单元

在开采缓倾斜、倾斜和急倾斜矿体时，每隔一定的垂直距离，掘进与矿体走向一致的主要运输平巷，将矿体沿垂直或倾向方向划分为一个个的条带矿段，叫做阶段。在一个阶段，沿矿体走向每隔一定的距离掘进天井或上山，左右两个天井（或上山）和上下两个运输平巷包围的矿体部分称作矿块，也叫采区。

在开采近水平的矿体时，一般不将矿床划分为阶段，而用沿矿体走向的平巷和沿倾斜的斜巷将矿床划分为长方形的矿段，称作盘区。在盘区中，每隔一定的距离，掘垂直于走向的运输巷道，把盘区划分为独立的回采单元，称为采区。

2. 矿床开采顺序

（1）矿床中阶段的开采顺序

矿床中阶段的开采顺序有上行式开采和下行式开采两种。

上行式开采是由下向上逐个阶段开采，一般在开采缓倾斜矿体及某些特殊情况下采用。

下行式开采是由上而下逐个阶段开采，在生产中一般采用这种开采顺序。因为下行式开采投资少、基建时间短、便于探矿、安全条件好、适用的采矿方法范围广。

（2）阶段中矿块的开采顺序

阶段中矿块的开采顺序有前进式、后退式和混合式三种。

前进式开采是从靠近主井的矿块向矿床边界依次回采。

后退式开采与前进式相反，阶段平巷掘进到矿床边界后，从矿床边界的矿块向主井方向依次回采。

混合式开采先用前进式回采，待阶段平巷掘至矿床边界后，再从矿床边界的矿块向主井方向依次回采。

三、矿床开采的步骤

矿床地下开采分为矿床开拓,矿块采准和切割,回采三个步骤。

1. 矿床开拓

矿床开拓是指从地表掘进一系列通达矿体的井巷,以形成提升、运输、通风、排水、供水、供电等系统。为了达到这些目的而掘进的井巷和硐室,称为开拓井巷,如井筒(竖井、斜井、斜坡道)、平硐、石门、阶段平巷、主溜井、井底车场和硐室等。这些开拓巷道在平面和空间的布置就构成了矿床开拓系统。开拓的主要方式有平硐开拓、竖井开拓、斜井开拓、斜坡道开拓和联合开拓五种。

开拓巷道按其作用和重要性,分为主要开拓巷道和辅助开拓巷道。用于提升、运输矿石的主要通道如主运输平硐、提升竖井、斜井、主斜坡道等称为主要开拓巷道。用于辅助运输、通风、溜矿和阶段运输的开拓巷道称为主要辅助巷道,如通风井、溜矿井、充填井、阶段运输等。

2. 矿块采准和切割

矿块采准是采矿场准备的简称,是指在完成开拓的矿床中,掘进巷道将阶段划分成矿块作为独立的回采单元,并在矿块内掘进井巷,创造行人、凿岩、放矿和通风等进行回采工作所必需的条件。为此目的掘进的巷道称为采准巷道。

切割工作是指在已完成采准工程的矿块中,为回采矿石开辟自由面和自由空间,为回采工作创造良好的爆破和放矿条件。切割工作通常包括掘进天井、拉底或切割槽,有的还要把漏斗颈扩大成漏斗形状等。

3. 回采

回采是指在完成采准、切割工程的矿块中,进行大量的采矿工作,包括落矿、矿石搬运和地压管理三项主要的作业。

落矿是指将矿石从矿体分离下来并破碎成一定块度的过程。由于矿床矿石大多都是坚硬矿石,采场落矿通常采用爆破方法进行。

矿石搬运是将回采崩落的矿石从工作面搬运到运输水平的过程。通常采用的搬运方法为重力搬运和机械搬运。机械搬运又分为电耙搬运、振动给矿机搬运和自行设备搬运等方法。一些小矿山也采用人工出矿搬运。

地压管理是指为了避免和减少巷道和采场开挖后围岩变形、移动和破碎冒落给采矿生产带来危害和破坏而采取的有关技术和管理措施。

第二节　矿山开拓及井巷掘进安全

一、概述

为了开发地下矿床,从地表向地下掘进一系列井巷通达矿体,便于人员出入以及把采矿设备、器材等送到地下,同时把采出的矿石运往地表,使地表与矿床形成一条完整的运输、提升、通风、排水、动力供应等生产服务井巷。这些井巷构成了矿床开拓井巷,所有的开拓井巷在空间的布置体系就构成了该矿床的开拓系统。

二、地下矿山开拓方法

按井巷与矿床的相对位置可分为:下盘开拓、上盘开拓和侧翼开拓。

按井巷形式的不同可划分为:竖井、斜井、平硐、斜坡道和联合开拓五大类。

矿床开拓分类见表 8-1。

表 8-1　矿床开拓分类表

开拓方式分类	井巷形式	典型开拓方案
单一开拓法	平硐开拓 / 平硐	沿脉走向平硐开拓、垂直走向上盘平硐开拓、垂直走向下盘平硐开拓
	斜井开拓 / 斜井	脉内斜井开拓、下盘斜井开拓、侧翼斜井开拓
	竖(立)井开拓 / 竖(立)井	竖井分区式开拓、竖井阶段分区式开拓
	斜坡道开拓 / 斜坡道	直线斜坡道开拓、螺旋式斜坡道开拓、折返式斜坡道开拓
联合开拓法	平硐与井筒联合开拓 / 平硐、竖井或斜井、平硐盲竖井或盲斜井	平硐与竖井开拓、平硐与斜井开拓、平硐与盲斜井开拓、平硐与盲竖井开拓
	明井与盲井联合开拓 / 明竖井或明斜井与盲竖井或盲斜井	明竖井与盲竖井开拓、明竖井与盲斜井开拓、明斜井与盲竖井开拓、明斜井与盲斜井开拓
	平硐、井筒与斜坡道联合开拓 / 平硐、竖井、斜井与斜坡道	平硐与斜坡道开拓、斜井与斜坡道开拓、竖井与斜坡道开拓

三、平硐开拓及掘进

(一)平硐布置的特点

平硐开拓适用于开采赋存于地表侵蚀基准面以上山体内的矿体。平硐开拓具有能充分利用矿石自重下放、便于通风、排水和多阶段出矿,施工简单易行,建设速度快,投资少、成本低和管理方便等特点。

平硐开拓有沿矿体走向(沿脉)布置和垂直走向(穿脉)布置两种方案,沿脉以布置在围岩内居多。穿脉平硐的布置可以在上盘,也可以在下盘;可以垂直矿体走向,也可以斜交矿体走向;可以在矿体的中央,也可以偏向矿体的一侧,视具体开采技术条件确定。一般以布置在下盘围岩、主平硐长度较短和工业场地开阔的地方为宜。

主平硐运输可以是有轨的,也可以是无轨的。有轨运输有单轨和双轨两种。小型矿山一般用单轨运输,其中布置有会车道。大中型矿山一般采用双轨运输,当围岩不稳和便于施工、通风时也可采用单轨双巷布置方案。无轨运输一般均用单车道布置,其中设有会车场。平硐运输坡度为 3‰～5‰(重车下坡)。

平硐开拓一般无主、副井之分。平硐是行人、设备、材料、矿、渣运输和管线排水等设施布置的唯一通道,同时还是矿井通风的主要巷道。因此,该平硐必须设有人行道、排水沟、躲避硐室和各种管线铺设的空间,以满足安全和多种生产功能的需要。

(二)平硐开拓应注意的问题

(1)矿石利用溜井下放,人员、材料、设备可采用辅助竖井、斜井或斜坡道提升和运输。

(2)当矿石有黏结性或围岩不稳固时,矿石可采用竖井、斜井下放或用无轨自行设备经斜坡道直接将矿石运往地表。

(3)在设计平硐断面时,应考虑通过坑内设备的大件。如用平硐和辅助盲竖井(或斜井、斜坡道)开拓时,即应考虑运送大件。

(4)主平硐的排水沟通过能力,应保证平硐水平以下矿床开采时,水泵在 20 h 内排出一昼夜的正常涌水量。主平硐水沟坡度一般为 3‰～5‰。

(5)平硐应根据矿床赋存条件及地表条件和所通过的岩层工程地质条件、矿山生产能力、施工方法、通风措施及劳动组织和管理水平等条件进行多方案的技术经济比较,以便确定合理的平硐长度。在设计长平硐时,通常考虑在平硐中间有条件的地段开凿措施井,以便改善通风条件,加快平硐建设。

(6)平硐人行道,有效净高不得小于 1.9 m,有效宽度应符合下列规定:

①人力运输的巷道不小于 0.7 m。

②机车运输的巷道不小于 0.8 m。

③无轨运输的巷道不小于 1.2 m。

④带式输送机运输的巷道不小于 1.0 m。

（三）平巷(硐室)掘进安全要求

平巷(硐室)施工,必须严格按设计和《矿山井巷工程施工及验收规范》(GBJ 213—90)施工,在施工前必须编制施工组织设计方案;在流沙、淤泥、沙砾等不稳固的含水表土层中施工时,必须编制专门的安全技术方案。

1. 顶板管理

(1)平巷(硐室)施工过程中,要设专人管理顶帮岩石,谨防片帮冒顶伤人。

(2)钻眼前要检查并处理顶帮的浮石,在不太稳固岩石中的巷道停工时,临时支护应架至工作面,以确保复工时顶板不致冒落。

(3)在不稳固岩层中施工永久支护前,应根据现场需要及时做好临时支护,确保作业人员人身安全。

(4)爆破后,应对巷道周边岩石进行详细检查,浮石撬净后方可开始作业。

2. 爆破安全管理

有关具体要求将在第九章介绍。

3. 通风防尘管理

掘进爆破后,通风时间不得小于 15 分钟,待工作面炮烟排净后,作业人员方可进入工作面作业,作业前必须洒水降尘。风筒要按设计规定安装到位,对损坏者要及时更换。

4. 供电管理

(1)建立危险源点分级管理制度,危险源点处必须悬挂安全警示牌。

(2)保安电源与供电线路要确保正常。

(3)严禁带照明电进行装药爆破。

5. 施工组织管理

(1)开挖平巷(硐室)时,要编制施工组织方案,并应在施工过程中贯彻执行。

(2)采用钻爆法贯通巷道时,当两个互相贯通的工作面之间的距离只剩下 15 m 时,只许从一个工作面掘进贯通,并在双方通向工作面的安全地点设立爆破区警戒线。

(3)高空作业(大于 2 m)必须系牢安全带。

(4)喷混凝土作业时,严格按照安全操作规程作业,处理喷管堵塞时,应将喷枪指向前下方,并避开行人和其他操作人员。

四、竖井开拓及掘进

当矿体埋藏在地表以下倾角大于 45°或倾角小于 15°,而埋藏较深的矿体,常采用竖井开拓。按竖井与矿体的相对位置可分为下盘竖井、上盘竖井、侧翼竖井和穿过矿体竖井四种布置方案;按提升容器可分罐笼井、箕斗井和混合井三种;按用途可分主井和副井两种。

(一)竖井位置的选择

选择竖井位置时,应综合考虑矿体产状、工程地质条件、地表破碎站、选场位置、工业场地及外部运输等因素。

主、副井尽可能布置在矿体厚度大的部位的中央下盘,且尽量集中布置,不占或少占农田。井口标高高出当地历史最高洪水位 1 m 以上。在中央或主副井之间布置破碎系统时,主副井间距应在 50~100 m 之间。应避免压矿,并布置在开采后地表移动区 20 m 之外。井口应远离可能发生山洪和山坡滚石及泥石流的危险区。井筒要避免穿过流沙层、含水层和断层破碎带,若避不开时,设计施工上应采取有效措施。

(二)提升设备

确定竖井断面及提升能力应根据矿山远景储量及开采年限,考虑采矿工艺和设备的发展,留有一定的富余能力。

当矿石年产量在 30 万 t 以下,井深在 300 m 左右时,金属矿山一般采用罐笼井提升;当矿石年产量在 50 万 t 以上,井深在 300 m 时,采用箕斗提升;当矿石年产量在 30 万～50 万 t 时,应进行技术经济比较,确定采用何种提升方式。

当开拓深度较大,地质条件复杂和施工困难时,为减少工程量,适当减少井筒数量,可采用混合竖井提升。

（三）安全出口

（1）提升竖井作为安全出口时,必须设有提升设备和梯子间,梯子间的设置,必须符合下列规定。

①梯子坡度:倾角不大于 80°。

②上下相邻两个梯子平台的垂直距离不大于 8 m。

③上下相邻平台的梯子孔应错开:平台梯子孔的长和宽,分别不小于 0.7 m 和 0.6 m。

④梯子上端要高出平台 1.0 m,梯子下端距井壁不小于 0.6 m。

⑤梯子宽度不小于 0.4 m,梯蹬间距不大于 0.3 m。

⑥梯子间与提升间应全部隔离。

（2）井筒有淋水时,马头门以上 1～2 m 处应设集水圈。

（3）当开采深度超过 800 m,年产量 80 万 t 以上时,无论矿床倾角如何,应优先考虑竖井开拓。深井地温随深度的增加而增加,必须采取降温措施。

（四）竖井掘进安全要求

竖井掘进因其工艺的复杂性和工作环境的特殊性,为了满足施工安全的需要,必须采取切实可行的安全保证措施和设置必要的安全设施,才能保证安全施工的顺利进行。

1. 安全设施要求

（1）竖井施工,至少需要两套独立的能上下人员、直达地面的提升装置,安全梯电动稳车应具有手摇装置,以备断电时用于提升井下人员。

(2)竖井施工初期,井内应设梯子,深度超过 15 m 时,应采用卷扬机提升人员。

(3)竖井施工时,应采取防止物件下坠的措施。井口应设置临时封口盘,封口盘上设井盖门。井盖门两端应安装栅栏。封口盘和井盖门的结构应坚固严密。卸碴设施应严密,不允许向井下漏碴、漏水。井内作业人员携带的工具、材料,应拴绑牢固或置于工具袋内。不应向(或在)井筒内投掷物料或工具。

(4)竖井施工应采用双层吊盘作业。升降吊盘之前,应严格检查绞车、悬吊钢丝绳及信号装置,同时撤出吊盘下的所有作业人员。移动吊盘,应有专人指挥,移动完毕应加以固定,将吊盘与井壁之间的空隙盖严,并经检查确认可靠,方准作业。

(5)井筒内每个作业地点,均应设有独立的声、光信号系统和通讯装置通达井口。掘进与砌壁平行作业时,从吊盘和掘进工作面发出的信号,应有明显区别,并指定专人负责。应设井口信号工,整个信号系统,应由井口信号工与卷扬机房和井筒工作面联系。

(6)井筒延深时,应用坚固的保护盘或在井底水窝下留保安岩柱,将井筒的延深部分与上部作业中段隔开。采出岩柱或撤出保护盘,应进行专门的施工设计,并经主管矿长批准方可施工。

2. 安全措施

(1)加强职工安全知识教育和培训。特殊工种作业人员必须持证上岗。

(2)井口应配置醒目的安全标志牌,实行安全警戒制度。

(3)卷扬机安全防护装置,吊桶提升速度、提升物料对信号工的安全要求,都应严格遵守矿山安全规程规定。完善安全回路闭锁,防止吊桶冲撞安全门。

(4)由专人负责定期对运转设备、井内提升、悬吊设施检查,发现问题及时处理,并做好详细记录。

(5)对卷扬机、空压机、爆破器材存放点和井内高空作业等危险源点实行监控管理。

(6)加强爆破器材的管理,禁止使用失效或不合格爆破器材,爆破器材的运输、储存、发放、使用,严格按有关法规和规章制度进行。

(7)井内高空作业(大于 2 m),工作人员必须系牢安全带,谨防发生坠落事件,并采取其他可靠的防坠措施。

(8)经常监测井筒内的杂散电流,当超过 30 mA 时,必须采取可靠的防杂散电流措施。

(9)在含水层的上下接触带及地质条件变化地带、可疑地带掘进,要加强探水。探水作业严格遵守技术规程和安全规程要求。当掘进面发现有异状水流和气体或发生水叫、淋水异常、底板涌水增大等情况,应立即停止作业,进行分析处理,确认安全后方可恢复施工。

(10)拆除延深井筒预留的岩柱保护盖,应以不大于 4 m² 的小断面,从下向上先与大井贯通;全面拆除岩柱,宜自上而下进行。

(11)建立严格的安全生产责任制,实行奖惩制度。

(12)加强安全自检和安全大检查,发现事故隐患,确定责任人,及时整改。

五、斜井开拓及掘进

斜井开拓适用于开采倾斜或缓倾斜矿体,特别是埋藏较浅的倾角为 20°～40° 的层状矿体。该法具有施工简便、投产快、工程量少和投资小等优点,在中、小型矿山应用较为广泛。斜井井筒的倾角根据矿体产状、矿山规模和使用的提升设备确定,一般小于 45°。

斜井提升设备可分以下三种:

①箕斗提升斜井,适用于倾角大于 30° 的斜井。

②串车提升斜井,适用于倾角在 25°～30° 的斜井。

③胶带输送机提升斜井,适用于倾角小于 18° 斜井。

（一）斜井开拓方式的分类

按斜井和矿体的相对位置，通常有下列三种开拓方式：

1. 脉内斜井开拓

斜井布置在矿体内的称为脉内斜井开拓。它适用于厚度不大，沿倾斜方向变化不大，产状比较规整的矿体。其优点是投资少，投产快，在基建期即可回收部分副产矿石；缺点是斜井需留保安矿柱，矿石损失大，井筒维护量大，斜井倾角需随矿体产状变化而改变，提升条件较差。

2. 下盘脉外斜井开拓

斜井布置在下盘围岩中的称为下盘脉外斜井开拓，它具有不需要留保安矿柱、斜井角度不需改变、井筒维护条件和提升条件较好等优点。

3. 侧翼斜井开拓

在矿体的一侧布置斜井的称为侧翼斜井开拓。因地表地形条件所限，在矿体下盘不宜或不可能布置斜井，或因矿石运输方向的要求，在矿体侧翼布置斜井比较方便时，可采用该方式。

按用途亦分为主斜井、副斜井、混合斜井。主斜井用于提升矿石；副斜井用于运送设备、材料、人员，兼作通风、排水用；混合斜井主要用于中小型矿山，兼作主、副井提升。

（二）斜井、平巷掘进安全要求

斜井、平巷地表部分开口的施工，应严格按照设计进行，及时进行支护和砌筑挡墙：必须设置防跑车装置；掘进工作面的上方必须设置坚固的遮挡；由下向上掘进 $30°$ 以上的斜巷时，必须将溜矿（岩）道与人行道隔开；人行道应设扶手、梯子和信号装置；掘进巷道与上部巷道贯通时，应有安全保护措施。

1. 安全设施要求

（1）井口应设与卷扬机联动的阻车器；

（2）井颈及掘进工作面上方应分别设保险杠，并有专人（信号工）看管，工作面上方的保险杠应随工作面的推进而经常移动；

（3）斜井内人行道一侧，每隔 30～50 m 设一躲避硐；

（4）井下设电话和声光兼备的提升信号。

2. 安全保证措施

（1）坚持每周定期对运转设备、巷内运输、安全设施检查的制度，由专人负责并做好记录，发现问题应及时处理。

（2）施工设备要做到勤维护、勤保养，做好设备点检工作，设备的维护、保养要落实到每个操作工人，并按相应的奖惩制度严格考核。

（3）在含水层的上下接触带及地质条件变化地带、可疑地带掘进，应认真落实防突水措施，防范工作面突水。

（4）严格按照安全规程要求使用钢丝绳，经常上油防锈，地滚安设齐全，建立定期检查制度，防止钢丝绳产生断绳而跑车。

（5）使用符合要求的插销，保证铺轨质量，采用绳套连接，防止矿车脱钩跑车。

六、斜坡道开拓

采用无轨设备运输，以斜坡道作为主要开拓巷道来开拓矿床的方法称为斜坡道开拓。采场与地表通过斜坡道直接连通，矿、渣可用无轨运输设备直接由采场运至地面，人员、材料和设备等可通过斜坡道随意上下运输，十分方便，从而简化了采矿工序。

斜坡道开拓一般在矿体埋藏较浅、生产规模不大的条件下使用。目前国内不少小矿山采用拖拉机和农用汽车运输矿石时，一般也采用简易的斜坡道开拓。

斜坡道的高度根据运输设备确定，坡度一般为 10％～15％，其运输路线布置有直线式、折返式和螺旋式三种，一般直线式和折返式斜坡道用得较多。

斜坡道开拓的一般要求如下。

（1）斜坡道的位置应根据工业场地的总体布置和矿体条件,经技术经济比较确定,一般沿走向布置在矿体中部的下盘稳固岩层中。

（2）采用盲斜坡道开拓深部矿体时,其上口位置应靠近坑内破碎站卸矿溜井,以缩短矿石运距。

（3）斜坡道必须设错车道和信号闭锁装置,错车道的长度应视行驶设备尺寸而定。

（4）斜坡道断面应根据无轨设备的尺寸和运行速度、斜坡道用途、支护形式、风水管和电缆等布置方式确定,并符合下列规定:

①人行道宽度不小于 1.2 m。

②无轨设备与支护之间的间隙不小于 0.6 m。

③无轨设备顶部至巷道顶板距离不小于 0.6 m。

（5）斜坡道坡度应根据采用的运输设备类型、运输量、运输距离和服务年限等具体情况确定;用于运输矿石时,其坡度不大于 12%,运输材料、设备时,其坡度不得大于 20%。

（6）斜坡道的弯道半径应根据运输设备的类型和技术规格、道路条件、设备速度及路面结构确定,一般应符合下列规定:

①通行大型无轨设备的斜坡道干线的弯道半径不小于 20 m,中间联络道或盘区斜坡道的弯道半径不小于 15 m。

②行驶中小型无轨设备的斜坡道的弯道半径不小于 10 m。

（7）斜坡道弯道加宽和超高以及竖曲线弧长,应根据无轨设备的行车速度、半径大小和路面状况经设计确定。

（8）斜坡道路面结构应根据其服务年限、运输设备的载重量、行车速度和密度合理确定,一般应采用混凝土路面。

（9）斜坡道应设置排水沟,并定期清理,以利水流畅通。

七、联合开拓

用上述任意两种或两种以上的方法对矿床进行开拓称为联合开拓法。它取决于矿体赋存条件、地形特征、勘探程度、开采深度、机械化程度等因素。常用的联合开拓法有:平硐竖井(明井或暗井)、平硐斜井(明井或暗井)、斜坡道竖井、斜坡道斜井、平硐斜坡道以及平硐、竖井或斜井与斜坡道联合开拓等。

通常在下列情况时采用联合开拓法:

(1)浅部矿体采完需要开采深部矿体时,为减少石门长度或避免直接延深井筒,常采用明井、盲井或竖井、斜井联合开拓方案。

(2)受地形和工业场地条件限制,宜于采用平硐开拓者,为了开采赋存于平硐上部和下部矿体,必须采用联合开拓法,如平硐竖井、平硐溜井、平硐斜井或平硐斜坡道等。

(3)矿体产状发生较大变化或发现新的盲矿体时,为了减少掘进工程量和不影响当前矿山生产,往往采用联合开拓法。

(4)采用无轨采掘设备的矿山,为便于大型无轨运输设备运行、调配,维护,检修,常采用与斜坡道联合的开拓方案。

八、井巷支护方法

为了保持巷道的稳定性,防止围岩发生垮落或过大变形,巷道掘进一般要进行支护。

1. 钢材(木材)支护

水平巷道支护的棚子(木支架)是承受地压的主体,一般棚子与地面成 $80°$ 角。顶梁承受巷道顶板的压力,并把压力传到立柱上。顶板上的背板把压力均匀传给顶梁和立柱,并堵住掉落的碎渣。

2. 混凝土支架

混凝土支架强度大,整体性强,不易透水,并能防水,与木支架相比具有服务年限长、维修量小等特点。混凝土支架最常用的形式为拱形,常见的有半圆拱、三心拱两种。

3. 锚杆支护

锚杆是一种特殊的支护形式,它可以安装在巷道的顶板、两帮及底板的围岩中,包括摩擦锚杆、注浆锚杆、锚索等。

4. 喷射混凝土支护

在混凝土喷射机上,装有搅拌罐,将搅拌好的水泥砂浆,通过高压风动喷嘴以很高的速度喷射到支护的井巷表面,由于混凝土的联结作用使之与围岩结为一个整体,共同防止围岩的松动和变形,从而较大地提高了围岩的稳固程度和承载能力。

5. 喷锚联合支护

锚杆支护可以把 $1\sim3$ m 厚的层状围岩锚固起来,而喷射混凝土能把巷道表面破碎的岩石或风化、变质的岩层联结成 $10\sim50$ mm 的板状整体。采用喷锚联合支护的结构在地下金属矿山应用较为广泛。

第三节 采矿方法及安全技术

一、采矿方法的概念

采矿方法是指从回采单元(矿块或采区)中采出矿石的方法,它包括构成要素、采准切割和回采作业。根据回采作业的需要,设计采准切割巷道的数量、位置与结构,以满足回采以及安全工作的需要。

地下矿山采矿方法的选择是地下矿山开采的关键环节。选择采矿方法时应考虑的因素很多,如矿床的赋存条件,围岩、矿石的物理化学性质,矿床的储量、年产量及服务年限,国民经济或对外贸易对此种矿石的需要程度,国内具有的技术水平,安全上的特殊要求等。因此,在设计和选择地下采矿方法时应慎重,采矿方法一旦确定再改变将影响到整个矿山的建设和生产的正常进行。

二、采矿方法分类

根据回采时地压管理方法,将地下矿山的采矿方法分为三大类,即空场采矿法、充填采矿法和崩落采矿法。

1. 空场采矿法

空场采矿法把矿块划分为矿房和矿柱,分两步回采,即先采矿房后采矿柱,以围岩本身的强度及矿柱来支撑采空区的顶板。

应用这类采矿方法的最基本条件是围岩有很好的稳固性,采空区在一定的时间内允许有一定的暴露面积。

根据开采矿房时采区结构和回采作业的特点,这类采矿方法又可分为下面几种:房柱采矿法、全面采矿法、留矿法、分段采矿法和阶段采矿法。

2. 充填采矿法

矿房用废石、尾沙、河沙、混凝土充填料来充填采矿区的采矿方法称之为充填采矿法。近年来,国内外矿山已试验、创造了各种新的充填工艺,出现了各式新的充填设备,这对复杂矿床的开采意义十分重大。因此,较多矿山采用充填采矿法。

应用该法回采时,随着回采工作面的推进,用充填材料充填采空区防止矿岩冒落。充填采矿法又可细分出充填与支柱采矿法。不论矿岩是否稳固,均可以采用。因为开采成本较高,一般用于开采经济价值较高的矿石。

充填与支柱采矿法是在矿房中随着回采工作面的推进,用充填料或人工支柱或两者相互配合维护采空区稳定的采矿方法。充填与支柱的目的是为了控制矿山压力和形成回采工作场地。充填与支柱采矿法能很好地维护顶板围岩、缓和控制地压活动,能有效地防止地表陷落,它是目前所采用的各种采矿方法中损失和贫化最低的一种采矿方法,但是因效率低,使用较少。

3. 崩落采矿法

这类采矿方法不是以支护采空区作为回采时管理地压的基本手段,而是随着矿石的崩落,同时崩落上下盘围岩或是滞后崩落上盘围岩来充填采空区,以此来达到管理或控制采区地压的目的。

崩落采矿法是在矿块内由上而下,以分层和分段或在整个阶段回采矿石,在回采过程中可能引起地表塌落。

崩落采矿法要求围岩能自行崩落,回采矿石是在崩下的围岩下面进行的。因此,围岩不稳固,易塌落,在其他各种采矿方法中是不利因素,而对崩落采矿法则为有利因素,并且是采用这种采矿方法的必备条件。

在通常情况下,崩落采矿法具有较高的劳动生产率,采区的回采强度也较大,其不足之处是矿石的贫化和损失率也较高。

崩落采矿法根据其回采方式和矿块结构的不同可分为:

(1)壁式崩落采矿法(长壁崩落采矿法、短壁崩落采矿法);

(2)分层崩落采矿法(长壁工作面分层崩落采矿法、进路工作面崩落采矿法);

(3)分段崩落采矿法(有底柱分段崩落采矿法、无底柱分段崩落采矿法、分段自然崩落采矿法);

(4)阶段崩落采矿法(阶段强制崩落采矿法、阶段自然崩落采矿法)。

三、各类采矿方法的安全要求

(一)空场采矿法的安全要求

(1)加强顶板管理。顶板管理主要是对顶板的监测控制,就是应用各种手段和方法,对井下采矿过程中所形成的空间、围岩、顶板的观察和测定,分析掌握其变形、位移等变化情况和规律,保证作业人员和设备的安全。

(2)根据矿山地质条件、岩石力学的参数以及大量监测数据规律和经验,选择修正矿块的结构参数、回采顺序、爆破方式等控制地压活动,减少冒落的危害。

(3)试验、应用、推广新型支护材料和技术。

(4)根据采场结构、面积大小,结合地质构造,破碎带的位置、走向,矿石的品位高低等因素,在矿岩中选留合理形状的矿柱和岩柱,以控制地压活动保护顶板。在矿柱中,必须保证矿柱和岩柱的尺寸、形状和直立度,应有专人检查和管理,以保证其在整个使用期间的稳定性。

(5)及时回采矿柱和处理采空区。

(6)矿山应对矿柱进行应力、变形观测。当应力增加较大时,应编制与采矿计划相应的地压动态图。

(7)在矿房回采过程中,不得破坏顶板;采用中深孔爆破时,应严格控制炮孔的方位和深度,严禁穿透暂不回采的矿柱。

(8)认真编制采掘计划,保证合理的回采顺序,达到控制地压活动的目的。

(二)充填采矿法的安全要求

(1)必须建立完善、可靠的充填系统。

①充填料制备站和管道输送系统的能力不应小于日平均填充量的 2 倍,并能满足一次最大的填充量。

②沙仓总容积不小于一次最大的填充量,并满足供沙和用沙的平衡。

③水泥料仓必须确保 7 天以上的用量,自产水泥也不得少于 3 天。

④制备站与充填作业点之间应有声光信号和直通电话。

⑤充填料输送管道必须有排除堵管的措施。

⑥水沙和胶结填充料的重量浓度不应低于 65%。

(2)充填任务明确,确保采充平衡。

采用充填采矿法的矿山,在年、季、月度的采掘计划中,必须明确充填工作的任务和要求,确保采充平衡;明确矿柱回采安排,确保及时回采矿柱。

(3)采场充填必须及时、保质保量。

①充填前按要求加高采场顺路人行天井、泄水井和隔离墙,并封闭采场联络道,溜井应加格筛。

②采场充填应多点排放,铺设胶结垫层应连续作业。

③禁止人员在充填井下停留通行。

④采场充填通行应满足矿柱回采和空区处理的要求。密闭隔离工程必须在矿岩稳固、承受压力小的位置,应有足够的强度并安设滤水设施;对有泄漏的裂缝,应进行喷浆堵缝;加强对密闭工程的检查。

(4)保证回采时的安全管理。

①顶板管理。作业前必须认真检查顶板,对不安全地段采取措施。

分段或阶段充填法必须对凿岩硐室进行喷锚支护,对不稳固地段采用长锚索、短锚杆联合护顶方式护顶。对其他方法的采场顶板一般采用锚杆护顶,个别区段采用锚杆加金属网护顶。

②防坠。采场溜矿井和通风井必须加格筛,并有良好的照明。人行井、溜矿井、泄水井、充填井应错开布置。

③人行井、溜矿井、泄水井都必须保持畅通,应有可靠的防止充填料泄漏的备垫材料。

④采用干式充填,每个作业点均应有良好的通风除尘措施。

(5)保证技术管理。

①技术部门应经常深入现场,观察收集和了解地质构造、破碎带及矿体产状变化情况,及时指导和调整回采顺序和护顶方式以保证安全生产。

②矿房回采设计必须同时提出回采矿柱和处理空区的方案,中段回采结束,其上部中段的底柱应立即回采,矿柱回采速度与矿房回采速度相适应,并应采取后退式回采;回采顶柱应预先检查运输道的稳定情况;采用胶结充填的采空区,待其充填料达到要求强度后,方可进行矿柱的回采,充填前必须先将边帮残矿清理干净;矿房内充满采下矿石时,必须在溜矿放出以前进行矿柱回采的采准工作;回采未充填的相邻矿房的间柱时,禁止在矿柱内开凿巷道;所有顶柱和间柱的回采准备工作,须在矿房回采结束前做好;除装药和爆破工作人员

外,禁止无关人员进入未充填矿房顶柱内的巷道;大量崩落矿柱时,在冲击波和地震波影响半径范围内的巷道,设备设施都应采取安全措施;未达到预期崩落效果的应进行补充崩落设计。

(6)矿山贯彻落实《金属非金属矿山安全规程》的有关规定,做好安全生产。

（三）崩落采矿法的安全要求

1. 崩落采矿法的特点

崩落采矿法的特点是允许地表崩落,且在覆盖岩下出矿。因此,对于高山陡坡地形,应防止塌方、滚石和泥石流危害;对于雨水充沛地区和地表有厚层覆土,应防止泥、水涌入采区;开采岩溶发育和地下水很大的矿床,必须先进行疏干;当围岩不能自然崩落时,必须强制崩落围岩或采取其他措施形成覆盖层。

2. 放顶的安全规定

放顶是崩落采矿法中必不可少的工序,是促使顶盘围岩及时崩落的重要措施,同时又是比较危险的工作。因此,必须认真组织,采取有效防范措施,确保放顶后形成覆盖岩。采用壁式崩落法回采时,应遵守下列规定:

(1)悬顶、控顶、放顶距离和放顶的安全措施应在设计中规定。

(2)放顶前要进行全面检查,以确保出口畅通,照明良好,设备安全。

(3)禁止人员在放顶区附近巷道中停留。

(4)在密集支柱中,每隔 $3\sim5$ m 应有宽度不小于 0.8 m 的安全出口;密集支柱受压过大时,必须采取加固措施。

(5)放顶若未达到预期效果,必须做到周密设计,方可进行二次放顶。

(6)放顶后必须及时封闭落顶区,禁止人员入内。

(7)多层矿体分层回采时,应待上层顶板岩石崩落并稳定后,才准回采下部矿层。

（8）相邻两个中段同时回采时，上中段回采工作面应比下中段工作面超前一个工作面斜长的距离，且应不小于 20 m。

（9）撤柱后不能自行冒落的顶板，应在密集支柱外 0.5 m 处。向放顶区重新凿岩爆破，强制崩落。

（10）机械撤柱及人工撤柱，应自下而上、由远而近进行；矿体倾角小于 10°的，撤柱顺序不限。

3．必须加强采空区的监测工作

采用各种有效的手段，如声击法、位移下沉法、裂隙调查法观测采空区大小、形状的变化，确定采场上部的岩石垫层或矿石的厚度，及平面分布情况的变化，以便及时补充垫层的厚度，保证其厚度和分布达到要求，确保作业区和采空区完全隔离以保证作业安全。

4．做好塌陷区的安全管理工作

必须做好塌陷区的安全管理工作，设置明显标志，严禁人、牲畜、机械设备等进入。

5．底部结构施工中的注意事项

（1）严禁损坏和削弱桃型矿柱。

（2）必须保证混凝土的灰、沙比例以及接顶的质量和强度。

（3）爆破前要捅孔验收炮孔角度。

（4）出矿时严禁二次破碎时崩落漏斗的眉线。

6．溜矿井的管理

（1）严格施工溜井，井口不能扩大，施工造成大漏斗形的，要进行锁口处理。

（2）溜井口一侧必须有不小于 0.8 m 的人行道，必要时应加设栏杆或扶手。

（3）溜井口上方一般设置格筛，防止大块物体进入溜井，且应有良好照明。

（4）严禁破木头、废钢丝绳等杂物放入溜矿井。

（5）主溜矿口、天井、漏斗口必须设有标志、照明、护栏、格筛、盖板。

7. 出矿管理

(1)要求严格执行放矿图表,进行均匀放矿。

(2)严禁放空溜井。

(3)严禁钻进漏斗处理卡漏和崩大块。

(4)电耙绞车开动时,电耙道内不允许人员行走。

(5)二次破碎爆破时必须做好警戒工作。

四、井下采矿安全要求

(一)冒顶、片帮事故

1. 地压

在地下开采的矿山中,冒顶、片帮事故占矿山事故总数的 50%左右,其发生过程与地压活动密切相连,因此了解地压及其活动规律,对实现矿山安全生产有很重要的意义。

地下岩石在开采以前,处于应力平衡状态,当开采启动后,应力平衡被破坏,引起了岩体内部应力重新分布,达到新的平衡。由于采掘活动而产生的施加在采掘面周围岩体中和支护物体上的这种力,叫矿山压力,简称"地压"。

事实上,原岩与围岩是连为一体的,它们之间的力,是物体内部的力,即应力,而非压力。这里只是把围岩假想为脱离于原岩的一种物体,相当于一种地下结构物。这样,原岩相对于围岩来说则成为外部,于是原岩作用于围岩外部单位面积上的力就可以由"应力"改为"压力"。这种岩体压力就是地压。

影响地压活动的基本因素有岩石的物理机械性质、矿床的赋存条件、地下水的大小、裂隙的发育状况、采空区的形成时间、采矿方法的选择和使用、回采速度等。

2. 矿山地压灾害的主要危害

地压灾害主要表现为采场顶板大范围垮落、陷落和冒落,采空区大范围垮落或陷落,巷道或采掘工作面的片帮、冒顶等。

(1)采场顶板大范围垮落、陷落和冒顶的主要后果

①破坏采场和周围的巷道；

②造成采场内人员的伤亡；

③破坏采场内的设备和设施；

④造成生产秩序的紊乱；

⑤其他危害。如排水管道经过采场,可能破坏排水系统,引起水害,破坏矿井的供电系统等。

(2)采空区大范围垮落、陷落的危害

采空区大范围垮落将会产生强大的冲击波,引起岩体塌陷和将采空区大量的有害气体放送到作业场所。由此产生的危害包括:

①采场工作人员伤亡；

②采空区附近作业场所人员伤亡；

③破坏采场及其设备、设施；

④造成垮落带上部的岩体塌陷,产生进一步的灾害等。

(3)巷道或采掘工作面片帮、冒顶的危害

岩体的矿体活动造成巷道的片帮和冒顶,产生的直接危害是:

①巷道内人员的伤亡；

②破坏巷道内的设备、设施；

③破坏正常的生产系统；

④破坏巷道等。

3. 冒顶片帮事故的原因

在采矿生产活动中,最常发生的事故是冒顶片帮事故。冒顶片帮是由于岩石不够稳定,当强大的地压传递到顶板或边帮时,使岩石遭受破坏而引起的。随着掘进工作面和回采工作面的向前推进,工作面空顶面积逐渐增大,顶板和边帮矿岩会由于应力的重新分布而发生某种变形,以致在某些部位出现裂缝,同时岩层的节理也在压力作用下逐渐扩大。在此情况下,顶板岩石的完整性遭到破坏,顶板下沉弯曲,裂缝逐渐扩大,如果管理不当,就可能形成顶板岩矿冒落。

这种冒落就是常说的冒顶事故,如果冒落的部位处在巷道的两帮就叫作片帮。

冒顶片帮事故,大多数为局部冒落及浮石引起的,而大量冒落及片帮事故相对较少,因此,对局部冒落及浮石的预防,必须引起高度的重视。下面是导致片帮冒顶事故的主要原因。

(1)采矿方法不合理和顶板管理不善

采矿方法不合理,采掘顺序、凿岩爆破、支架放顶等作业不妥当,是导致此类事故的重要原因。例如,某矿矿体顶板岩石松软、节理发育、断层裂隙较多,过去采用水平分层充填采矿法,加上采掘管理不当,结果形成了顶板暴露面积过大,冒顶事故经常发生。后来通过改变采矿方法,加强顶板管理,冒顶事故显著减少。

(2)缺乏有效支护

支护方式不当、不及时支护或缺少支架、支架的支撑力和顶板压力不相适应等是造成此类事故的另一重要原因。一般在井巷掘进中,遇有地质岩石结构变化,有断层破碎带时,如不及时加以支护,或支架数量不足,均易引起冒顶片帮事故。

(3)检查不周和疏忽大意

在冒顶事故中,大部分属于局部冒落及浮石砸死或砸伤人员的事故。这些都是由于事先缺乏全面的检查,疏忽大意等原因造成的。

冒顶事故一般多发生于爆破后 $1\sim2$ h 这段时间里。这是由于顶板受到爆炸波的冲击和震动而产生的新裂缝,或者使原有断层和裂缝增大,破坏了顶板的稳固性。这段时间往往又正好是工人们在顶板下作业的时间。

(4)浮石处理操作不当

浮石处理操作不当引起冒顶事故,大多数是因处理前对顶板缺乏全面、细致的检查,没有掌握浮石情况而造成的。如撬前落后,撬左落右,撬小落大等。此外,还有处理浮石时站立的位置不当,撬毛工的操作技术不熟练等原因。有的矿山曾发生过落下浮石砸死撬毛工的事故,其主要原因就是撬毛工缺乏操作知识,直立站在浮石下面操作。

(5)地质矿床等自然条件不好

如果矿岩为断层、褶曲等地质构造所破坏,形成压碎带,或者由于节理、层理发育,裂隙多,再加上裂隙水的作用,破坏了顶板的稳定性,改变了工作面正常压力状况,容易发生冒顶片帮事故。对于回采工作面的地质构造不清楚,顶板的性质不清楚(有的有伪顶,有的无伪顶,还有的无直接顶只有老顶),容易造成冒顶事故。

(6)工作面生产循环不正规

工作面生产走不上正规循环。如果推进速度慢,顶板暴露面积不大,支架承压小,支撑时间短,一般不易发生冒顶。但由于某些原因,工作面推进速度快顶压大(如软岩工作面,每循环进尺剧增,与支护进度不适应),支柱承压大、时间长,就会发生冒顶。

4. 预防局部冒顶的方法

(1)改进采掘工艺

①改进回采工艺。在矿体赋存条件适合的情况下,尽量采用底盘漏斗放矿,在专门硐室凿岩,或用爆力搬运、震动出矿,使生产人员不在空场中操作,免受冒顶的威胁。

②改进掘进工艺。掘进天井、溜井等垂直井巷,推广吊罐法或中深孔一次成井的先进工艺。水平巷道掘进采用凿岩台车、铲运机装碴和光面爆破锚喷支护等先进技术。

在采掘作业中要坚持敲帮问顶、不单人作业、工作地点要有良好的照明。养成安全生产的习惯,才能防止事故发生。

(2)支架的规格质量和采掘作业要合乎要求

①水平矿层支柱要垂直底板,倾斜或缓倾斜矿层的支柱,要略向上倾斜。水平或倾斜巷道断面形状在硬岩不支护的条件下,大断面应采用三心拱,小断面则采用半圆拱。

在岩层不稳定需要支护的条件下,应根据压力大小及压力方向,决定棚子的规格、结构和插角。支架要加背板或楔子塞紧刹实,与岩壁形成整体。要避免打方形巷道或架设方形支架。

②支护要及时,避免在空顶下作业。用长壁崩落法时,要正确掌握放顶距、控顶距、悬顶距的关系,及时进行支护,切忌图省事、怕麻烦。要及时更换腐朽糜烂的木支架,更换时要先支后撤,以免冒落伤人。

③认真做好回柱放顶工作。回收支柱时,发生冒顶情况较多。要坚持由下而上、由里向外的回柱顺序。压力很大不易回收时,一定要支临时支柱或强行崩落放掉顶板。

④采矿炮孔布置要合理,装药须适量,以不崩倒采场棚子和支柱为原则。

⑤回采工作要斜线掘进或要沿伪倾斜工作面形成 45°角,由里向外、由顶至底、由上而下后退式回采;采区分条交错顺序以减少工作面地压和冒顶事故。如采用连续后退式回采,则工作面前区将形成较大压力。

⑥初次放顶和周期来压期间,采取措施效果好。初次放顶和周期来压期间的采掘工作面,都有较明显的预兆。当摸清了初次放顶步距和时间,掌握好周期来压步距和时间,做到来压前加强支护,就能够防止冒顶事故的发生。

⑦坚持正规循环作业,每天工作面的进度,控顶距、放顶距、支护和回柱等都应有序地进行。这样,顶板暴露时间短、压力小,支柱能稳定支护顶板不致折断,顶板容易控制。

如果相反,工作面不按正规循环,掘进慢,悬顶时间长,压力大,支柱受力大,当其超过支柱自身承受荷载时,支柱就会变形乃至折断,失去了对顶板的支撑能力,发生冒顶。

必须说明,如果不按正规作业循环掘进工作面,不但采区承受压力增加,回柱时也极端困难。所以,坚持正规循环作业,对均衡生产和安全工作具有同等重要的意义。

（3）抓好易冒顶的薄弱环节

容易冒顶的地点，多发生在采场暴露面积大，只采不支，岩石强度低，上下三岔口，有淋头水，地质构造交错及顶板裂隙多的地方。

容易冒顶的时间，多在上、下交接班时，夜间三四点钟，突击抢循环时，因运输事故生产间断时，班中吃饭、节日停产及检修第一班等，生产被动期间更应提高警惕，做好安全工作。

（4）坚持必要的工作制度

例如敲帮问顶制度，验收支架质量制度，操作规程和岗位责任制，劳动保护和个体防护制，顶板分析和巡回检查制等。

5.冒顶片帮处理方法

冒顶事故发生后，要积极组织抢救，首先应竭尽全力抢救人员防止事态扩大。根据冒顶区域岩性及冒落高度、范围拟定处理方法：

（1）对新开采准工作面，在冒顶区内当地质情况复杂、较难处理时，一般沿走向留 3～5 m 矿柱，迎着断层重新布置采掘巷道。

（2）采掘工作面冒落区较大时，多用套棚子、密集支柱等方法支护，实在不能通过时则打绕道。

（二）采 空 区 的 处 理

采空区的处理是采矿方法中的一项不可缺少的内容，对于空场法来说是更为重要的一个环节，如不进行处理，或处理不好，将直接影响矿山安全生产。

影响采空区处理方法的因素：采空区的大小、形态，矿岩特性，充填物料的来源和质量，矿柱的回收情况，建筑物的拆迁等。

1.采空区处理的常用方法

（1）永久矿柱支撑采空区

回采工作结束后，采空区内不做专门处理，利用已有的矿柱或辅以人工构筑石柱支撑顶板，并封闭采空区。本法具有技术简单，采空区处理费用低。其适用条件是：水平和缓倾斜中厚以下矿体，矿岩稳固且完整性好，矿石的价值和品位均低，采空区规模小，地表无较重要的建(构)筑物。

（2）崩落围岩处理采空区

用崩落围岩充填采空区或形成缓冲岩石垫层,以控制矿山压力,转移或缓和应力集中,防止围岩大面积突然崩落产生气浪对生产区巷道、设备和人身造成危害。本法简单易行,如崩落范围和厚度不大时成本一般较低。其适用条件是:地表允许崩落,崩落范围和厚度不大。

（3）充填处理采空区

实质就是利用充填物料充填采空区,可以减小岩移幅度,减慢岩移的发生和发展过程,防止大面积地压活动,并有助于解决尾矿和采掘废石的堆放问题。根据充填物料和充填工艺的不同,有湿式充填和干式充填。该法充填成本较高,工程量大,工艺流程复杂,效率较低,但处理采空区的效果较好。

（4）隔离和疏通采空区

即矿石采出后,将采空区封闭,任其存在或崩落。适用于围岩稳固的分散孤立的规模较少的采空区。一般采取以下措施:封闭采空区至所有生产区的通道,开"天窗",在适当位置留隔离矿柱,留足够厚度的矿岩垫层,对采空区和垫层严密监控。

2. 采空区处理的安全要求

（1）矿山应根据矿岩稳定程度和所用的采矿方法,确定采空区最大允许保有量及其保留期限。

（2）矿山应根据采空区的分布状况,结合采掘生产计划,制定统一的采空区处理的规划,有计划、有步骤地进行处理。采空区处理,应根据具体情况,可采用崩落围岩、充填和封闭、隔离等方法。

（3）矿山要组织专门人员对采空区进行观测研究,逐步掌握其变化规律,以便采取合理有效的处理方法,保证安全生产。

（4）控制地压活动范围和防止岩层大面积塌落,可采用隔离或支撑矿(岩)柱的采空区处理方法。

（5）封闭采空区的处理方法，主要用于地表允许陷落、孤立的采空区，并须将它与其他采区的通道隔绝。

（6）按照《金属非金属矿山安全规程》规定，采用空场法采矿的矿山，必须采取充填或强制崩落围岩的措施，及时处理采空区。

（三）回采中坠落事故及预防

回采中的坠落事故，往往发生在天井行人和漏斗放矿过程中，有时也发生在溜井和平巷连接处。据矿山采场坠落事故的初步统计，回采中的坠落事故，可占全部坠落事故的 70% 左右。消除回采中的坠落，是解决这一事故类型的关键。

1. 天井中行人的坠落事故

天井是回采过程中行人、通风和运送材料的主要通道。天井布置、结构及装备的合理程度是安全生产的首要条件。

（1）天井的布置要便于行人天井与平巷的连接出入口，要位于平巷隐蔽处，通常设在巷道壁中，留出 2～3 m 宽的联络道，防止行人因特殊情况而误入井内，出口要设明显标志、照明和栅栏。上口要设格筛，溜井矿岩不能放空，要装溜井 2/3 深度。

（2）天井的结构要布局合理，人行井一般不和放矿井设在同一井筒内，因为料石格的矿渣不断储存、溜放，特别是在有水的情况下，对行人威胁很大，有时因隔板不坚固，形成"胀肚"凸向人行格，严重时会鼓破隔板，对行人很不安全；人行间与放矿间暂时不能分开时，中间须加设牢固的隔板，其间横撑须加密；人行间须架设可靠的梯子和平台。

2. 采场中的坠落事故

采场中的坠落事故，通常发生在采场内作业和放矿同时进行当中，根据《金属非金属矿山安全规程》要求，浅孔留矿法采矿时，应遵守下列规定：

（1）在开采第一分层前，应将其下部漏斗扩完，并充满矿石。

（2）放矿必须按顺序从漏斗中均匀放出，发现悬空，上部要停止作业,消除悬空后方准继续作业。

(3)放矿人员和采场内的人员,要密切联系,在放矿影响区域内,不准上下同时作业。

(4)每采一个分层的放矿位置,应控制在采矿石量的 1/3 左右,矿房内留矿面到回采工作面的高度应保持 2 m 以内。

(四)防跑黄泥事故

采用崩落采矿法的矿山,地表随着井下回采作业的进行,会出现开裂、下陷,在雨季顶板围岩中的黄泥可能随雨水一起涌入井下,对井下生产及人员生命安全造成威胁。为了预防跑黄泥事故,应遵守下列规定:

(1)矿山每年雨季必须加强井下黄泥检查工作,在安全检查中,把黄泥和水作为重点检查对象;班组要有专人每班对各自生产场所进行黄泥检查观测,并有专门的记录。

(2)采矿技术人员一旦发现黄泥点要做好记录并反馈给相关单位,同时停止出矿,并设立标志,如悬挂"有黄泥,严禁出矿"警示牌。

(3)出矿工在出矿过程中如发现有可疑的黄泥迹象要立即停止出矿,并上报,直到确认是否有黄泥后,再决定是否继续生产。

(4)井下出矿量严禁弄虚作假,为采矿技术人员控制放炮出矿提供准确的依据。

(5)井下大爆破时间内,在井下作业的各单位人员应按时撤离井下,如果某进路有跑黄泥预兆,须安排提前放炮时,必须等该区域附近的作业人员、设备撤到安全地段后方可进行。

(6)井下生产人员必须了解黄泥的性质、相关知识,在关键时刻清楚进出采场的安全通道和应急撤退路线,各区(工段、班队)要完善溜井的标牌设置工作,在危险地带设置警示牌,在应急撤离线路上设置路标。

(7)在掘进施工中,如发现有溶洞、透水等可疑危险现象,要立即停止作业,并立即上报,经确认后,决定是否继续生产。

(8)在布置生产任务时,必须同时布置采场防跑黄泥方法及措施。

(五)井下防跑矿伤人事故

(1)溜井管理实行"谁使用,谁负责"的原则,各班组对使用的溜井必须在使用前进行检查确认,严禁污泥和水排入使用溜井,对不使用的溜井附近的水流必须予以引流。

(2)放矿前必须对使用放矿溜井进行检查确认,了解矿井上部有无存水及上部水平渗水情况,矿石的含水量、黏度等物理性质,并针对溜井的情况,控制放矿事故发生,确保放矿安全。

(3)对重点矿井的放矿电源开关尽可能远离振闸,同时放矿时,本着尾车先装的原则,逐一装车。

(4)放矿工必须认真遵守安全规程,在岗认真负责,严密注视井筒放矿情况,对当班放矿车数、矿石性质、渗水情况必须做好记录,并面对面对口交接班。

(5)需要处理溜井堵塞时,作业人员在井外选好位置,并做到事前仔细观察,认真分析研究,严防落石伤人,严防跑矿伤人。

(6)如遇跑矿危险,放矿工要立即通知其他相关人员迅速撤离现场,并立即报告上级。

(7)放矿工必须服从统一调度指挥,严禁未经安全确认盲目放矿。

第四节　矿井运输安全

在地下开采矿山中的竖井、巷道是人员、矿石、材料、设备等出入矿井的主要通道。采场及掘进工作面产出的矿石、废石,经过巷道运输、竖井提升运往地面,井下作业所需的各种材料、设备通过竖井、运输巷道运往各井下工作场地。竖井是井下矿山的"咽喉",运输巷道则是井下矿山的"动脉"。我国地下矿山的运输和提升事故近年来时有发生,据不完全统计,运输和提升事故占矿山死亡事故的15%～20%。因此,保证矿山运输的安全,对实现矿山安全生产有重要意义。

一、水平巷道运输安全

目前,我国金属矿地下开采平巷运输的主要形式为轨道运输。少数小型矿山和辅助作业中存在少量人力运输,大多数矿山采用电机车运输。

（一）平巷运输一般安全规定

（1）使用电机车运输的矿井,由井底车场或平硐口到工作地点所经平巷长度超出 1500 m 时,应使用专用人车运送人员。人车应有金属顶棚,从顶棚到车厢和车架应安装可靠的接地装置,确保通过钢轨接地,避免发生触电事故。

（2）专用人车运送人员,应遵守下列规定:

①每班发车前,应有专人检查车辆结构、连接装置、轮轴和车闸,确认合格后方可运送人员。

②人员上下车的地点,应有良好的照明和发车电铃;如有两个以上的开往地点,应设列车去向灯光指示牌;架线式电机车的滑触线应设分段开关,人员上下车时,应切断电源。

③调车场应设区间闭锁装置;人员上下车时,其他车辆不应进入乘车线。

④列车行驶速度不准超过 3 m/s。

⑤不应同时运送爆炸性、易燃性和腐蚀性物品或附挂处理事故以外的材料车。

（3）乘车人员必须遵守下列规定:

①服从司机指挥。

②携带的工具和零件,不应露出车外。

③列车行驶时和停稳前,不应上下车或将头部和身体探出车外。

④不应超员乘车,列车行驶时应挂好安全门链。

⑤不应扒车、跳车和坐在车辆连接处或机车头部平台上。

⑥不应搭乘除人车、抢救伤员和处理事故的车辆以外的其他车辆。

(4)在能自滑的坡道上停放车辆时,必须用可靠的制动装置或木楔稳住车辆。

(5)在运输巷道中行人应遵守下列规定:

①行人在巷道中行走时,应注意来往车辆,在有光信号的巷道中行走,必须注意随时观察信号。

②有车辆通过时,应在巷道边缘或专设的避炮硐内待避,车辆通过后方可继续行走。

③在列车即将通过时,禁止横越铁路。

④禁止人员跨越车辆,或手扶矿车行走。

⑤双轨巷道有列车倒车时,禁止人员在此区间停留,在调车场内禁止跨越车辆。

(二)运输安全

(1)人力推车运输,应遵守下列规定:

①推车人员应携带矿灯。

②在照明不良的区段,不应人力推车。

③一人只准推一辆车。

④同方向行驶的车辆,轨道坡度不大于5‰的,车辆间距不小于10 m;坡度大于5‰的,不小于30 m;坡度大于10‰的,不应采用人力推车。

⑤在能够自动滑行的线路上运行,应有可靠的制动装置;行车速度应不超过3 m/s;推车人员不应骑跨车辆滑行或放飞车。

⑥矿车通过道岔、巷道口、风门、弯道和坡度较大的区段,以及出现两车相遇、前面有人或障碍物、脱轨、停车等情况时,推车人应及时发出警号。

（2）地下轨道施工与运行，应遵守下列规定。

①永久性轨道应及时敷设。永久性轨道路基应铺以碎石或砾石道碴，轨枕下面的道碴厚度应不小于 90 mm，轨枕埋入道碴的深度应不小于轨枕厚度的 2/3。

②轨道的曲线半径，应符合下列规定：

a. 行驶速度小于 1.5 m/s 时，不得小于列车最大轴距的 7 倍。

b. 行驶速度大于 1.5 m/s 时，不得小于列车最大轴距的 10 倍。

c. 铁道弯道角大于 90°时，不得小于最大轴距的 10 倍；

d. 对于带转向架的大型车辆（如梭车、底卸式矿车等），不得小于车辆技术文件要求。

③曲线段轨道加宽和外轨超高，应符合运输技术条件的要求。直线段轨道的轨距误差应不超过＋5 mm 和－2 mm，平面误差应不大于 5 mm，钢轨接头间隙宜不大于 5 mm。

④维修线路时，应在工作地点前后不少于 80 m 处设置临时信号，维修结束应予撤除。

（3）使用电机车运输时的安全事项如下：

①有爆炸性气体的回风巷道，不应使用架线式电机车。

②高硫和有自燃发火危险的矿井，应使用防爆型蓄电池电机车。

③每班应检查电机车的闸、灯、警铃、连接器和过电流保护装置，任何一项不正常，均不应使用。

④电机车司机不应擅离工作岗位；司机离开机车时，应切断电动机电源，拉下控制器把手取下车钥匙，扳紧车闸将机车刹住。

（4）电机车运行，应遵守下列规定。

①司机不应将头或身体探出车外。

②列车制动距离：运送人员应不超过 20 m，运送物料应不超过 40 m；14 t 以上的大型机车（或双机）牵引运输，应根据运输条件予以确定，但应不超过 80 m。

③采用电机车运输的主要运输道上，非机动车辆应经调度人员

同意方可行驶。

④单机牵引列车正常行车时,机车应在列车的前端牵引(调车或处理事故时不在此限)。

⑤双机牵引列车允许一台机车在前端牵引,一台机车在后端推动。

⑥列车通过风门、巷道口、弯道、道岔和坡度较大的区段,以及前方有车辆或视线有障碍时,应减速并发出警告信号。

⑦在列车运行前方,任何人发现有碍列车行进的情况时,应以矿灯、声响或其他方式向司机发出紧急停车信号;司机发现运行前方有异常情况或信号时,应立即停车检查,排除故障。

⑧电机车停稳之前,不应摘挂钩。

⑨不应无连接装置顶车和长距离顶车倒退行驶;若需短距离倒行,应减速慢行,且有专人在倒行前方观察监护。

二、溜井运输安全

(1)溜井位置的选择必须根据可靠的地质资料,布置坚硬、稳固、整体性好、地下水不大的地点。如果局部穿过不稳固的地层,应采取加固措施。

(2)放矿系统的操作室附近,必须有安全通道,安全通道高出运输平硐,并避开放矿口。

(3)平硐溜井的通风防尘系统必须完好、有效。

(4)卸矿口一般应设格筛,并设明显标志、良好照明和安全护栏。汽车卸矿时,应装设牢固的车挡,卸矿时应有专人指挥。

(5)严禁将容易堵塞的杂物、超规定的大块、废钢材、木材、钢绳以及含水量较大的黏质料卸入溜井。溜井周围的防水、排水设施应保持完好、有效。

(6)溜井降段宜储满矿石(存矿保井),溜井口周围的爆破应有专门设计,如采用不储满矿石方式降段,应得到主管部门批准。

（7）在溜井上、下口作业时,禁止非工作人员在附近逗留,禁止操作人员在溜井口对面或矿车上撬矿。当溜井发生堵塞、塌落、跑矿事故时,应待稳定后查明堵塞原因和地点,并制定出处理措施和安全措施,报主管负责人批准后进行处理,严禁人员从下部进入溜井。

（8）平硐溜井系统应制定定期维护检修制度,制度中要明确规定:雨季溜井要减少储矿量,溜井储水过多时,暂时不准放矿。

三、带式运输机运输安全

（1）带式输送机运输物料的最大坡度,向上（块矿）应不大于15°,向下应不大于12°;带式输送机最高点与顶板的距离,应不小于0.6 m;物料的最大外形尺寸应不大于350 mm。

（2）人员不得搭乘非载人带式输送机。

（3）不应用带式输送机运送过长的材料和设备。

（4）输送带的最小宽度,应不小于物料最大尺寸的 2 倍加200 mm。

（5）带式输送机胶带的安全系数,按静荷载计算应不小于8,按启动和制动时的动荷载计算应不小于 3;钢绳芯带式输送机的静荷载安全系数应不小于5～8。

（6）钢绳芯带式输送机的滚筒直径,应不小于钢绳芯直径的150倍,不小于钢丝直径的 1000 倍,且最小直径应不小于 400 mm。

（7）装料点和卸料点,应设空仓、满仓等保护装置,并有声光信号及与输送机连锁。

（8）带式输送机应设有防胶带撕裂、断带、跑偏等保护装置,并有可靠的制动、胶带清扫以及防止过速、过载、打滑、大块冲击等保护装置;线路上应有信号、电气连锁和停车装置;上行的带式输送机,应设防逆转装置。

（9）在倾斜巷道中采用带式输送机运输,输送机的一侧应平行敷设一条检修道,需要利用检修道作辅助提升时,带式输送机最突出部

分与提升容器的间距应不小于 300 mm,且辅助提升速度不应超过
1.5 m/s。

四、井下无轨运输设备安全规定

(1)内燃设备,应使用低污染的柴油发动机,每台设备应有废气
净化装置,净化后的废气中有害物质的浓度应符合 GBZ 1、GBZ 2 的
有关规定。

(2)运输设备应定期进行维护保养。

(3)采用汽车运输时,汽车顶部至巷道顶板的距离应不小于
0.6 m。

(4)斜坡道长度每隔 300～400 m,应设坡度不大于 3%、长度不
小于 20 m 并能满足错车要求的缓坡段;主要斜坡道应有良好的混
凝土、沥青或级配均匀的碎石路面。

(5)不应熄火下滑。

(6)在斜坡上停车时,应采取可靠的挡车措施。

(7)每台设备应配备灭火装置。

五、斜井运输安全

供人员上、下的斜井,垂直深度超过 50 m 的,应设专用人车运
送人员。斜井用矿车组提升时,不应人货混合串车提升。专用人车
应有顶棚,并装有可靠的断绳保险器。列车每节车厢的断绳保险器
应相互连接,并能在断绳时起作用。断绳保险器应既能自动,也能
手动。

运送人员的列车,应有随车安全员。随车安全员应坐在装有断
绳保险器操纵杆的第一节车内。

运送人员的专用列车的各节车厢之间,除连接装置外,还应附挂
保险链。连接装置和保险链,应经常检查,定期更换。

(1)采用专用人车运送人员的斜井,应装设符合下列规定的声、

光信号装置:

①每节车厢均能在行车途中向提升司机发出紧急停车信号;

②多水平运送时,各水平发出的信号应有区别,以便提升司机辨认;

③所有收发信号的地点,均应悬挂明显的信号牌。

(2)斜井运输,应有专人负责管理。乘车人员应听从随车安全员指挥,按指定地点上下车,上车后应关好车门,挂好车链。斜井运输时,不应蹬钩;人员不应在运输道上行走。

(3)倾角大于 10°的斜井,应设置轨道防滑装置,轨枕下面的道磋厚度应不小于 50 mm。

(4)提升矿车的斜井,应设常闭式防跑车装置,并经常保持完好。斜井上部和中间车场,应设阻车器或挡车栏。阻车器或挡车栏在车辆通过时打开,车辆通过后关闭。斜井下部车场应设躲避硐室。

(5)斜井运输的最高速度,不应超过下列规定:

①运输人员或用矿车运输物料,斜井长度不大于 300 m 时,3.5 m/s;斜井长度大于 300 m 时,5 m/s。

②用箕斗运输物料,斜井长度不大于 300 m 时,5 m/s;斜井长度大于 300 m 时,7 m/s。

③斜井运输人员的加速度或减速度,应不超过 0.5 m/s²。

六、行人安全规定

1. 安全通道

为保障井下工作人员的人身安全,在发生事故时能迅速地离开危险区域撤退到地表,每个矿井必须有两个以上能使行人通到地表的安全出口,出口的间距不得小于 30 m。大型矿井,矿床地质条件复杂,走向长度一翼超过 1000 m 的,应在矿体端部的下盘增设安全出口。每个中段到上一个中段和各个采区都应有不少于两个便于行人的安全出口,并同通往地面的安全出口连通。井巷的分道中口处,应设路标,写明通往地点,并指明通到地面及出口的方向,同时应教育所有井下职工熟知这些安全出口。安全出口应有良好的照明,并经常维护,使其处于良好、畅通状态。

2. 竖井梯子间

装有两部在动力上互不依赖的罐笼设备且提升机均为双回路供电的竖井,可作为安全出口而不必设梯子间。其他竖井作为安全出口时,应有装备完好的梯子间。人员通过梯子间上下时,每架梯子同时只能一人上下,手中不能携带工具或材料,必须携带的零件、工具应装在工具袋内背在身上,梯子间应经常清理、定期进行检查和防锈处理,以保持梯子间的畅通和防止锈蚀。

竖井梯子间的设置,应符合下列规定:

(1)梯子的倾角,不大于80°;

(2)上下相邻两个梯子平台的垂直距离,不大于8 m;

(3)上下相邻平台的梯子孔错开布置,平台梯子孔的长和宽,分别不小于0.7 m和0.6 m;

(4)梯子上端高出平台1 m,下端距井壁不小于0.6 m;

(5)梯子宽度不小于0.4 m,梯蹬间距不大于0.3 m;

(6)梯子间与提升间应完全隔开。

3. 斜井人行道

行人的运输斜井应设人行道。人行道应符合下列要求:

(1)有效宽度,不小于1.0 m。

(2)有效净高,不小于1.9 m。

(3)斜井坡度为10°～15°时,设人行踏步;15°～35°时,设踏步及扶手;大于35°时,设梯子。

(4)有轨运输的斜井,车道与人行道之间宜设坚固的隔离设施;未设隔离设施的,提升时不应有人员通行。

4. 平巷(硐)人行道

行人的水平运输巷道应设人行道,其有效净高应不小于1.9 m,

有效宽度应符合下列规定:

(1)人力运输的巷道,不小于 0.7 m;

(2)机车运输的巷道,不小于 0.8 m;

(3)调车场及人员乘车场,两侧均不小于 1.0 m;

(4)井底车场矿车摘挂钩处,应设两条人行道,每条净宽不小于 1.0 m;

(5)带式输送机运输的巷道,不小于 1.0 m。

无轨运输的斜坡道,应设人行道或躲避硐室。行人的无轨运输水平巷道,应设人行道。人行道的有效净高应不小于 1.9 m,有效宽度不小于 1.2 m。躲避硐室的间距,在曲线段不超过 15 m,在直线段不超过 30 m。躲避硐室的高度不小于 1.9 m,深度和宽度均不小于 1.0 m。躲避硐室应有明显的标志,并保持干净、无障碍物。

第五节　竖井提升安全

一、事故原因分析

提升运输过程中的主要事故是由于断绳引起的坠罐,其产生的原因有以下几种:

(1)由于操作上的错误,使钢绳产生松绳搭叠情况时下落罐笼,产生剧烈的冲击负荷,使提升钢绳拉断。

(2)罐笼在井筒内被卡住,而卷扬机继续提升,将钢绳拉断。

(3)发生过卷事故,罐笼过卷被挡梁阻住后,将钢绳拉断。

(4)提升钢绳在天轮上因绳槽结冰等原因,发生脱松事故,或因天轮损坏等产生的冲击负荷,使钢绳拉断。

(5)违反安全规程,如不按规定检查和更换钢绳、过载运行等,引起钢绳被拉断。

(6)罐笼主吊杆折断。

二、人员提升的一般要求

垂直深度超过 50 m 的竖井用作人员出入口时,应采用罐笼或电梯升降人员。建井期间临时升降人员的罐笼,若无防坠器,应制定切实可行的安全措施,并报主管矿长批准。同一层罐笼不应同时升降人员和物料。升降爆破器材时,负责运输的爆破作业人员应通知中段(水平)信号工和提升机司机,并跟罐监护。无隔离设施的混合井,在升降人员的时间内,箕斗提升系统应中止运行。

在混合井内,罐笼提升和箕斗提升两个系统之间,应装设隔板。未设隔板的混合井,在升降人员的时间内,提升矿石的箕斗禁止提升,以免因矿石坠落伤人,造成事故。

交接班升降人员高峰时间内,应设专人负责,以保障升降人员的安全。开始升降人员之前,应对提升设备的安全状态进行认真检查,确认无误后,方可升降人员,非连续作业的提升设施,应试放一次空车,防止发生意外。

开始升降人员之前,井口及各升降人员中段的井底车场,必须有专职信号工。下井人员必须佩戴好规定的劳动防护用品,在指定的地点等候乘罐。禁止在井口进出车平台及井底车场内乱串。未经允许,不得在上述地点进行任何作业。

升降人员必须听从信号人员或专职安全人员的指挥,严格遵守乘罐制度,进出罐笼应依次序先后进入,禁止奔跑、拥挤、打闹,严禁抢下。罐笼乘人数量必须按规程规定,禁止超员升降。

信号人员(或安全员)关好罐门和安全门后,方能发出提升(或下降)信号,信号一经发出,禁止一切人员上下罐。罐笼运行时,乘罐人员要扶住把手,不得将身子探出罐外,不准把手放在罐门上,保持罐内安静。罐未停稳,严禁上下,乘罐人员走出罐笼后,不准在井底车场或井上进出车平台逗留。

禁止升降人员时用罐运送爆炸物品或设备材料,乘罐人员携带的尖锐、锋利工具、器具应放在专用的工具袋内,以防碰撞伤人。

罐顶应装有可以打开的顶盖门,以便在发生卡罐时,乘罐人员可以从该门获得救护;罐底要用钢板铺满,不得有孔。如罐底装有阻车器连杆装置时,罐底钢板的检查门应装上盖板。罐笼两侧壁应用钢板挡严,内装扶手。靠近罐道部分不得装带孔钢板。罐笼内每层均应装设阻车器。单绳提升的罐笼必须带防坠器,一旦发生断绳事故时,阻止罐笼下坠,保证乘罐人员的生命安全。

三、钢丝绳安全要求

提升钢丝绳是提升设备的重要组成部分。钢丝绳的抗拉强度作提升用的不得小于 155 kg/mm²,作其他用的不得小于 140 kg/mm²。除用于倾角 30°以下的斜井提升物料的钢丝绳外,其他提升钢丝绳和平衡钢丝绳,使用前均应进行检验。经过检验的钢丝绳,储存期应不超过 6 个月。

1. 提升钢丝绳检验的要求

提升钢丝绳的检验,应使用符合条件的设备和方法进行,检验周期应符合下列要求:

(1)升降人员或升降人员和物料用的钢丝绳,自悬挂时起,每隔6 个月检验一次;有腐蚀气体的矿山,每隔 3 个月检验一次。

(2)升降物料用的钢丝绳,自悬挂时起,第一次检验的间隔时间为一年,以后每隔 6 个月检验一次。

(3)悬挂吊盘用的钢丝绳,自悬挂时起,每隔一年检验一次。

2. 提升钢丝绳悬挂时安全系数的规定

(1)单绳缠绕式提升钢丝绳

①专作升降人员用的,不小于 9;

②升降人员和物料用的,升降人员时不小于 9,升降物料时不小于 7.5;

③专作升降物料用的,不小于 6.5。

（2）多绳摩擦式提升钢丝绳

①升降人员用的，不小于8；

②升降人员和物料用的，升降人员时不小于8，升降物料时不小于7.5；

③升降物料用的，不小于7；

④作罐道或防撞绳用的，不小于6。

3. 钢丝绳的更换

（1）使用中的钢丝绳，定期检验时安全系数为下列数值的，应更换：

①专作升降人员用的，小于7；

②升降人员和物料用的，升降人员时小于7，升降物料时小于6；

③专作升降物料和悬挂吊盘用的，小于5。

对提升钢丝绳，除每日进行检查外，应每周进行一次详细检查，每月进行一次全面检查：人工检查时的速度应不高于0.3 m/s，采用仪器检查时的速度应符合仪器的要求。对平衡绳（尾绳）和罐道绳，每月进行一次详细检查。所有检查结果，均应记录存档。

（2）钢丝绳一个捻距内的断丝断面积与钢丝总断面积之比，达到下列数值时，应更换：

①提升钢丝绳，5％；

②平衡钢丝绳、防坠器的制动钢丝绳（包括缓冲绳），10％；

③罐道钢丝绳，15％；

④倾角30°以下的斜井提升钢丝绳，10％。

（3）以钢丝绳标称直径为准计算的直径减小量达到下列数值时，应更换：

①提升钢丝绳或制动钢丝绳，10％；

②罐道钢丝绳，15％；

③使用密封钢丝绳外层钢丝厚度磨损量达到50％时，应更换。

（4）钢丝绳在运行中遭受到卡罐或突然停车等猛烈拉力时，应立

即停止运转,进行检查,发现下列情况之一者,应将受力段切除或更换全绳:

①钢丝绳产生严重扭曲或变形;

②断丝或直径减小量超过《金属非金属矿山安全规程》的相关规定;

③受到猛烈拉力的一段的长度伸长 0.5% 以上。

在钢丝绳使用期间,断丝数突然增加或伸长突然加快,应立即更换。

四、提升装置安全要求

提升装置的天轮、卷筒、主导轮和导向轮的最小直径与钢丝绳直径之比,应符合下列规定:

(1)摩擦轮式提升装置的主导轮,有导向轮时不小于 100,无导向轮时不小于 80;

(2)落地安装的摩擦轮式提升装置的主导轮和天轮不小于 100;

(3)地表单绳提升装置的卷筒和天轮,不小于 80;

(4)井下单绳提升装置和凿井的单绳提升装置的卷筒和天轮,不小于 60;

(5)排土场的提升或运输装置的卷筒和导向轮,不小于 50;

(6)悬挂吊盘、吊泵、管道用绞车的卷筒和天轮,凿井时运料用绞车的卷筒,不小于 20;

(7)其他移动式辅助性绞车视情况而定。

五、提升检查要点

1. 提升检查

卷筒制动、保险装置等要求经常检查,记录在册,对故障未修好前不能使用。维修和检查井筒人员如果站在提升容器顶盖上工作,应遵守下列规定:

（1）应在保护伞下作业。

（2）应佩戴安全带,安全带应牢固地绑在提升钢丝绳上。

（3）检查井筒时,升降速度应不超过 0.3 m/s。

（4）容器上应设专用信号联系装置。

（5）井口及各中段马头门,应设专人警戒,不应下坠任何物品。

2. 信号系统

罐笼提升系统,应设有能从各中段发给井口总信号工转达提升机司机的信号装置。井口信号与提升机的启动,应有闭锁关系,并应在井口与提升机司机之间设辅助信号装置及电话主话筒。

箕斗提升系统,应设有能从各装矿点发给提升机司机的信号装置及电话或话筒。装矿点信号与提升机的启动,应有闭锁关系。

竖井提升信号系统,应设有下列信号：

（1）工作执行信号；

（2）提升中段（或装矿点）指示信号；

（3）提升种类信号；

（4）检修信号；

（5）事故信号；

（6）无联系电话时,应设联系询问信号。

竖井罐笼提升信号系统,应符合 GB 16541 的规定。

事故紧急停车和用箕斗提升矿石或废石,井下各中段可直接向提升机司机发出信号。

用罐笼提升矿石或废石,应经井口总信号工同意,井下各中段方可直接向提升机司机发出信号。

3. 过卷预防

竖井提升系统应设过卷保护装置,过卷高度应符合下列规定：

（1）提升速度低于 3 m/s 时,不小于 4 m；

（2）提升速度为 3～6 m/s 时,不小于 6 m；

（3）提升速度高于 6 m/s、低于或等于 10 m/s 时,不小于最高提

升速度下运行 1s 的提升高度;

(4)提升速度高于 10 m/s 时,不小于 10 m;

(5)凿井期间用吊桶提升时,不小于 4 m。

第六节 矿井通风安全

矿井通风是矿山企业持续、安全、正常、高效生产的先决条件。矿井通风的基本任务是采用安全、经济、有效的通风方法,供给井下足够的新鲜空气;稀释和排除有毒有害气体和矿尘;调节井下气候条件,营造一个良好的工作环境,以保证井下职工安全和健康,提高劳动生产率。

一、矿井空气条件

1. 地面空气成分

矿井空气来源于地面空气。地面空气主要由氧、氮、二氧化碳等气体组成。其中,氧气(O_2)占 20.94%,氮气(N_2)占 78.08%,二氧化碳(CO_2)占 0.04%。此外,还有微量稀有气体、水蒸气、灰尘和微生物等。

2. 井下空气成分及有害气体

地面空气进入矿井后,成分和性质都会发生下列变化:

(1)氧气含量减少。这是因为氧能与矿岩和其他有机物发生氧化,井下放炮、人员呼吸等都要消耗一部分氧气。

(2)混入各种有害气体和粉尘,使氧气的比例相对减少。

(3)空气的压力、温度和湿度发生变化。

矿井空气与地面空气是不同的。如果井巷中空气的成分与地面空气成分相差不大时(如井底车场、石门及运输平巷中的风流),这种矿井空气称为新鲜空气;否则称为污浊空气。

矿井主要空气成分有氧气(O_2)、氮气(N_2)、二氧化碳(CO_2)、一氧化碳(CO)、沼气(CH_4)、硫化氢(H_2S)、二氧化氮(NO_2)、二氧化硫(SO_2)、氨气(NH_3)等,使用柴油机的金属矿井还有甲醛、丙烯醛等,铀、钍矿井中还有氡及氡子气。

矿井空气中的有害气体主要有一氧化碳、二氧化氮、二氧化硫、硫化氢等,其对人体的危害如下:

(1)一氧化碳。一氧化碳主要在爆破过程、矿井火灾及在矿尘爆炸时产生。它无色、无味、无臭,是一种毒性很大的气体。当它在空气中的浓度达到 0.4% 时,短时间内会使人丧失知觉,以致死亡。

(2)二氧化氮。二氧化氮主要来源于爆破过程,它是一种剧毒气体,对人的眼睛、呼吸道及肺部组织具有强烈的腐蚀作用,能引起肺水肿。当其在空气中的浓度达到 0.025% 时,能使人在短时间内死亡。

(3)二氧化硫。二氧化硫无色,但具有硫黄气味。它主要由含硫矿岩的自燃,以及在含硫矿岩中进行爆破时产生。二氧化硫对人的眼睛和呼吸系统有强烈的刺激作用。当其在空气中的浓度达到 0.05% 时,会引起支气管炎、肺气肿,短时间内能导致人员死亡。

(4)硫化氢。硫化氢气体赋存于矿岩中,在开采过程中自然泄出,有机物腐烂和含硫矿物遇水时也可以分解出硫化氢。这种气体无色、微甜、有臭鸡蛋味。它是一种有强烈毒性的气体,对人的眼、鼻、喉的黏膜有刺激作用。当其在空气中的浓度达到 0.1% 时,短时间内会使人死亡。

《金属非金属矿山安全规程》(GB 16423—2006)规定,井下空气的成分,应符合下列要求:采掘工作面的进风流中,氧气不得低于20%,二氧化碳不得高于 0.5%。有害物质的最高允许浓度见表8-2。

表 8-2 矿井工作场所有害物质的最高允许浓度

有害物质名称	最高允许浓度
1. 有毒物质	
一氧化碳 CO	30 mg/m³
二氧化氮 NO₂	5 mg/m³
二氧化硫 SO₂	15 mg/m³
硫化氢 H₂S	10 mg/m³
2. 放射性物质	
氡 $^{222}_{86}$Rn	3.7 kBq/m³
氡子体 α 潜能	6.4 μJ/m³
3. 生产性粉尘	
含游离二氧化硅 10% 以上的粉尘(石英、石英岩等)	2 mg/m³
石棉粉尘及含石棉 10% 的粉尘	2 mg/m³
含游离二氧化硅 10% 以下的滑石粉尘	4 mg/m³

二、矿井气象条件

矿井气象条件是指作业地点的温度、湿度和风速三者的综合。井下采掘工作面气象条件的好坏,直接影响工人的身体健康和劳动效率。

1. 矿井空气温度

规程对金属矿山井下作业地点空气温度的规定为采掘地点温度≤28℃。人体最舒适的空气温度是 15～20℃。

一般说来,随着矿井深度的增加,矿井温度也不断增加。地表以下的岩温分布为变温带、恒温带和增温带。恒温带距地表一般为 20～30 m,恒温带的温度比当地年平均气温高 1～2℃。恒温带以下,岩层温度将随深度增加而有规律地上升。

2. 矿井空气湿度

湿度分为相对湿度和绝对湿度。绝对湿度是指 1 m³ 或 1 kg 空气中所含水蒸气量。相对湿度是指空气中实际含有的水蒸气量与同温度下的饱和水蒸气量之比的百分数。

矿井空气的湿度一般是指相对湿度。相对湿度的大小,直接影响水分蒸发的快慢,因此,能影响人体的出汗蒸发和对流散热。最适宜的相对湿度为 50%～60%。矿井内进风大巷相对湿度一般为 70%～80%,总回风道一般在 90%以上。

3. 风速

风速是影响矿井气象条件的重要因素。风速除对人体散热有明显影响外,还对矿井有害气体积聚、粉尘飞扬有影响。风速过高或过低,都会引起人的不良生理反应。矿井中各工作地点最高和最低风速的规定,最佳温度与风速的关系,最佳湿度、温度、风速的关系见表 8-3、表 8-4、表 8-5。

表 8-3 金属矿及化学矿对风速的规定

地　点	允许风速(m/s)	
	最低	最高
硐室型采场	0.15	
巷道型采场和掘进巷道	0.25	
电耙道和二次破碎巷道	0.5	
箕斗井		6
皮带井	0.25	4

表 8-4 最佳温度与风速的关系

空气温度(℃)	风速(m/s)
<15	≤0.5
15～20	≤1.0
20～22	>1.0
22～24	>1.5
24～26	>2.0

表 8-5　最佳矿井空气湿度、温度、风速的关系

最低风速 (m/s) \ 温度 (℃) \ 相对湿度（%）	60～70	70～90	>90
0.25	24	23	22
0.5	25	24	23
1.0	26	25	24
2.0	26	26	25

4. 井下气象条件舒适性

人体散热方式分为对流、辐射和蒸发。温度很低时,对流与辐射散热方式太强,人易感冒。温度适宜,人就感到舒适。如超过 27℃时,对流与辐射大大减弱,汗蒸发散热加强;气温达到 37℃时,对流、辐射完全停止,唯一散热方式是汗液的蒸发;温度超过 37℃,人体将从空气中吸收热量,而感到烦闷,有时还会引起中暑。因此井下温度不宜过高或过低。

散热条件的好坏,不仅取决于空气温度,还与相对湿度和风速有关。相对湿度大于 80% 时,人体出汗不易蒸发;相对湿度低于 30% 时,则感到干燥,并引起黏膜干裂;最舒适的相对湿度为 50%～60%。矿井相对湿度多为 80%～90%。故井下气候的调节多从温度和风速来考虑。随着温度的增高,可适当增加风速,以提高散热效果。

综上所述,气象条件是温度、湿度和风速三者的综合作用,单独用某一因素评价气象条件的好坏是不够的。一般评价劳动条件舒适程度的综合指数用卡他度。

卡他度就是温度由 38℃ 降到 35℃ 时的卡他温度表的液球,在单位时间、单位表面上散发的热量。卡他度分湿卡他度和干卡他度两种,湿卡他度包括对流、辐射和蒸发三者综合的散热效果;干卡他度仅包括对流和辐射的散热效果。一般卡他度的值愈大,散热条件愈好。不同强度时的卡他度值见表 8-6。

表 8-6　不同劳动强度时的卡他度值

劳动强度	干卡他度	湿卡他度
轻微劳动	6	18
轻体力劳动	8	25
重体力劳动	10	30
办公室工作	5	14～15

一般矿井湿度难以调节,温度和风速可以调节。调节空气温度的措施主要是增减风量,实行人工制冷等。高温工作面采用增风降温时,风速一般控制在 3～8 m/s 为宜。最佳排尘风速为 1～2 m/s。

三、矿井自然通风

风流流经井巷时,由于进风井与排风井空气的受热条件不同,气温出现差异,排风井里空气重率比进风井里的空气重率小,因而两个井筒底部的空气压力不相等,其压差即为自然风压。在自然风压作用下,风流不断流经矿井,形成自然通风过程。

1. 矿井自然通风特性

(1)自然风压随地表气温变化而有所波动。对于山区平硐开拓的矿井或深部露天矿转地下开采的矿井,自然风压一年四季波动较大,竖井开拓的深矿井,自然风压受地面气温变化的影响较小。

(2)自然风压随矿井深度成正比增加。1000 m 深的矿井自然通风能占总通风能的 30% 左右。

(3)矿井风量变化对自然风压影响不大,可认为自然风压不随风量变化。

(4)有扇风机工作的矿井,当扇风机工作制度改变,进、排风井风流方向变化时,由于井筒中气温发生变化,能够强制地形成与原有自然风压方向和大小不同的新的自然风压。

(5)多水平自然通风的矿井,各水平的自然通风量主要取决于各水平的自然风压和相关的风阻。相当于各个水平安有一台相应的小扇风机联合作业。

2. 自然风流的利用与控制

(1)在拟定通风系统时,从全年着眼,尽量利用低温季节的上向自然风流,对高温季节的下向自然风流采取适当的控制措施。

(2)尽量利用进、排风井口的高差,以井口标高较高的井筒作排风井。

(3)降低矿井风阻,提高自然通风量,采用多路进风和排风,在上向风流的季节可利用采空区排风。

(4)在进风井巷设置水幕或淋水,通过冷却空气增大进、排风井的温差。

(5)在高温季节从上部采空区下行的自然风流,如果风质合乎卫生标准,利用下行自然风流进行采场通风也是可取的,但经过采场后的污浊风流应予以控制,控制的方法是加强密闭或采用小型扇风机控制。如果下行自然风很大,用密闭墙和小型扇风机难以控制时,在上部中段寻找排风道,用风机将下行自然风引导排出。必要时,还可在下部中段设置扇风机往上送风,以控制自然风压。

四、机械通风

利用矿井扇风机旋转产生的压力,促使矿井空气流动的通风称为机械通风。按矿井通风机服务范围不同可分为主要扇风机(服务全矿)、辅助扇风机(服务矿井的一定区域)和局部扇风机(服务于一个工作面)。

按扇风机的结构原理不同,可分为离心式和轴流式扇风机。

根据扇风机安装位置不同,主要扇风机的工作方式可分为以下三种。

(1)抽出式:扇风机安装在出风井井口附近。在扇风机的作用下,整个通风系统的空气压力低于地面大气压力,矿井内空气呈负压状态,称为负压通风。

(2)压入式：扇风机安装在进风井井口附近。在扇风机的作用下，整个通风系统的空气压力大于地面大气压，矿井内空气呈正压状态，属正压通风。

(3)压抽混合式：两台或两台以上的扇风机，一台为压入式，另一台为抽出式。

此外，主要扇风机的安装地点，对非煤矿山，既可安装在地面，也可安装在井下。

五、矿井通风系统

矿井通风系统是指向井下各作业地点供给新鲜空气、排出污浊空气的通风网路、通风动力和通风控制设施的总称。矿井通风系统与井下各作业点相联系，对全矿井的通风安全状况具有全局性影响，是搞好井下通风防尘工作的基础。无论新设计的矿井或生产矿井，都应把建立和完善矿井通风系统，作为搞好安全生产、保护职工身体健康、提高生产率的一项重要措施。

1. 统一通风和分区通风

一个矿井构成一个整体的通风系统称为统一通风。一个矿井划分成若干个独立的通风系统，风流互不干扰，称为分区通风。拟定矿井通风系统时，首先要考虑采用统一通风还是分区通风。

我国矿山过去采用统一通风较多。统一通风，全矿一个系统，进、排风比较集中，使用的通风设备也比较少，便于集中管理，对于开采范围不太大、采掘顺序正规、生产工作集中、控制设施好、管理水平高的矿井，特别是深矿井，采用全矿统一通风比较合理。

近年来，不少矿山，在调整通风系统的过程中，根据各矿的特点，将一个矿井划分成若干个独立的通风区域，实行分区通风，收到了较好的通风效果。分区通风具有风路短、阻力小、漏风少、费用低以及网路简单、风流易于控制、有利于减少风流串联和合理进行风量分配等优点。因此，在一些矿体埋藏较浅且分散的矿山或矿井开采浅部矿体的时期,得到了广泛的应用。但是,由于分区通风需要具备较多的进、排风井,它的推广使用就受到了一定的限制。

2. 进出风井的布置

无论是采用统一通风或分区通风的矿井,每个通风系统至少应有一个进风井和一个出风井。一般,罐笼提升井兼作进风井,箕斗井和箕斗罐笼混合井不能作进风井,排风井则要专用。根据进出风井的相对位置,可分为三种布置方式:

(1)中央式

进风井和出风井大致位于井田走向的中央,而且彼此靠近,一般相距 30~50 m。这种方式由于漏风严重等缺点,现场采用并不多,仅在矿体埋藏较深,或受地形、地质条件限制,在矿田两翼不宜开掘风井时,可考虑采用。

(2)对角式

进风井位于矿体中央,出风井位于矿体走向两翼,即两翼对角线;或者进风井在矿体一翼,出风井在矿体另一翼,即单翼对角式。由于这种布置方式具有风流线路短、风压损失小、漏风少、排出的污风距工业场地较远等优点,我国金属非金属矿山普遍适用。

(3)混合式

进出风井由三个以上的井筒组成,并按中央式与对角式混合布置。它适用于矿体走向长、多井筒的矿山。

3. 多级机站通风系统

20 世纪 80 年代以来,我国金属非金属矿山出现了一种"多级机站压抽式(又称可控式)"通风系统技术。它是用几级扇风机站接力来代替主扇。在进风段、需风段和排风段均有扇风机控制,使风流能控制到需风段。由于全系统风压分布较均匀,有利于在回采工作面附近形成零压区使通过采空区的漏风及其他内部漏风减少。每级机站可由几台风机并联组成,能灵活地开闭部分风机来进行风量调节,而不用人工加阻办法,从而可节约能耗。这种通风方式具有漏风少、有效风量率高,风量调节灵活可靠,能保证各需风巷有足够的新鲜风量以及大幅度节省能耗等优点。它的缺点是所需通风设备多,管理水平要求较高。

4. 风量调节方法

在矿井通风网路中,风流按各风路风阻大小自然流动,即风量是按风流运动的自然规律,分配给各作业地点。而井下各作业地点实际需要的风量,是根据稀释或排除各作业面的炮烟或粉尘确定的。在生产中,由于多种原因,自然分配的风量往往不能满足生产上实际需要的风量,这就需要进行风量调节。

调节风量有以下几种措施:

(1)增阻调节法。在需要减少风量的分支中,增加风阻,以增加另一风路的风量。通常用调节风窗来实现这一目的。

(2)降阻调节法。在需要增加风量的分支中,减少风阻,以增加本风路的风量。

(3)增压调节法。在需要增加风量的风路中,安设辅助扇风机,以增加该风路的风量。

(4)综合调节法。综合使用上述各调节方法,也可用空气幕调节风量。

六、通风构筑物

用于引导风流、遮断风流和控制风量的装置,统称为通风构筑物。通风构筑物可分为两大类:一类是通过风流的构筑物,包括主扇风硐、反风装置、风桥、导风板、风幛和调节风窗;另一类是遮断风流的通风构筑物,包括密闭墙和风门等。

1. 通过风流的构筑物

(1)主扇风硐:是矿井主要扇风机与风井间的一段联络巷道。

(2)反风装置:是用来改变井下风流方向的一种装置,它包括反风道和反风闸门等设施。

（3）风桥：当通风系统中的进风道与排风道交叉时，为使新风与污风互相隔开，需构筑风桥。对风桥的要求是坚固、严密、漏风少，风阻小，通过风桥的风速应小于 10 m/s。在巷道交叉处的上部矿岩中开凿的风桥称绕道式风桥，它的漏风量最少，能通过较大风量，适用于主要风路中。在巷道交叉处挑顶，可砌筑混凝土风桥，它比较坚固，可用于风量不超过 20 m³/s 的巷道，亦可架设简易的铁筒风桥，铁筒可制成圆形或矩形，铁板厚度不小于 5 mm，适用于风量小于 10 m³/s 的次要风路中。

（4）导风板：在矿井通风中采用以下几种导风板。

①引风导风板，压入式通风的矿井，为防止井底车场漏风，在入风石门与中段沿脉巷道交叉处，安设引导风流的导风板，利用风流动压的方向性，改变风流分配情况，提高矿井的有效风量率。

②降阻导风板，主流风量较大的巷道直角转弯处，为降低通风阻力，可用铁板制成机翼形或普通弧形导风板，减少风流冲击的能量损失。

（5）风幛：纵向风幛是沿巷道长度方向砌筑的风墙。

2. 遮断风流的通风构筑物

（1）密闭墙（又称挡风墙）：是遮断风流的通风构筑物的主要组成。

（2）风门：在通风系统中，既需要隔断风流又需要行人或通车的地方，需建风门。

七、掘进通风

（一）掘进通风的概念

在采矿和地质勘探等工程中，必须开掘大量的井巷，而掘进这些井巷的特点是只有一个出口，所以称为独头巷道。独头巷道的通风常称局部通风或掘进通风。其任务是将新鲜风流引至工作面，排出工作面的炮烟、矿尘等污浊空气，以保证工人在良好的条件下工作。井下掘进通风方法有以下几种：

（1）利用矿井主扇风压或自然风压为动力的掘进通风方法，称为总风压通风。

（2）利用扩散作用的掘进通风方法，简称扩散通风。

（3）利用引射器通风的掘进通风方法，简称引射器通风。

（4）利用局部扇风机的掘进通风方法，简称局扇通风。局扇通风是掘进通风常用的方法，主要有压入式通风、抽出式通风、混合式通风三种方式。

（二）掘进通风的安全要求

（1）掘进工作面和通风不良的采场，应安装局部通风设备。局扇应有完善的保护装置。

（2）局部通风的风筒口与工作面的距离：压入式通风应不超过10 m；抽出式通风应不超过5 m；混合式通风，压入风筒的出口应不超过10 m，抽出风筒的入口应滞后压入风筒的出口5 m以上。

（3）人员进入独头工作面之前，应开动局部通风设备通风，确保空气质量满足作业要求。独头工作面有人作业时，局扇应连续运转。

（4）停止作业并已撤除通风设备而又无贯穿风流通风的采场、独头上山或较长的独头巷道，应设栅栏和警示标志，防止人员进入。若需要重新进入，应进行通风和分析空气成分，确认安全方准进入。

（5）风筒应吊挂平直、牢固，接头严密，避免车碰和炮崩，并应经常维护，以减少漏风，降低阻力。

（三）掘进通风

1. 长距离巷道掘进时的通风

当掘进长距离巷道时，为获得良好的通风效果应采取以下措施：尽量采用混合式通风，选用大直径风筒，风筒悬吊力求平直，以降低风筒阻力；尽量增长每节风筒的长度，减少风筒接头数，提高风筒接头质量，加强管理，减少漏风，发挥单台局扇的效能。

2. 天井掘进时的通风

由于天井断面较小,中间又布置放矿格间、梯子、风水管等,梯子上又有安全棚子,给通风带来困难。多年来,我国矿山对天井掘进通风采取了不少措施,取得了一定成效。这些方法包括:

(1)在压入式风扇末端安上防护帽,延伸到安全棚之上使风流能够直接清洗作业面,因而能有效地排出炮烟。

(2)在安全棚之上,辅助以高压水或压气冲刷工作面,从而加速排烟过程。

(3)在掘进天井之前,先钻大直径钻孔,将上下阶段贯通。用吊罐法掘进天井时,通过钻孔进行抽风。当钻孔直径较大时,也可不用局扇,而利用矿井总风压通风。

目前一些矿山已采用天井钻机钻凿天井,这就从根本上改变了天井掘进的工艺,因而也就彻底改变了天井掘进时的通风方法。

3. 大断面巷道机械化掘进时的通风

大断面巷道机械化掘进时,工作面的产尘强度大,需要供给大风量加以稀释和排走,因而最好选用大直径风筒和混合式通风方式。

八、矿井通风的组织管理

由于矿井生产条件经常处于变化之中(如开采深度的增加、作业地点的改变、工作面的推移、巷道的贯通或堵塞等),要使矿井通风不断适应生产的变化,经常保持良好的作业环境,设立专业性的通风管理机构和制定规章制度是必不可少的。

1. 建立通风组织机构

《金属非金属矿山安全规程》规定,矿山企业应建立、健全通风防尘专业机构,配备必要的技术人员和工人,并列入生产人员编制。矿山的通风防尘专职人员,按照矿山接尘人数的 $5\%\sim7\%$ 配备。

我国矿山的通风组织机构虽各矿不尽相同,但大体上按以下模式设置:通风防尘业务由安全防尘(或安全环保)部门负责。各级安全防尘部门都设有通风防尘工程师。矿山安全防尘部门还设有通风防尘化验室,坑口设有通风防尘工区(段)。

2.通风规章制度

所有矿山,除必须执行《矿山安全条例》和《矿山安全规程》外,还应建立以下各项制度:

(1)计划和设计会审制度。无论矿山的长远规划或近期的生产计划,都必须包括改善矿井通风防尘条件的内容。计划和设计的会审都应邀请安全防尘部门参加,在取得他们同意的情况下才能交付实施。

(2)通风防尘检查测定制度。必须经常对通风系统状况、通风防尘设备状况、通风构筑物使用情况、工作面通风防尘条件等进行检查,并定期检查通风防尘措施执行情况,发现问题及时处理。每月或每季应测定矿井风量和风量分配以及风源质量。通风系统改变前后,应进行矿井通风阻力的测量。

(3)通风防尘设备管理制度。通风防尘设备应由通风部门管理,经常维护,保持设备完好。通风设备应按规定时间运转,不得随意停开或拆除。对破坏通风防尘设备者应进行严重处理。通风防尘设备应根据设备折旧年限及生产发展及时补充和更新。

(4)井下作业人员通风防尘守则。凡矿山作业人员都有爱护通风防尘设施,保持良好作业环境的义务,要自觉遵守安全规程和岗位操作规程的有关规定,佩戴好个人劳动防护用品。坚决制止和拒绝违章作业。

(5)通风防尘奖惩制度。对执行通风防尘制度特别好,在改善矿井通风防尘条件上有突出贡献或做出了显著成绩的单位和个人应给予奖励。对那些一贯不认真执行通风防尘制度,或破坏通风防尘设施、设备以及严重违章者应给予严肃惩处。

九、通风检查要点

(1)矿井应建立机械通风系统。对于自然通风风压较大的矿井,当风量、风速和作业场所空气质量能够达到《金属非金属矿山安全规程》中 6.4.1 的规定时,允许暂时用自然通风替代机械通风。

(2)井下各用风地点风速、风量和风质必须满足安全规程要求。

①井下采掘作业面进风的空气成分,$O_2 \geqslant 20\%$,$CO_2 < 0.5\%$(体积);

②井下供风量不得小于 4 $m^3/(min \cdot 人)$;

③硐室风速不小于 0.15 m/s;

④掘进巷道和巷道型采场风速不小于 0.25 m/s;

⑤电耙道和二次破碎巷道风速不小于 0.5 m/s。

(3)井下炸药库,应有独立的回风道,充电硐室空气中氢气的含量,应不超过 0.5%(按体积计算),井下所有机电硐室都应供给新鲜风流。

(4)掘进工作面和通风不良采场,应安装局部通风设备。局扇应有完善的保护装置。

(5)局部通风的风筒口与工作面的距离:压入式通风应不超过 10 m;抽出式通风应不超过 5 m;混合式通风,压入风筒的出口应不超过 10 m;抽出风筒的入口应滞后压入风筒的出口 5 m 以上。

(6)报废的井巷和硐室的入口,应及时封闭。封闭之前,入口处应设有明显标志,禁止人员入内。报废的竖井、斜井和平巷,地面入口周围还应设有高度不低于 1.5 m 的栅栏,并标明原来井巷的名称。

(7)风筒应吊挂平直、牢固,接头严密,避免车碰和炮崩,并应经常维护,以减少漏风,降低阻力。

(8)凿岩必须采取湿式作业。湿式作业有困难的地方应采取干式捕尘或有效防尘措施。

第七节　矿井防火

井下火灾是井下安全事故中影响最大、发生次数最多的事故之一。一旦发生火灾,造成人员的伤亡往往是灾难性的。从实际发生的实例看其教训是非常深刻的。

引起火灾的原因主要有：电气设备着火，燃油设备着火（包括轮胎着火），井下油库或储油设施着火，爆破器材爆炸或着火，电（气）焊着火，烟头及人为点火引起的着火，用电炉烤火引起可燃物的着火，以及矿石自燃着火等。

一、矿井火灾的危害

在矿井、巷道、硐室等狭小空间发生火灾，燃烧产生的烟流在狭小空间内运动，运动过程受通风系统强制通风或自然通风的作用，火区下风侧的人员都处于被烟流污染或可能被烟流污染的危险区，因此烟流、热能和有毒有害气体的危害更大。归纳起来，矿井火灾的危险有烧伤和热病、破坏正常的通风状态、中毒和窒息、阻碍视线、爆燃和爆炸等，破坏正常的生产和生活秩序等，火灾发生及其危害如图8-1所示。

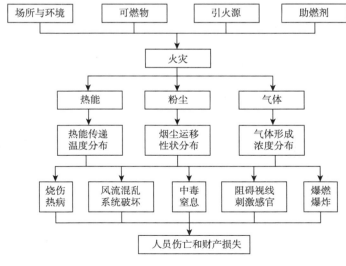

图 8-1　火灾及其危害

二、外因火灾预防

1. 外因火灾的原因

在我国金属非金属矿山中,矿山外因火灾绝大部分是因为木支架与明火接触,电气线路、照明和电气设备的使用和管理不善,在井下违章进行焊接作业、使用火焰灯、吸烟、无意或有意点火等外部原因所引起的。随着矿山机械化、自动化程度的提高,因电气原因所引起的火灾比例不断增加,如因短路、过负荷、接触不良等原因引起火灾。矿山地面火灾则主要是由于违章作业,粗心大意所致。

井下火灾比地面火灾危害更大,井下工人不但在火源附近直接受到火焰的威胁,而且距火源较远的地点,由于火焰随风流扩散带有大量有毒有害和窒息性气体,使工人的生命安全受到严重威胁,往往酿成重大或特大伤亡事故。近年来,由于井下着火引起炸药燃烧、爆炸的事故也时有发生,造成严重的人员伤亡和财产损失。

由外因引起的火灾主要有以下方面。

(1)明火引起的火灾与爆炸

在井下使用电石灯照明,吸烟或无意有意点火所引起的火灾占有相当大的比例。电石灯火焰与蜡纸、碎木材、油棉纱等可燃物接触,很容易将其引燃,如果扑灭不及时,便会酿成火灾。非煤矿山井下,一般不禁止吸烟,未熄灭的烟头随意乱扔,遇到可燃物非常容易引起火灾。据测定:香烟在燃烧时,中心最高温度可达 650～750℃,表面温度达 350～450℃。这个小小的火源,如果被引燃的可燃物是容易着火的,而且外在有风流,就很可能酿成火灾。冬季的北方矿山在井下点燃木材取暖,会使风流污染,有时造成局部火灾。一个木支架燃烧,它所产生的一氧化碳就足够在一段很长的巷道中引起中毒或死亡事故。

(2)爆破作业引起的火灾

爆破作业中发生的炸药燃烧及爆破原因引起的硫化矿尘燃烧、

木材燃烧,爆破后因通风不良造成可燃性气体聚集而发生燃烧、爆炸都属爆破作业引起的火灾。近年来,这类燃烧事故时有发生,造成人员伤亡和财产损失。其直接原因可以归纳为:在常规的炮孔爆破时,引燃硫化矿尘;某些采矿方法(如崩落法)采场爆破产生的高温引燃采空区的木材;大爆破时,高温引燃黄铁矿粉末、黄铁矿矿尘及木材等可燃物;爆破产生的碳、氢化合物等可燃性气体积聚到一定浓度,遇摩擦、冲击或明火,便会发生燃烧甚至爆炸。

(3)焊接作业引起的火灾

在矿山地面、井口或井下进行气焊、切割及电焊作业时,如果没有采取可靠的防火措施,由焊接、切割产生的火花及金属熔融体遇到木材、棉纱或其他可燃物,便可能造成火灾。特别是在比较干燥的木支架进风井筒进行提升设备的检修作业或其他动火作业,因切割、焊接产生火花及金属熔融体未能全部收集而落入井筒,又没有用水将其熄灭,便很容易引燃木支架或其他可燃物,若扑灭不及时,往往酿成重大火灾事故。

据测定,焊接、切割时飞溅的火花及金属熔融体碎粒的温度高达1500~2000℃,其水平飞散距离可达 10 m,在井筒中下落的距离则可大于 10 m。由此可见,这是一种十分危险的引火源。

(4)电气原因引起的火灾

电气线路、照明灯具、电气设备的短路、过负荷,容易引起火灾。电火花、电弧及高温赤热导体引燃电气设备、电缆等的绝缘材料极易着火。有的矿山用电炉、大功率灯泡取暖、防潮,引燃了炸药或木材,往往造成严重的火灾、中毒、爆炸事故。

用电发生过负荷时,导体发热容易使绝缘材料烤干、烧焦,并失去其绝缘性能,使线路发生短路,遇有可燃物时,极易造成火灾。带电设备元件的切断、通电导体的断裂及短路现象发生都会形成电火花及明火电弧,瞬间达到 1500℃ 以上的高温,从而引燃其他物质。井下电气线路特别是临时线路接触不良,接触电阻过高是造成局部过热引起火灾的常见原因。

（5）摩擦、冲击等原因引起的火灾

井下的各种机械，如扇风机、水泵、电耙、绞车等在不正常的运转条件下，摩擦发热，当热量得不到散发时，有可能引燃周围的易燃物造成火灾。顶板冒落，岩石片帮，会引起较强的冲击气浪，将某些采空区已发火的炽热硫化矿尘及二氧化硫等有毒气体冲入邻近巷道或工作面，造成人员伤亡及冲击气浪伤害事故；还可能砸毁电气设备及电气线路，形成短路而引燃木支架或其他可燃物，造成火灾、中毒事故。

2. 外因火灾的预防

矿山地面防火，应遵守《中华人民共和国消防法》和当地消防机关的要求。对于各类建筑、油库、材料场和炸药库、仓库等建立防火制度，完善防火措施，配备足够的消防器材。

各厂房和建筑物之间，要建立消防通道。消防通道上不得堆积各种物料，以利于消防车辆通行。

矿山地面必须结合生活供水管道设计地面消防水管系统，井下则结合作业供水管道设计消防水管系统。水池的容积和管道的规格应考虑两者的用水量。

井下火灾的预防应按照《金属非金属矿山安全规程》有关条款的要求，由安全部门组织实施。

（1）井下火灾预防的一般要求

对于进风井筒、井架和井口建筑物、进风平巷，应采用不燃性材料建筑。对于已有的木支架进风井筒、平巷要求逐步更换。

用木支架支护的竖、斜井井架，井口房、主要运输巷道、井底车场和硐室要设置消防水管。如果用生产供水管兼作消防水管，必须每隔 $50\sim100$ m 安设支管和供水接头。

井口木料厂、有自燃发火的废石堆（或矿石堆）、炉渣场，应布置在距离进风口主要风向的下风侧 80 m 以外的地点并采取必要的防火措施。

主要扇风机房和压入式辅助扇风机房、风硐及空气预热风道、井下电机车库、井下机修及电机硐室、变压所、油库等，都必须用不燃性材料建筑，硐室中有醒目的防火标志和防火注意事项，并配备相应的灭火器材。

井下应配备一定数量的自救器，集中存放在合适的场所，并应定期检查或更换。在危险区附近作业的人员必须随身携带以便应急。

井下各种油类，应分别存放在专用的硐室中。装油的铁桶应有严密的封盖。储存动力用油的硐室应有独立的风流并将污风汇入排风巷道，储油量一般不超过三昼夜的用量。

井下柴油设备或液压设备严禁漏油，出现漏油时要及时修理，每台柴油设备上应配备灭火装置。

设置防火门。为防止地面火灾波及井下，井口和平硐口应设置防火金属井盖或铁门。各水平进风巷道，距井筒 50 m 处应设置不燃性材料筑的双重防火门，两道门间距离 5～10 m。

（2）预防明火引起火灾的措施

为防止在井口发生火灾和产生污风风流，禁止用明火或火炉直接接触的方法加热井内空气，也不准用明火烤热井口冻结的管道。

井下使用过的废油、棉纱、布头、油毡、蜡纸等易燃物应放入盖严的铁桶内，并及时运至地面集中处理。

在大爆破作业过程中，要加强对电石灯、吸烟等明火的管制，防止明火与炸药及其包装材料接触引起燃烧、爆炸。

不得在井下点燃蜡纸作照明，更不准在井下用木材生火取暖，特别对有民工采矿的矿山，更要加强明火的管理。

（3）预防焊接作业引起火灾的措施

在井口建筑物内或井下从事焊接或切割作业时，要严格按照安全规程执行和报总工程师批准，并制定出相应的防火措施。

必须在井筒内进行焊接作业时,必须派专人监护防火工作,焊接完毕后,应严格检查和清理现场。

在木材支护的井筒内进行焊接作业时,必须在作业部位的下面设置接收火星、铁渣的设施,并派专人喷水淋湿,及时扑灭火星。

在井口或井筒内进行焊接作业时,应停止井筒中的其他作业,必要时设置信号与井口联系以确保安全。

(4)预防爆破作业引起的火灾

对于有硫化矿尘燃烧、爆炸危险的矿山,应限制一次装药量,并填塞好炮泥,以防止矿石过分破碎和爆破时喷出明火,在爆破过程中和爆破后应采取喷雾洒水等降尘措施。

对于一般金属矿山,要按《爆破安全规程》要求,严格对炸药库照明和防潮设施的检查,应防止工作面照明线路短路和产生电火花而引燃炸药,造成火灾。

无论在露天台阶爆破或井下爆破作业时,均不得使用在黄铁矿中钻孔时所产生的粉末作为填塞炮孔的材料。

大爆破作业时,应认真检查运药路线,以防止电气短路、顶板冒落、明火等原因引燃炸药,造成火灾、中毒、爆炸事故。

爆破后要进行有效的通风,防止可燃性气体局部积聚,达到燃烧或爆炸极限,引起烧伤或爆炸事故。

(5)预防电气原因引起的火灾

井下禁止使用电热器和灯泡取暖、防潮和烤物,以防止热量积聚而引燃可燃物造成火灾。

正确地选择、装配和使用电气设备及电缆,以防止发生短路和过负荷。注意电路中接触不良,电阻增加发生过热现象,正确进行线路连接、插头连接、电缆连接、灯头连接等。

井下输电线路和直流回馈线路,通过木质井框、井架和易燃材料的场所时,必须采取有效的防止漏电或短路的措施。

变压器、控制器等用油,在倒入前必须很好地干燥,清除杂质,并按有关规程与标准采样,进行理化性质试验,以防引起电气火灾。

严禁将易燃易爆器材存放在电缆接头、铁道接头、临时照明线灯头接头或接地极附近,以免因电火花引起火灾。

矿井每年应编制防火计划。该计划的内容包括防火措施、撤出人员和抢救遇难人员的路线、扑灭火灾的措施、调度风流的措施、各级人员的职责等。防火计划要根据采掘计划通风系统和安全出口的变动及时修改。矿山应规定专门的火灾信号,当井下发生火灾时,能够迅速通知各工作地点的所有人员及时撤离危险区。安装在井口及井下人员集中地点的信号,应声光兼备。当井下发生火灾时风流的调整,主扇继续运转或反风,应根据防火计划和具体情况,作出正确判断,由安全部门和总工程师决定。

离城市 15 km 以上的大、中型矿山,应成立专职消防队。小型矿山应有兼职消防队。自然发火矿山或有沼气的矿山应成立专职矿山救护队。救护队必须配备一定数量的救护设备和器材,并定期进行训练和演习。对工人也应定期进行自救教育和自救互救训练。矿山救护的主要设备有氧气呼吸器、自动苏生器、自救器等。

三、内因火灾预防

（一）预防内因火灾的管理原则

（1）开采有自燃发火危险的矿床,应采取以下防火措施:

①主要运输巷道和总回风道,应布置在自燃发火危险的围岩中,并采取预防性灌浆或者其他有效的防止自燃发火的措施。

②正确选择采矿方法,合理划分矿块,并采用后退式回采顺序。根据采取防火措施后矿床最短的发火期,确定采区开采期限。充填法采矿时,应采用惰性充填材料。采用其他采矿方法时,应确保在矿岩发火之前完成回采与放矿工作,以免矿岩自燃。

③采用黄泥灌浆灭火时,钻孔网度、泥浆浓度和灌浆系数(指浆中固体体积占采空区体积的百分比),应在设计中规定。

④尽可能提高矿石回收率,坑内不留或少留碎块矿石,工作面不应留存坑木等易燃物。

⑤及时充填需要充填的采空区。

⑥严密封闭采空区的所有透气部位。

⑦防止上部中段的水泄漏到采矿场,并防止水管在采场漏水。

(2)贯彻预防为主的精神,在采矿设计中必须采取相应的防火措施。

(3)各矿山在编制采掘计划的同时,必须编制防灭火计划。

(4)自燃发火矿山尽可能掌握各种矿岩的发火期,采取加快回采速度的强化开采措施,每个采场或盘区争取在发火期前采完。但是,由于发火机理复杂影响因素多,实际上很难掌握矿岩的发火期。

(二)开采方法方面的防火措施

对开采方法方面的防火要求是:务使矿岩在空间上和时间上尽可能少受空气氧化作用以及万一出现自热区时易于将其封闭。为此,应该采取以下主要措施。

(1)采用脉外巷道进行开拓和采准,以便易于迅速隔离任何发火采区。

(2)制定合理的回采顺序。

(3)矿石有自燃倾向时,必须考虑下述因素:一是矿体倾向采空区的矿石量及其集中程度,二是遗留在采空区中的木材量及其分布情况,三是对采空区封闭的难易程度,据此确定是否回采及采取相应的防火安全措施。

(4)在经济合理的前提下,尽量采用充填采矿法。

(三)内因火灾的扑灭方法

扑灭矿井内因火灾的方法可分为四大类:直接灭火法、隔绝灭火法、联合灭火法、均压灭火法。

1. 直接灭火法

直接灭火法是指用灭火器材在火源附近直接进行灭火,是一种积极的方法。直接灭火法一般可以采用水或其他化学灭火剂、泡沫剂、惰性气体等,或是挖除火源。

(1)用水或其他化学灭火剂灭火

用水灭火的实质是利用水具有很大的热容量,可以带走大量的热量,可使燃烧物的温度降到着火温度以下,所产生的大量水蒸气又能起到隔氧和降温的作用,因此能达到灭火的目的。由于用水简单、经济,且矿内水源较充足,故被广泛使用。对于范围较小的火灾也可以采用化学灭火剂等其他的灭火方法直接灭火。用水灭火时必须注意以下几点:

①保证供给充足的灭火用水,同时还应使水及时排出,勿让高温水流到邻区而促使邻区的矿岩氧化。

②保证灭火区的正常通风,将火灾气体和蒸气排到回风道去,同时还应随时检测火区附近的空气成分。

③火势较猛时,先将水流射往火源外围,逐渐逼向火源中心。

(2)挖除火源

将燃烧物从火源地取出立即浇水冷却熄灭,这是消灭火灾最彻底的方法。但是这种方法只有在火灾刚刚开始尚未出现明火或出现明火的范围较小、人员可以接近时才能使用。

2. 隔绝灭火法

隔绝灭火法是在通往火区的所有巷道内建筑密闭墙,并用黄土、灰浆等材料堵塞巷道壁上的裂缝,填平地面塌陷区的裂隙以阻止空气进入火源,从而使火因缺氧而熄灭。

绝对不透风的密闭墙是没有的,因此若单独使用隔绝法,则往往会拖延灭火时间,较难达到彻底灭火的目的。只有在不可能用直接灭火法或者没有联合灭火法所需的设备时,才用密闭墙隔绝火区作为独立的灭火方法。

3. 联合灭火法

当井下发生火灾不能用直接灭火法扑灭时,应采用联合灭火法。

此方法就是先用密闭墙将火区密闭后,再向火区注入泥浆或其他灭火材料。注浆方法在我国使用较多,在苏联乌拉尔矿区也普遍应用,灭火效果很好。灌注选厂脱硫尾沙也有很好的灭火效果,铜录山铜矿+5 m 水平的±2 号矿块就是采用此法达到灭火的目的。

4. 均压灭火法

均压灭火法的实质是设置调压装置或调整通风系统,以降低漏风通道两端的风压差,减少漏风量,使火区缺氧而达到熄灭矿岩自燃的目的。用调压装置调节风压的具体做法有风窗调压、局扇调压、风窗—局扇联合调压等。

(1)风窗调压

风窗调压法的使用条件是工作面风量有富裕,能适当降低它们的风量。当低风压工作面允许减少风量时,可在其回风道设风窗,当低风压工作面不允许减少风量,而高风压工作面允许减少风量时,可在高风压工作面的进风巷道设置风窗。

利用风窗调压时,必须严格掌握调压幅度,避免调压过大(即风窗面积过小),造成对角漏风带的漏风方向逆转。

(2)局扇调压

当工作面不允许减少风量,要求调压值又不大时,可采用局扇调压。

①带风门的局扇调压

在风路中安设带风门的局扇后,可使局扇进风侧巷道的风压降低,出风侧巷道的风压升高。因此,在并联风路中需要升高风压的风路前端,或需要降低风压的风路后端安设带风门的局扇都可降低对角漏风风路的风压差,减少漏风。

②无风门局扇调压

当需要升压的数值很小时,可用不带风门的局扇调压,在这里,局扇的作用是利用它出口动能中的一部分,增加风流的能量,使风路中风量增加。出口动能的另一部分用于克服风流进入巷道时因突然扩大而产生的冲击损失。

无风门局扇应安设在断面较小的巷道平直段。当靠巷道一侧安设时,出口应扭向巷道中心线,使出风流轴线与巷道内风流的中心线在较远处(一般取 15 m 左右)相交,以减少风流的冲击损失。

(3)风窗—局扇联合调压

①风窗—局扇增压

在需要增压的工作面回风巷道设调节风窗,进风巷道设带风门的局扇,可以既升高工作面风压,又保证工作面必需的风量。

②风窗—局扇联合增压常用的两种工作方式

这两种工作方式分别是维持原风量或减少风量。超过原风量的工作方式一般不宜采用,因为它将增加采空区并联漏风带的漏风。

采用维持原风量的调压方式时,只要测出风窗两侧的压差,就可知道工作面的升压值。

四、井下灭火安全要求

发现井下起火,应立即采取一切可能的方法直接扑灭,并迅速报告矿调度室;区、队、班、组长,应按照矿井火灾应急预案。首先将人员撤离危险地区,并组织人员,利用现场的一切工具和器材及时灭火。火源无法扑灭时,应封闭火区。

电气设备着火时,应首先切断电源。在电源切断之前,只准用不导电的灭火器材灭火。

需要封闭的发火地点,可先采取临时封闭措施,然后再砌筑永久性防火墙。进行封闭工作之前,应由佩戴隔绝式呼吸器的救护队员检查回风流的成分和温度。在有害气体中封闭火区,应由救护队员佩戴隔绝式呼吸器进行。在新鲜风流中封闭火区,应准备隔绝式呼吸器。如发现有爆炸危险,应暂停工作,撤出人员,并采取措施,加以清除。

防火墙应符合下列规定:

(1)严密坚实;

(2)在墙的上、中、下部各安装一根直径 35～100 mm 的铁管,以

便取样、测温、放水和充填,铁管露头要用带螺纹的塞子封闭;

(3)设人行孔,封闭工作结束,应立即封闭人行孔。

五、案例分析

2002 年 6 月 22 日 14 时 30 分,山西省繁峙县义兴寨金矿区发生特大爆炸事故,造成 38 人死亡,直接经济损失 1000 余万元。发生事故的过程为先着火,后爆炸。爆炸分为一小一大两次,先后发生在井下火药库和盲一竖井井筒内。

事故的直接原因是:井下工人违章将照明用的多个白炽灯泡集中取暖,时间长达 18 个小时,使易燃的编织袋等物品局部升温过热,造成灯泡炸裂引起着火,并引燃井下大量使用的编织袋及聚乙烯风管、水管,火势迅速蔓延,引起其他巷道和井下炸药库的燃烧,导致炸药爆炸。在爆炸冲击波作用下,风流逆转,燃烧、爆炸产生的大量高温有毒、有害气体进入三部平巷等处,造成井下大量人员中毒窒息死亡。

事故的间接原因是:违反规定,违章取暖,应急措施不力。矿主违反规定将大量的雷管、导火索、炸药存放于井下硐室、巷道,致使发生火灾后引起爆炸。在井下着火长达 1 小时的情况下,矿主没有采取快速有效的处理措施,未组织井下业人员撤离,致使井下作业人员因无法躲避、无自救器具,从而大量中毒窒息死亡。事故发生后,矿主没有制止地面矿工在无任何救护设备的条件下入井抢救,致使死亡人数增加。

第八节　矿井防排水

一、概述

几乎所有矿山,特别是岩溶充水矿床地带,不管是地下还是露天

矿,都不同程度地存在防排水问题。大气降水和地下水对矿山的危害主要表现在以下几个方面:

(1)增加排水费用,降低矿山经济效益。为了维护矿山安全和正常生产,必须建造各种地下构筑物(水沟、水泵站、储水仓等),利用各种手段(管道、水泵等)夜以继日地排水,不管矿山是否正常生产、产量高低,计划完成与否,排水工作每时每刻都不能停止,因而费用较大。

(2)引起事故、灾害,甚至淹没矿井。

(3)恶化矿山环境,形成公害。在岩溶充水矿床地区,由于长期排水,大量细颗粒泥沙从溶洞内流失,破坏洞内原有的力学平衡,使第四纪冲积层失去支撑力而塌陷,地表水、雨水又通过塌洞灌入矿井导致矿井淹没。不少矿山地面塌陷,还破坏大量农田、公路、房屋和菜地,使水井、水池和鱼塘枯干,对此不仅要赔偿,而且影响居民生产和工农关系,关系恶化后反过来影响生产建设。

此外,从矿山排出的水中往往溶解出一定数量的矿物质和化学元素,因而具有一定酸碱度的地下水对金属设备有侵蚀作用,并对周围环境、农田、菜地及饮用水有污染作用。

(4)软化围岩,降低矿山巷道、采场顶板及露天矿边坡的稳定性。

岩石,特别是软岩受水浸湿后会改变其物理性态、内部颗粒间的表面能,导致强度降低。例如砂岩的含水量增至 4% 时,强度约降低 50%。泥质板岩水分增到 1.5% 时,强度降低约 7%。在有些岩石结构面内,其岩石亲水性很强,或含有易溶于水的矿物,如黏土质页岩、钙质页岩、泥灰岩等浸水后,其结构受到破坏,发生崩解和泥化,降低结构面的抗剪强度,导致岩体滑动、塌方,增加巷道和边坡的维护难度。研究表明,地下水可使边坡岩体的抗剪力降低 20%～25%。根据法国地质矿山研究所资料,地裂隙发育的石英岩体中,一个深 200 m 的边坡,在干燥状态下,边坡角可达 50°;而在浸水情况下,30° 边坡角才是稳定的。

在矿山生产和建设中,水的危害是很大的。但在长期的科研和生产实践中,人们与水患斗争中也取得了很大成绩。如 1984 年开滦矿务局范各庄矿发生的一场奥灰岩陷落柱特大突水灾害中,其突水高峰期平均涌水量达 2035 m^3/min。这是截至目前国内外所知的最大突水灾害。采取了排、截、堵相结合的治水方法,动用了 20 台大型潜水泵、49 台各类钻机钻孔、总计注入石渣 4.71 万 m^3、沙子 6.31 万 m^3、水泥 79110 t、水玻璃 90.58 m^3,粉煤灰 0.03 万 m^3 及其他堵水物料。在堵水过程中,采用了电子计算机整理水文地质资料,用水平巷道三段注浆法(巷道内分为阻水段、堵水段和加固段)堵水,用无线电透视法探测陷落柱的规模及边界以及用尼龙包注浆堵塞过水巷道等新方法,终于平息了该场大水灾,为国内外采矿界提供了治水的新经验。

二、矿井充水水源

1. 矿井充水水源

(1)雨雪水。降雨和冰雪融化是地表水的主要来源。在开采上部矿体时,地表雨雪水多从井口或采区形成的塌陷区进入矿井内,具有淹井的危险性。有时雨水夹着黄泥涌入采场,严重影响生产并威胁安全。

(2)江湖池沼。矿区地表附近的江河、湖泊、海洋、水库、池沼、水塘等,如与井下巷道有断层、裂隙、溶洞相通,则有可能造成突然的井下透水事故。

(3)含水层。矿体本身一般不含水,但矿体围岩往往具有空隙,其中常有地下水。如石灰岩就是危险的含水层,其中可能含有大量积水,当有裂隙与采掘空间连通时,就会成为井下涌水的来源。根据含水层空隙性质的不同,分为孔隙水、裂隙水和岩溶水。

(4)断层裂缝水。断层带通常是破碎松散的,易于积水,若其与其他水源连通,便构成透水事故的主要危险。如山东淄博某矿,在掘进巷道时接近一裂缝较大并与朱龙河连通的断层,造成河水大量灌入井下,平均涌水量达每分钟 578～643 m^3,78 小时将整个矿井淹没,死亡 536 人,成为历史上最大的矿井水灾事故之一。

(5)废坑旧巷空洞积水。这种水源水压比较大,破坏力比较强,造成的透水事故也不少,而且经常伴有硫化氢、二氧化碳等有毒有害气体涌出。

2. 影响矿井充水的主要因素

(1)自然因素,包括地形、围岩性质、地质构造等。位于侵蚀基准面以下的矿床,以及河谷、凹地、地形低洼的矿床,可能是多水矿床。尤其在暴雨、涨水期间,坑道涌水量将大量增加。松散的沙砾层,裂隙或溶洞发育的砂岩、灰岩,可能赋存大量的水,对矿井充水影响较大。断层破碎带经常含水,并沟通各个含水层和地表水,形成良好的充水通道,往往是导致矿井涌水的重要原因之一。

(2)人为因素。采用崩落法开采的矿山,采空区上部的地表往往产生沉降和裂隙,形成塌陷区,成为大气降水、地表水和地下水进入矿井的通道。采空区和废弃的井巷,常有大量的积水。未封闭或封闭不好的勘探钻孔,也常常成为矿井涌水的通道。

三、矿井防治水技术措施

1. 地表水治理措施

(1)合理确定井口位置。井口标高必须高于当地历史最高洪水位,或修筑坚实的高台,或在井口附近修筑可靠的拦水沟和拦洪坝,防止地表水经井筒灌入井下。

(2)填堵通道。为防雨雪水渗入井下,在矿区内采取填坑、补凹、整平地表或建不透水层等措施。

(3)整治河流。具体又分为:①整铺河床。河流的某一段经过矿区,而河床渗透性强,可导致大量河水渗入井下,在漏失地段用黏土、料石或水泥修筑不透水的人工河床,以制止或减少河水渗入井下。

②河流改道。如河流流入矿区附近,可选择合适地点修筑水坝,将原河道截断,用人工河道将河水引出矿区以外。

(4)修筑排(截)水沟。山区降水后以地表水或潜水的形式流入矿区,地表有塌陷裂缝时,会使矿区涌水量大大增加。在这种情况下,可在井田外缘或漏水区的上方迎水流方向修筑排水沟,将水排至影响范围以外。

2. 地下水的排水疏干

在调查和探测到水源后,最安全的方法是预先将地下水源全部或部分疏放出来。疏干方法有 3 种:地表疏干、井下疏干和井上下结合疏干。

(1)地表疏干。在地表向渗水层内打钻,并用深井泵或潜水泵从相互沟通的孔中把水抽到地表,使开采地段处于疏干降落漏斗水面之上,达到安全生产的目的。

(2)井下疏干。当地下水源较深或水量较大时用井下疏干的方法可取得较好的效果。根据不同类型的地下水,有疏放老孔积水和疏放含水层水等方法。

3. 地下水探放

(1)矿井工程地质和水文地质观测工作。水文地质工作是井下水害防治的基础,应查明地下水源及其水力联系。

(2)超前探放水在矿井生产过程中,必须坚持"有疑必探,先探后掘"的原则,探明水源后制定措施放水。

4. 矿井水的隔离与堵截

在探查到水源后,由于条件所限无法放水,或者能放水但不合理,需采取隔离水源和堵截水流的防水措施。

(1)隔离水源。隔离水源的措施可分为留设隔离矿(岩)柱防水和建立隔水帷幕带防水两类方法。

(2)堵截水流。为预防采掘过程中突然涌水而造成波及全矿的淹井事故,通常在巷道一定的位置设置防水闸门和防水墙。

5. 矿山排水

金属非金属矿山的排水能力要达到以下要求：

(1)井下主要排水设备，至少应由同类型的3台泵组成。工作泵应能在20 h内排出一昼夜的正常涌水量；除检修泵外，其他水泵在20 h内排出一昼夜的最大涌水量。井筒内应装备两条相同的排水管，其中一条工作，一条备用。

(2)水仓应由两个独立的巷道系统组成。涌水量大的矿井，每个水仓的容积，应能容纳2～4 h井下正常涌水量。一般矿井主要水仓总容积，应能容纳6～8 h的正常涌水量。

(3)必须有工作、备用水管。工作水管的能力应能配合工作水泵在20 h内排出矿井24 h的正常涌水量。工作水管和备用水管的总能力，应能配合工作水泵和备用水泵在20 h内排出矿井24 h的最大涌水量。

(4)主要水仓必须有主仓和副仓，当一个水仓清理时，另一个水仓能正常使用。新建、改建、扩建或生产矿井的新水平，正常涌水量在1000 m³/h以下时，主要水仓的有效容量应能容纳8 h的正常涌水量。正常涌水量大于1000 m³/h的矿井，主要水仓有效容量可按下式计算：

$$V = 2 \times (Q + 3000)$$

式中，V——主要水仓的有效容积，m³；

Q——矿井每小时正常涌水量，m³。

但主要水仓的总有效容量不得低于4 h的矿井正常涌水量。

采区水仓的有效容量应能容纳4 h的采区正常涌水量。

6. 矿井突水预兆

矿井突水过程主要决定于矿井水文地质及采掘现场条件。一般突水事故可归纳为两种情况：一种是突水水量小于矿井最大排水能力，地下水形成稳定的降落漏斗，迫使矿井长期大量排水；另一种是突水水量超过矿井的最大排水能力，造成整个矿井或局部采区淹没。

在各类突水事故发生之前,一般均会显示出多种突水预兆。

(1)一般预兆

①矿层变潮湿、松软;矿帮出现滴水、淋水现象,且淋水由小变大;有时矿帮出现铁锈色水迹。

②工作面气温降低,或出现雾气或硫化氢气味。

③有时可闻到水的"嘶嘶"声。

④矿压增大,发生片帮、冒顶及底鼓。

(2)工作面底板灰岩含水层突水预兆

①工作面压力增大,底板鼓起,底鼓量有时可达 500 mm 以上。

②工作面底板产生裂隙,并逐渐增大。

③沿裂隙或煤帮向外渗水,随着裂隙的增大,水量增加。当底板渗水量增大到一定程度时,矿帮渗水可能停止,此时水色时清时浊,底板活动时水变浑浊;底板稳定时水色变清。

④底板破裂,沿裂缝有高压水喷出,并伴有"嘶嘶"声或刺耳水声。

⑤底板发生"底爆",伴有巨响,地下水大量涌出,水色呈乳白或黄色。

(3)松散孔隙含水层水突出预兆

①突出部位发潮、滴水且滴水现象逐渐增大,仔细观察发现水中含有少量细沙。

②发生局部冒顶,水量突增,出现流沙,流沙常呈间歇性,水色时清时浑,总的趋势是水量、沙量增加,直至流沙大量涌出。

③顶板发生溃水、溃沙,这种现象可能影响到地表,致使地表出现塌陷坑。

以上预兆是典型的情况,在具体的突水事故过程中,并不一定全部表现出来,所以应该细心观察,认真分析、判断。

四、矿井防排水措施

（一）矿井排水方法

矿井排水方法有自流式和扬升式两种。在地形条件许可的情况下，利用平硐自流式排水最经济、最可靠，但它受地形限制，而多数矿山需要借助水泵将水扬至地面。

扬升式排水主要有直接排水、接力排水、集中排水三种排水系统。

（1）直接排水

直接排水是在每个中段都设置水泵房，分别用各自的排水设备将水直接排至地面。其优点是各中段有独立的排水系统，排水工作互不影响。缺点是所需设备多，井筒内敷设的管道多，管理和检查复杂，金属矿山很少采用。

（2）接力排水

接力排水是下部中段的积水，由辅助排水设备排至上部中段水仓中，然后由主排水设备排至地表。其优点是管路铺设简单，节省排水电费，只有一个中段设置大型排水设备，而辅助排水设备当开采延深后便于移置。缺点是当主排水设备发生故障时，可能使上、下各中段被淹没。这种排水系统适用于深井或上部涌水量大，而下部涌水量小的矿井。

（3）集中排水

集中排水是把上部中段的水，用疏干水井、钻孔或管道引至下部主排水设备所在中段的水仓中，然后由主排水设备集中排至地面。它具有排水系统简单，基建费和管理费少等优点，缺点是增加了排水电能消耗。在有突然涌水危险的矿井，此方案不适用。而只适用于下部涌水量大，上部涌水量小的矿山。

（二）排水设备数量的确定原则

井下主要排水设备，至少应由同类型的三台泵组成。工作水泵应能在 20 h 内排出一昼夜的正常涌水量;除检修泵外,其他水泵应能在 20 h 内排出一昼夜的最大涌水量。井筒内应装设两条相同的排水管,其中一条工作,一条备用。

井底主要泵房的出口应不少于两个,其中一个通往井底车场,其出口应装设防水门;另一个用斜巷与井筒连通,斜巷上口应高出泵房地面标高 7 m 以上。泵房地面标高,应高出其入口处巷道底板标高 0.5 m(潜没式泵房除外)。

(三)水泵房、水仓及辅助设备

1. 水泵房

水泵房分一般水泵房、潜没式水泵房两种,在大型矿山还须设计密封式水泵房。对水泵房的一般规定和要求有:

(1)位于井筒附近,尽可能建在岩石坚硬致密、无裂隙地段。

(2)如矿井有出现特大涌水的可能性或正常涌水超过 300 m³/h 时,则最低中段的主要泵站应设斜通道与梯子间和管道格相连,用以敷设排水管和电缆,以及发生水灾时转移设备及人员之用。

(3)斜通道的出口一般高出井底车场轨面 12～15 m,斜度为 30°～45°。

(4)设有斜道的水泵房与井底车场联络的出入口处,应设密闭的防水门。

(5)泵房及变电所的位置应高于水仓标高 0.5 m,水仓底标高低于泵房水平 4 m,吸水井通常低于汇水巷 0.5 m。

(6)对于潜没式水泵房:泵房与变电所的标高比井底车场标高低 4 m,泵房变电所至井底车场的通道内应设置密闭门。水仓底标高低于井底车场底板 2.5 m,比泵房标高高出 1.5 m,水由水仓经水闸阀进入汇水巷,再经汇水巷的配水阀门进入吸水井。每两台泵配一个吸水井。

(7)对密封式泵房还要求:运输大巷两翼设水闸门,泵房与大巷用密闭门隔开,水仓与配水井用高压引水闸门控制,设法消除滴漏水点,泵房与排水井(盲副井)、风井及主井沟通处应设密闭门。

2. 水仓

水仓应由两个独立的巷道系统组成。涌水量较大的矿井,每个水仓的容积,应能容纳 2~4 h 的井下正常涌水量。一般矿井主要水仓总容积,应能容纳 6~8 h 的正常涌水量。

水仓进水口应有篦子。采用水沙充填和水力采矿的矿井,水进入水仓之前,应先经过沉淀池。水沟、沉淀池和水仓中的淤泥,应定期清理。

3. 防水门

防水门是大型矿山的防淹设施,可在巷道的适当位置设置,并使之能关闭自如。

五、防排水检查要点

(1)矿井(竖井、斜井、平硐等)井口的标高,应高于当地历史最高洪水位 1 m 以上,工业场地的地面标高,应高于当地历史最高洪水位。特殊情况下达不到要求的,应以历史最高洪水位为防护标准修筑防洪堤,井口应筑人工岛,使井口高于最高洪水位 1 m 以上。

(2)对接近水体而又有断层通过或与水体有联系的可疑地段,必须有探放水措施。

(3)水文地质条件复杂的矿山,应在关键巷道内设置防水门,防止泵房、中央变电所和竖井等井下关键设施被淹。

(4)井下主要排水设备,至少应由同类型的三台泵组成,其中任一台的排水能力,必须能在 20 h 内排出一昼夜的正常涌水量;两台同时工作时,能在 20 h 内排出一昼夜的最大涌水量。井筒内应装设两条相同的排水管,其中一条工作,一条备用。

六、案例分析

2004 年 6 月 16 日凌晨 3 时左右,湖北省黄石市阳新县白沙镇鹏凌矿业有限公司发生特大透水事故,造成 11 人死亡,直接经济损失 400 多万元。

事故的直接原因是,该矿区岩溶特别发育。水文地质环境复杂,废弃老窑大量充水,加之事故发生前当地强降雨,地下承压水动水压力增大,穿透-193 m 水平Ⅳ号矿体采空区,导致事故的发生。

事故的间接原因是:

(1)在-193 m 水平Ⅳ号矿体采空区垮塌后,该公司未针对复杂的水文地质条件采取封闭充填,造成采空区护壁(或顶板)抗压能力减弱,导致透水。

(2)该公司对-193 m 水平Ⅳ号矿体重大水患没有给予足够重视,发现渗水问题,未制定监测监控措施,未能及时发现透水险情。

(3)该公司未按安全规程要求编制-135 m 水平以下采矿工程施工设计和作业规程,未按规定进行设计审查和竣工验收,-135 m 水平以下开拓工程未经验收就开始进行采矿生产,也未形成第二安全通道。

(4)该公司没有制定应急预案,对上级部门下达的有关整改指令未按时整改到位。

(5)阳新县和白沙镇政府对鹏凌矿业公司水患治理没有督促落实到位。

第九章 矿山爆破安全

爆破是矿山生产的主要工序之一。岩石剥离、矿石回采、井巷掘进以及矿山基建土石方工段等，必须要用炸药爆破的方法来完成。由于爆破工作所接触的是炸药、各种起爆器材等易燃易爆物品，所以爆破安全具有特殊的重要性。如违反爆破客观规律，就会导致爆破事故发生，给国家和职工的生命财产造成重大损失。因此，矿山各级领导务必高度重视爆破安全工作，认真贯彻执行《爆破安全规程》。从事爆破作业人员必须认真学习《爆破安全规程》及相关规定，全面掌握爆破安全技术，认真做好爆破安全工作。

第一节 爆破基本知识

一、爆破

爆破是将一定数量的炸药装进炮孔内或药室中，在矿岩内形成具有一定能量的延长或集中，通过起爆器材起爆后，炸药在瞬间形成高温、高压、高速膨胀的气体，这种爆轰产物作用于周围矿岩产生力度，在一定范围内致使矿岩破碎。

二、炸药爆炸特征

炸药是在一定条件下能发生化学爆炸的物质。它在外界作用下能够发生高速的放热反应，同时造成强烈压缩状态的高压气体并迅速膨胀对周围介质做机械功。在工程爆破实际中,我们看到炸药爆炸时,瞬间产生火花,出现烟雾,发出巨响,形成"爆风",把各种材料烧坏。当爆破设计不合理或误操作时,就会导致事故发生。

三、起爆与起爆能

炸药是一种相对稳定的物质,是具有稳定性和爆炸性的矛盾统一体。为使炸药爆炸,外界对炸药所施加的必要能量,称为起爆能。

炸药受外界作用发生爆炸的过程,称为起爆。工业炸药常用的起爆能有如下三种:

(1)热能,利用加热作用如火焰、火量、电热等形式使炸药起爆,矿山爆破使用的工业雷管就是这种起爆能。

(2)机械能,是指通过冲击、摩擦或针刺等机械作用,使炸药分子产生强烈的相对运动,并在瞬间将机械能转化为热能,使炸药起爆。这种起爆能既不安全又不方便,因此采用较少。

(3)爆炸能,利用炸药的爆炸来起爆另一些炸药,这种起爆能,在爆破工作中使用最广泛。

了解起爆与起爆能,可以正确选用起爆形式,是防止发生爆破事故的重要因素之一。

四、炸药爆炸性能参数

1. 爆热

炸药爆炸反应生成的热量称为爆热。在工程中爆破是以 1 kg 炸药爆炸所产生的热量为计算单位,一般用 kJ/kg 表示。常用工业炸药的爆热为 600~1000 kJ/kg。

2. 爆温

炸药爆炸瞬间爆炸物被加热达到的最高温度称为爆温。单位用摄氏温度(℃)表示。矿用炸药的爆温一般为 2000~2500℃,单质炸药的爆温可达 3000~5000℃。

3. 爆容

单位质量炸药爆炸所产生的气体产物在标准状态下所占的体积称为爆容,通常以 L/kg 表示。

4. 爆速

爆轰波沿装药稳定传播的速度称为爆速,单位是 m/s。

5. 爆压

爆破产物在爆炸完成瞬间所具有的压强称为爆压,单位为 Pa。

6. 爆炸功

炸药爆炸时,其潜在化学能瞬间转化为热能,靠高温、高压气体产物的膨胀作用对周围介质所做的功,称为爆炸功。

第二节　矿山常用炸药

炸药的质量和性能不仅直接影响爆破效果,更重要的是对安全有极大的影响。

一般炸药应符合下列要求:爆炸性能稳定,有足够的爆炸威力;感度适当;成本低廉、原料丰富;爆炸后有毒气体少;容易储存。

炸药种类很多,按物理状态可分为固体炸药、液体炸药和多相炸药;按组成可分为单质炸药和混合炸药。我国矿山常用的炸药包括以下几种。

一、硝铵炸药

硝铵炸药含梯恩梯量少,威力低,适用于露天矿山,其组成特性参数如表 9-1 所示。

二、铵油炸药

铵油炸药是以硝酸铵和燃料油(轻柴油、重油、机油等)为主要原料混合配制而成的不含敏感剂的炸药。

矿山常用的铵油炸药种类及爆炸性能如表 9-2 所示。铵油炸药的爆炸性能与柴油含量关系如图 9-1 所示。

表 9-1　硝铵炸药组成、性能与参数

组成	性能与参数	炸药名称				
		1 号露天硝铵炸药	2 号露天硝铵炸药	3 号露天硝铵炸药	1 号抗水露天硝铵炸药	2 号抗水露天硝铵炸药
组成（%）	硝酸铵	82±2.0	86±2.0	88±2.0	84±2.0	85±2.0
	梯恩梯	10±1.0	5±1.0	3±0.5	10±1.0	5±1.0
	木　粉	8±1.0	9±1.0	9±1.0	5±1.0	8.2±2.0
	沥　青				0.5±0.1	0.4±0.1
	石　蜡				0.5±0.1	0.4±0.1
	轻柴油					
性能	水分（%）≤	0.5	0.5	0.5	0.5	0.5
	密度（g/cm³）	0.85~1.10	0.85~1.10	0.85~1.10	0.85~1.10	0.85~1.10
	猛度（mm）≥	11	8	5	11	8
	做功能力（MJ）≥	300	250	230	300	250
	殉爆浸水前（cm）≥	4	3	2	4	3
	浸水后（cm）≥				2	
	爆速（m/s）	3600	3525	2455	3600	3525
爆炸参数	氧平衡（%）	−2.04	1.08	2.96	−0.61	−0.30
	比容（L/kg）	932	935	944	927	936
	爆热（4186.8J/kg）	$3.9×10^6$	$3.7×10^6$	$2.4×10^6$	$3.98×10^6$	$3.85×10^6$
	爆温（℃）	2578	2496	2474	2628	2545
	爆压（Pa）	$3.2×10^9$	$3.1×10^9$	$2.98×10^9$	$3.2×10^9$	$3.1×10^9$

三、浆状炸药

浆状炸药是以氧化剂水溶液、敏感剂和胶凝剂为基本成分的混合炸药。后来，由于使用了交联剂，并且含有水分，原来的黏糊状成为具有黏弹性的凝胶炸药，也称水胶炸药，水胶炸药与浆状炸药的性能没有严格的区别。浆状炸药的成分见表 9-3 所示。

表 9-2 铵油炸药成分和性能

炸药名称 成分和性能	铵油炸药	铵油炸药	抗水铵油 炸药	露天铵油 炸药	4 号露天 铵油炸药
硝酸铵(%)	92±1	94		89±1.5	91±2.0
抗水硝酸铵(%)			92		
柴油(%)	4±$^{3}_{8.5}$	6	3	2±0.2	3±0.3
木粉(%)			5	8.5±1	6±1.0
食盐(%)	4				
密度(g/cm³)	0.9~1.05	0.85~0.9	0.95~1.0	0.8~1.0	0.85~1.1
猛度(mm)	>12		12	>8	>9
做功能力(MJ)	>310	277		>240	>300
殉爆距(cm)	5	>3	5	>3	>3
爆速(m/s)	3300	3050	3200		3443

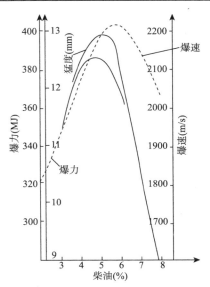

图 9-1 铵油炸药的爆炸性能与柴油含量的关系

表9-3　几种国产浆状炸药的成分

组成(%)	1号	2号	3号	4号	4号浆状炸药	5号浆状炸药	6号浆状炸药	槐1号浆状炸药	槐2号浆状炸药	白云一号抗冻浆状炸药	聚2号浆状炸药	5号(田菁)浆状炸药
硝酸铵	56.2	59.8	45	59.3	60.2	71.2~71.5	73~75	67.9	54	45	64.2	68.2~70.2
硝酸钠	10	10	13	13				10	硝酸钾10	10		10
梯恩梯	11	6	17.3		17.5	5.0				17.3	17.5	
水	15.6	15	16.6	15.6	16	15	15	9	14	15	12.5	14±(2~4)
铝粉	4	4	4	4				4	4			
硫黄粉												
亚硝酸钠	0.2	0.2	0.2	0.2		1.0	1.0	0.5	0.5	0.14	0.02~0.04	0.05~0.2
重铬酸钾	0.1	0.1	0.1	0.1				0.06	0.06	0.1		
硼砂	0.2	0.2	0.1	0.1	1.3	1.4	1.4	0.145	0.145			硼酸14
白芨					2.0	2.4	2.4					
槐豆胶	0.7	0.7	0.7	0.7				0.6				0.14
田菁胶					3							1.4
皂角胶									0.5			
聚丙烯酰胺											0.3~0.8	
明矾											0.03	
$FeCl_3$											0.03	
尿素			3							3	3~5	
乙二醇			乙醇3	乙醇5						3	乙醇2.5	
柴油	2	2			4.0	4.0	4~5.5		2.5			3
烷基磺酸钠	2	2	2	2	1.0	1.0	1.0		2.5	1.0		1~3

四、乳化油炸药

乳化油炸药外观呈乳脂状,其性能优于铵油炸药,成本低、抗水性好,适用于露天有水工作面的爆破。它的主要性能见表 9-4。

表 9-4　几种乳化炸药的主要性能

性能	111 型	112 型	121 型
爆速(m/s)	≥3600	≥3200	≥3200
殉爆距(mm)	≥30	20	≥30
猛度(mm)	≥10	≥10	≥11
做功能力(MJ)	≥300	≥270	≥280
密度(g/cm³)	1.0～1.2	1.00～1.20	1.05～1.25
耐温(℃)	−5	−5	−5
抗水性能	水压 2 kg,浸水 24 h	水压 2 kg,浸水 24 h	

五、铵沥蜡炸药

铵沥蜡炸药是由硝酸铵、沥青、石蜡和木粉等配制成的炸药。它的组成与性能见表 9-5 所示。

表 9-5　铵沥蜡炸药的组成与性能

组成与性能 ＼ 炸药名称	铵沥蜡炸药	1 号铵沥蜡炸药	2 号铵沥蜡炸药	3 号铵沥蜡炸药
硝酸铵(%)	90	81±0.5	76.5	72
木粉(%)	8	7±0.5	6.8	6.4
沥青(%)	1	1.0	0.85	0.8
石蜡(%)	1	1.0	0.85	0.8
食盐(%)		10±1.0	15	20
密度(g/cm³)	0.85～1.0	0.85～1.0	0.85～0.95	0.85～0.95
猛度(mm)	12		10～11	

续表

炸药名称 组成与性能	铵沥蜡炸药	1号铵沥蜡炸药	2号铵沥蜡炸药	3号铵沥蜡炸药
做功能力（MJ）	278		259	
爆速（m/s）	3515		3310	
殉爆（浸水）（cm）	4		2～3	
殉爆（cm）	6		4～5	

六、硝化甘油胶质炸药

硝化甘油胶质炸药是以液体硝酸酯（硝化甘油或硝化乙二醇）与硝化棉溶合成的爆胶为敏感剂，以木粉、硝酸钠、硝酸铵等为吸附材料配制成的炸药。此类炸药含硝酸铵的量不同，威力大小也不同，详见表9-6所示。

表 9-6　硝化甘油胶质炸药配方与性能

	炸药成分与性能	83%难冻	62%难冻	40%难冻
成分	硝化甘油与硝化乙二醇（%）	83	62	40
	胶棉（%）	3.5	3.5	—
	硝酸铵（%）	—	—	55
	硝酸钠（%）	13.5	32	—
	木粉（%）	—	2.5	—
	松脂酸或硬脂酸钙（%）	—	—	3.5
性能	密度（g/cm³）	1.5	1.4～1.5	1.3～1.4
	氧平衡（%）	−0.8	−0.96	
	爆热 4186.8（J/kg）	5.4×10^5	5.3×10^5	
	做功能力（MJ）	450～500	360～400	350～410
	猛度（mm）	16～20	15～18	16～20
	殉爆（mm）	5～10	5～10	5～15
	爆速（m/s）	6500～7500	5500～6500	—

第三节　起爆器材

矿山爆破施工中,常用的起爆器材有雷管、起爆药、导火索、导爆索、继爆管和非电起爆材料等,其中雷管起爆较多。

一、起爆药

常用的起爆药有雷汞、氮化铅、二硝基重氮酚和三硝基间苯二酚铅等,现将它们的主要特性介绍如下。

(一)雷汞

雷汞又名雷酸汞,是由硝酸与乙醇制成的,白色或灰白色菱形结晶,对摩擦和火焰作用特别敏感,和铝、镁等金属起化学反应,特别在有水时反应更剧烈。因此,切不可采用铝、镁或铝镁合金作雷管外壳,可用镀镍的铜壳以保证安全。

雷汞的爆发点为 $160\sim180℃$,爆温为 $4800℃$,密度为 1.0 时的爆压为 8.648×10^7 Pa;密度为 2.0 时爆速为 2478 m/s。

(二)氮化铅

氮化铅由氧化钠和硝酸铅制成,白色或黄白色粉状结晶,对摩擦、火焰特别敏感。在潮湿并有二氧化碳的条件下,氮化铅能与铜或铜合金生成感度更高的迭氮化铜,因此装填氧化铅的雷管壳一般用铝制作,而铝壳雷管不能用于瓦斯矿起爆。

氮化铅的爆发点为 $305\sim312℃$,爆温为 $4333℃$,密度为 1.0 的爆压和爆速分别为 7.96×10^7 Pa 和 1250 m/s。

(三)二硝基重氮酚

二硝基重氮酚是以氨基苦味酸悬浮于稀盐中,保持 $18\sim20℃$ 的温度,注入亚硝酸钠溶液进行重氮化而制成的。这种起爆药起爆能力高于雷汞和氮化铅。

二、起爆材料

在爆破技术飞速发展的今天,矿用起爆材料品种很多,详见图 9-2 所示。

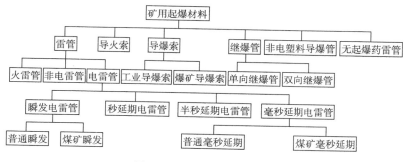

图 9-2 矿用起爆材料类型

(一)火雷管与导火索

火雷管起爆是利用导爆索产生的火焰,引爆雷管,然后再引爆炸药起爆。火雷管的结构如图 9-3 所示。

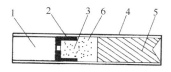

图 9-3 火雷管构造

1—引爆元件;2—加强帽;3—起爆药;4—管壳;

5—猛炸药;6—松装二硝基重氮酚

火雷管的结构简单,使用方便,不受杂散电流和雷电引爆的威胁,可用于直接起爆和间接起爆各种炸药和导火索。

(二)电雷管

国产电雷管有瞬发电雷管、秒延期电雷管和毫秒延期电雷管。

1. **瞬发电雷管**

当通入足够的电流后,瞬间雷管就爆炸,其构造如图 9-4 所示。瞬发电雷管的电发火装置由下列元件组成。

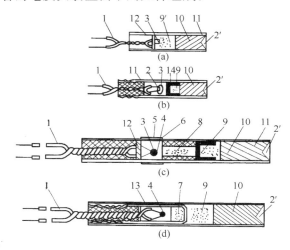

图 9-4   各种电雷管构造

(a)引火头式瞬发电雷管;(b)直插式瞬发电雷管;

(c)秒延期电雷管;(d)毫秒延期电雷管

1—脚线;2—硫黄粉;2′—塑料塞;3—桥丝;4—引火头;5—喷气孔;6—糊孔纸;7—延期药;8—导火索;9—起爆药;9′—松装 DDNP;10—猛炸药;11—管壳;12—纸垫;13—延期内管;14—加强帽

脚线:由两根直径为 0.45~0.5 mm 的塑料绝缘铜线或铁线组成。一般长 1.0~2.0 m。

桥丝:一段直径为 40~50 μm,长 3~3.5 mm 的康铜丝或镍铬合金丝,垂直焊接两根脚线的末端。因为桥丝材料的电阻率很大,起爆电流通过时就产生高热而发火引爆雷管。

引火剂:包围在桥丝周围,呈圆球状,起爆时由桥丝灼热点燃引火头,再引爆火管内的起爆药。

火管:由主体管、起爆药和猛炸药组成。

2. 秒延期电雷管

通过足够的电流,间隔数秒才爆炸的雷管,称为秒延期电雷管。

秒延期电雷管的构造与电发火装置及瞬发电雷管基本相同,不同的是在引火头和起爆药之间增加了一段延期药或缓燃剂。一般通过精制导火索的长度或调整其黑火药成分配比,改变燃烧速度而达到不同的延期秒量。秒延期电雷管的结构分为整体管壳式和两段管壳式,如图 9-4(c)所示。

国产秒延期电雷管的延期时间如表 9-7 所示。秒延期电雷管共7 段,由于它在延期时间内能喷出火焰,所以禁止在有瓦斯及煤尘爆炸危险的地方使用。

表 9-7　国产秒延期电雷管的延期时间

段别	秒延期电雷管		半秒电雷管延期时间(s)
	延期时间(s)	脚线颜色	
1	≥0.1	灰色	≤0.1
2	1.0±0.5	灰白色	0.5±0.15
3	2.0±0.6	灰红色	1.0±0.15
4	3.1±0.7	灰绿色	1.5±0.15
5	4.3±0.8	灰黄色	2.0±0.2
6	5.6±0.9	黑蓝色	2.5±0.2
7	7.0±1.0	黑白色	3.0±0.2

3. 毫秒延期电雷管

当通过足够电流时,间隔若干毫秒后起爆的雷管,称为毫秒延期电雷管。它与秒延期电雷管构造基本相同,只是由于延期药不同而已。图 9-4(d)为毫秒延期电雷管的构造,它的延期时间如表 9-8所示。

表 9-8　国产毫秒电雷管延期时间(ms)

段别	第一系列	第二系列	第三系列	第四系列	第五系列	脚线颜色
1	<5	<13	<13	<13	<14	灰红
2	25±5	25±10	100±10	300±30	10±2	灰黄
3	50±5	504±10	200±20	600±40	20±3	灰蓝
4	75±5	75±25	300±20	900±50	30±4	灰白
5	100±5	100±15	400±30	1200±60	45±6	绿红
6	125±5	150±20	500±30	1500±70	60±7	绿黄
7	150±5	200±20	600±40	1800±80	80±10	绿白
8	175±5	250±25	700±40	2100±90	110±15	黑红
9	200±5	310±30	800±40	2400±100	150±20	黑黄
10	225±5	380±35	900±40	2700±100	200±25	黑白
11		460±40	1000±40	3000±100		挂数字盘
12		550±45	1100±40	3300±100		挂数字盘
13		655±50				挂数字盘
14		760±55				挂数字盘
15		880±60				挂数字盘
16		1020±70				挂数字盘
17		1200±90				挂数字盘
18		1400±100				挂数字盘
19		1700±130				挂数字盘
20		2000±150				挂数字盘

（三）导爆索

导爆索是用单质猛炸药黑索金或太恩为药芯,用麻、棉、纤维及防潮材料包缠成索状的起爆材料。导爆索经过雷管起爆,可以引爆炸药,也可作为独立的爆破能源。

国产的导爆索有普通导爆索和安全导爆索。

1. 普通导爆索

普通导爆索是一种以黑索金为药芯,外面缠有棉、麻、纤维和防潮层的绳状爆破材料。具有一定的抗水性,能直接起爆炸药。

普通导爆索的药芯密度为 1.2 g/cm³,每米药量为 12～14 g,爆速不低于 6500 m/s,外径为 5.7～6.2 mm;具有一定的防水和耐热性;在 0.5 m 深水中浸泡 24 h 后,感度和爆炸性能仍符合要求。

2. 安全导爆索

安全导爆索在结构上和普通导爆索相似,不同之点是在黑索金药柱中添加适量的消焰剂。

安全导爆索的爆速为 6000 m/s,能正常起爆 2 号和 3 号抗水煤矿硝铵炸药。

（四）继爆管

继爆管是一种专门和导爆索配合使用的毫秒起爆材料。利用继爆管的毫秒延期继爆作用可以和导爆索配合进行微差爆破。继爆管的结构如图 9-5 所示。它由一个装有毫秒延期元件的火雷管与一根消爆管组合而成。图 9-5(a)是单向继爆管。图 9-5(b)为双向继爆管,在两个方向均能可靠地传爆。

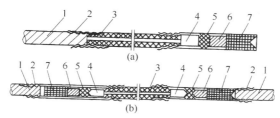

图 9-5　继爆管结构图

(a)单向继爆管;(b)双向继爆管

1—导爆索;2—连接套;3—消爆管;4—减压室;

5—延期药;6—起爆药;7—猛炸药

继爆管的起爆威力不小于 8# 电雷管,在 40±2℃ 高温和 −40± 2℃ 低温条件下,其性能没有明显变化。

继爆管可用于水下爆破。它具有抗杂散电流、静电和雷电危害的能力,装药时不需停电,和导爆索配合常用于矿山爆破中。国产继爆管延期时间如表 9-9 所示。

表 9-9　继爆管的延期时间

段别	延期时间(ms)	
	单向继爆管	双向继爆管
1	15±6	10±3
2	30±10	20±3
3	50±10	30±3
4	75±15	40±4
5	100±10	50±4
6	125±10	60±4
7	155±15	70±4
8		80±4
9		90±4
10		100±4

（五）非电起爆器材

非电起爆器材与电力起爆器材相比,它的优点是能避免因漏电、静电、杂散电流、射频电流所引起的早爆事故,并能克服因连线处的电阻变化而造成的瞎炮和丢炮事故,还可进行孔内、外延期,做到多段毫秒微差爆破以及爆破减震。因此,非电起爆器村在矿山爆破工程被广泛采用。

1. 塑料导爆管

塑料导爆管是一种内壁涂有一层混合炸药粉末的塑料软管。管壁材料是高压聚乙烯,外径为 2.95 ± 0.15 mm,内径为 1.35 ± 0.1 mm;混合炸药成分为:奥克托金 91%,铝粉 9%,外加添加剂 $0.25\% \sim 0.5\%$,装药量为 $14 \sim 16$ mg/m。

国产塑料导爆管的爆速为 2000 m/s。一根数千米长的导爆管中间不需中断雷管接力,或者管内断药长度不超过 15 cm 时,均可正常起爆。

2.导爆连通器

采用塑料导爆管组成非电起爆系统时,要一定数量的导爆连通器具配合使用。这种导爆连通器具就是非电导爆四通。

(1)非电导爆四通,是一种带有起爆药,并能进行毫秒延期的导爆器材,如图 9-6 所示。

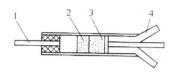

图 9-6　非电导爆四通

1—主导爆管;2—延期药;3—导爆药;4—被爆管

(2)连接块,是一种用于固定击发雷管和被爆导爆管的连通元件,其结构如图 9-7 所示。

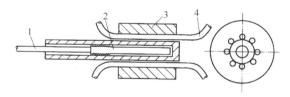

图 9-7　连接块及导爆管连通

1—主导爆管;2—传爆雷管;3—塑料连接块体;4—被爆导爆管

第四节　起爆方法

一、电雷管起爆

(1)电雷管使用前,应在安全地点用专用爆破仪表检测每个电雷管的电阻值。电阻值应符合产品证书的规定。

（2）用于同一爆破网路的电雷管应为同厂同型号产品，康铜桥丝雷管的电阻值差不得超过 0.3 Ω，镍铬桥丝雷管的电阻值差不得超过 0.8 Ω。

（3）必须采用专用爆破电桥导通网路和校核电阻。专用爆破电桥的工作电流应不低于 30 mA。禁止作业现场人员未撤离前导通网路和校核电阻。

（4）爆破网路与电源之间设中间开关，爆破网路必须使用绝缘良好的导线。不准利用铁轨、铁管、钢丝绳作爆破线路，电爆网路与大地之间应设置绝缘。

（5）爆破网路的所有导线接头，应当按照电工接线法连接，并确保其处于绝缘状态。在潮湿有水的地区，应避免导线接头接触地面或浸入水中。

（6）爆破主线与起爆电源或起爆器连接之前，必须检测全线路的总电阻值。总电阻值与计算值相符（只允许误差±5%）。若有偏差，应及时查明原因，整改后再连接。

（7）在有矿尘和气体爆炸危险的矿井采用电力起爆时，只准使用防爆型起爆器作为起爆电源。

（8）爆破作业场地的杂散电流值大于 30 mA 时，禁止使用普通电雷管。

（9）露天硐室大爆破，在装起爆体前应撤除各个硐室的电源。

（10）各种起爆器和用于检测电雷管及爆破网路电阻的爆破专用欧姆表、爆破电桥等电气仪表，应每月检查一次，看是否良好。

（11）起爆电源的能量应能保证全部电雷管准爆；流经每个普通电雷管的电流应满足以下条件：一般爆破，直流电不小于 2 A，交流电不小于 2.5 A；硐室爆破，直流电不小于 2.5 A，交流电不小于 4 A。

二、电子雷管起爆

电子雷管起爆网路除了遵守电雷管起爆网路的有关规定外,还应该遵守以下规定:

(1)起爆器使用前应进行全面检查;

(2)电子雷管装药前应采用专用仪器检测,并对电子雷管进行注册和编号;

(3)子网络的连接应按照说明书的要求,雷管数量应小于子起爆器规定数量;

(4)子网路连接后应采用专用设备进行检测;

(5)根据说明书要求,全部子网路连接形成主网路后,通过专用设备对主网路进行检测。

三、导爆索起爆法

(1)导爆索起爆网路采用搭接、水手结等方法连接。搭接时,两根导爆索重叠的长度不得小于 15 cm,中间不能夹有异物和炸药卷,捆绑应牢固。支线与主线传爆方向的夹角不得大于 $90°$。

(2)导爆索网路连接时,禁止打结或打圈。交错敷设导爆索时,应在两根导爆索之间放置厚度不小于 10 cm 的木质垫块或土袋。硐室爆破时,导爆索与铵油炸药接触的地方应采取防渗油措施或采用塑料被覆导爆索。

(3)起爆导爆索的雷管与导爆索捆扎端端头的距离≥15 cm,雷管的聚能穴应朝导爆索的传爆方向。

四、导爆管起爆法

(1)导爆管网路的连接应严格按设计要求,网路中不应有死结,炮孔内不应有接头,孔外相邻传爆雷管之间应留有足够的距离。

(2)用雷管起爆导爆管网路时,起爆导爆管的雷管与导爆管捆扎端端头的距离应不小于 15 cm,应有防止雷管的聚能射流切断导爆管和延时雷管的气孔烧坏导爆管的措施。导爆管应均匀地敷设在雷管周围,并用胶布捆牢。

(3)使用导爆管连通器时,应夹紧或绑牢。

(4)采用地表延迟网路时,地表雷管与相邻导爆管之间应留有足够的安全距离,孔内应采用高段别雷管,确保地表未起爆雷管与已起爆药包之间的间距大于 20 m。

(5)在有矿尘、煤尘或气体爆炸危险的矿井中,禁止使用导爆管起爆。

五、非电起爆法

非电起爆法是爆破技术的进步和起爆方法的发展。采用非电起爆方法不仅能提高炸药的感度,更重要的是增加了爆破的安全系数。

(一)非电起爆方法

非电导爆管起爆网路系统,是利用击发元件起爆,击发元件有雷管、击发枪和火帽、电引火头或专用击发笔等组成。

1. 联结块和非电导爆管相结合的起爆方法

这种网路连接有串联、并联和串并联。结合块有多种形式,联结根数有 4、8、10、24 根多种。这种连接方式操作方便,起爆可靠,一次起爆雷管数不受限制。

2. 雷管和非电导爆管相结合的起爆法

这种起爆网路的连接方法有单组串联和多组串联两种形式。连接时将导爆管均匀分布在雷管的周围,用细绳和胶布扎紧。导爆管的末端要留出 300 mm,以避免末端导爆管内壁脱落而拒爆。

3. 非电导爆索与非电导爆管相结合的起爆法

这种起爆网路的连接有串联、串并联两种。连接时导爆管搭接于导爆索的长度为 150~200 mm,层次不超过两层(不大于 10 根),并要在导爆索周围均匀分布,用细绳和胶布扎紧,搭接角度为 100°~120°。

（二）非电导爆索起爆法

1. 非电导爆索起爆的特点

非电导爆索起爆法，是利用雷管爆炸后，首先引爆导爆索，而后由导爆索的爆轰引起炸药爆炸。这种起爆法的优点是：

（1）不受杂散电流的影响。

（2）能提高深爆破的装药传爆性能。

（3）炮孔内没有雷管，装药和处理瞎炮比较安全。

（4）可加强传爆能力，用于深孔光面爆破周边孔的间隔装药结构。

这种起爆方法的不足之处是：不易用仪表检查网路连接质量。

2. 连接方法

（1）非电导爆索爆破网路中主线与支线或线段与线段的结合方法有搭接、套结、水平结和三角形结等几种，如图 9-8 所示，搭接长度不小于 200 mm。常用于主线和支线连接。

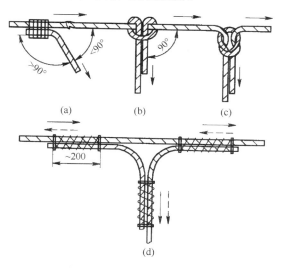

图 9-8　导爆索之间连接

（a)搭接；(b)套结；(c)水平结；(d)三角形结

(2)非电导爆索与药包的连接方法如图 9-9 所示。图 9-9(a)用于普通药卷爆破,图 9-9(b)用于大药包或药室大爆破,图 9-9(c)是光面爆破采用的间隔装药。

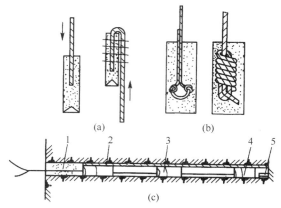

(a)　　　　　　　　(b)

(c)

图 9-9　导爆索与药包连接

1—炮泥;2—导爆索;3—药包;4—细绳;5—炮泥

非电导爆索的爆破网路连接方法有:串联、分段并联和串并联等方法,如图 9-10 所示。

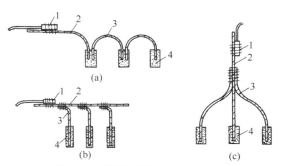

图 9-10　导爆索爆破线路连接法

(a)串联法;(b)分段并联法;(c)串并联

1—雷管;2—主干导爆索;3—支导爆索;4—药包

第五节　爆破作业

矿山爆破作业按先后工序可分为施工准备、炮位验收、起爆体加工、装药、填塞、起爆、检查等几个环节。爆破性质不同,规模不同,但无论哪种形式的爆破,爆破员都直接接触易燃易爆物品,由于主客观原因,爆破事故时有发生。据有关资料统计,矿山爆破作业中发生的爆破事故伤亡人数,约占矿山伤亡总数的 11.7%。事故的主要原因如下:

(1)起爆材料质量不合要求。

(2)起爆网路有故障。

(3)打残眼及盲炮处理方法不当。

(4)炮烟中毒及误入炮区。

(5)爆破员违章操作。

(6)警戒不到位、信号不明、安全距离不够。

(7)销毁,处理炸药、起爆器材违规。

(8)其他。

为了减少或避免爆破事故,根据《爆破安全规程》,爆破作业必须遵守下列规定。

一、爆破员应具备的条件

爆破员属特种作业人员,其素质高低是做好爆破安全工作的关键。因此,根据有关规定,爆破员必须符合下列要求:

(1)年满十八周岁。

(2)具有初中以上文化程度。

(3)经培训后考试合格,取得了爆破员资格证书。

(4)熟知本岗位的法规、规程及规定。

(5)熟知各类炸药和起爆器材的技术性能。

(6)能正确操作装药、连线、起爆。

(7)工作认真负责,无不良嗜好。

(8)身体健康,经医院检查,没有妨碍从事本工种作业的疾病和生理缺陷。

(9)爆破员必须每年复审一次。复审不合格者,可在两个月内再进行补审一次,仍不合格者,调换岗位,另外安排工作。

二、露天爆破作业安全要求

(1)从事爆破作业人员必须经过培训,考试合格,并取得爆破员资格证书,方能上岗。

(2)进行爆破作业时,应在冲击波危险范围之外设立避炮掩体,避炮掩体结构应坚固紧密,位置和方向应能防止飞石和有害气体的危害;保证通达避炮掩体的道路畅通无阻。

(3)起爆站应设在安全地点,比如避炮掩体内或设在警戒区外。

(4)起爆前应将机械设备撤至安全地点或采用就地保护措施。

(5)在爆破开始装药时,200 m 以内,禁止其他爆破作业人员作业。

(6)在有水或潮湿条件下实施爆破,应采用抗水爆破器材或采取防水防潮措施。在寒冷地区的冬季实施爆破,应采用抗冻爆破器材。

(7)硐室爆破爆堆开挖作业,应对药室中心线及标高进行标示,以确定是否有硐室盲炮。

(8)松软岩土或砂矿床爆破后,应在爆区设置明显标志,并对空穴、陷坑等进行安全检查,确认无危险后,方准许恢复作业。

(9)当怀疑有盲炮时,应对爆后挖运作业进行监督和指挥,防止挖掘机盲目作业引发爆炸事故。

(10)炮孔装药后的填塞长度应根据设计要求,填塞密实,以免影响爆破质量。

(11)爆破作业使用的起爆器材,必须符合国家标准或部门标准。

(12)雷雨季节和多雷地区进行露天爆破时,不应采用普通雷管起爆网路。

(13)露天矿爆破应在各通路设立岗哨或在爆区的最高点设立报警器。

(14)在同一区域有两个以上的单位进行露天爆破作业时,必须统一指挥;同一区段的二次爆破应采用一次点火或远距离起爆。

(15)露天爆破严禁采用裸露药包。

(16)露天浅孔爆破注意事项:

①浅孔爆破,采用导火索起爆或分段电雷管起爆时,炮孔间距应保证其中一个炮孔爆破时不致破坏相邻的炮孔。装填的炮孔,应一次爆破为限。

②采用导火索点火起爆,应不少于两人进行爆破作业。

③如无盲炮,从最后一响算起,5 min 后方准进入爆破地点检查;若不能确认有无盲炮,应在 15 min 后才能进入爆区检查。

④破碎大块时,单位消耗炸药量应控制在 150 g/m³ 以内,应采用齐发爆破或短延时毫秒爆破。

(17)深孔爆破安全要求如下:

①深孔爆破,必须有爆破技术人员在现场进行技术指导和监督作业,并由工段或车间领导、负责人组织。

②应将深孔周围(半径 0.5 m 范围内)的碎石、杂物清除干净,孔口岩石不稳固,应进行处理。

③深孔验收标准:孔深允许误差±0.2 m,间排距允许误差±0.2 m,偏斜度允许误差2%;发现钻孔不符合验收标准应及时处理,未达验收标准不得装药。

④爆破工程技术人员在装药前应测定第一排各钻孔的最小抵抗线,对形成反坡或有大裂隙的部位应考虑调整药量或间隔填塞。底盘抵抗线过大的部位,应进行处理,符合爆破要求后再装药。

⑤爆破员应按爆破设计说明书的规定进行操作,不得擅自增减

药量或改变填塞长度;如确需调整,应征得现场爆破工程技术人员同意并作好变更记录。

⑥台阶爆破初期应采取自上而下分层爆破形成台阶,如需进行双层或多层同时爆破,应有可靠的安全措施。

⑦装药过程中发现炮孔可容纳药量与设计装药量不相符时,应及时报告爆破工程技术人员,由其检查校核处理。

⑧装药过程中如出现炮孔堵塞现象时,应停止装药并及时疏通。如已装入雷管或起爆药包,不应强行疏通,应注意保护好雷管或起爆药包并采取其他补救措施。

⑨深孔爆破使用空气间隔器时,应确保空气间隔器的使用环境与要求相匹配;使用前应进行空气间隔器充气速度测试和抗静负荷试验;使用时不应损伤空气间隔器外层防护层。

⑩装药结束后,应进行检查验收,未经检查验收不得进行填塞作业。

(18)硐室爆破安全注意事项:

①硐室的爆破工作必须由具有相应资质并有至少一次同等级别硐室爆破经验的设计、施工、安全评估和安全监理单位承担。

②硐室爆破起爆体由熟练的爆破员在专门场所加工、存放,重量不应超过 20 kg,外包装应用木箱,内衬作防水包装;应在包装箱上写明导洞号、药室号、雷管段别、电阻值。起爆箱内的雷管和导爆索结应固定在木箱内。起爆体运输、安装应由两名熟练的爆破员操作,并做好安装记录。

③平硐:小井和药室掘进完毕后,应进行测量验收,平硐的断面高不得小于 1.5 m,宽不得小于 0.8 m,小井的横断面积不得小于 1 m²,平硐坡度不大于 1‰。硐内杂散电流小于 30 mA。施工中,应经常检查顶帮围岩及支护稳定情况。

④硐室装药作业应由爆破员带领经专业培训合格有操作证的人员进行,装起爆体的作业,只准由爆破员进行操作。

⑤硐室装药,必须使用 36 V 以下的低电压电源照明,照明线路必须绝缘良好,照明灯应设保护网,照明灯与炸药堆之间的水平距离不得小于 2 m。电雷管起爆体装入药室前,应切断一切电源,拆除一切金属导体,可改为安全矿灯或绝缘手电筒照明。

⑥硐室爆破应采用复式起爆网路并作网路试验。敷设起爆网路应由爆破技术人员和熟练爆破工实施,按从后爆到先爆、先里后外的顺序联网,联网应双人作业,一人操作,另一人监督、测量、记录,严格按设计要求敷设;电爆网路应设中间开关。

⑦重大硐室爆破,必须有经审批的爆破设计、施工组织和安全措施,爆破所用的起爆器材,必须进行认真检验,并要进行爆破网路的预爆模拟试验,根据实验结果修改爆破设计。

⑧爆后应在清挖爆破岩渣的同时派专人巡查有无疑似盲炮,发现疑似盲炮的迹象,应立即停止清挖并设置警戒区,报告爆破作业单位技术负责人,进行排查处理。在排查处理期间禁止一切爆破作业。

(19)药壶和蛇穴爆破安全要求:

①深孔扩壶时,禁止向孔内投掷起爆药包,孔深超过 5 m 时,禁止使用导火索起爆,扩药壶时,孔口的碎石、杂物应清除干净。

②进行扩壶爆破,用硝铵类炸药时,每次爆破后,应经过 15 min 后才允许重新装药;使用硝化甘油类炸药时,必须经过 30 min 后才允许重新装药。

③两个以上的蛇穴爆破,禁止使用导火索起爆。

三、井下爆破安全要求

(1)从事爆破作业人员,必须经过培训考试合格,取得爆破资格证,方能上岗。上岗时禁止穿化纤衣服。

(2)爆破使用的各类起爆器材,必须符合国家或部门标准。

(3)必须认真检查爆破工作面有无冒顶危险、安全通道是否畅通、爆破的各种参数是否符合设计要求、工作面是否有涌水危险、炮孔温度有无异常等情况,如其中一项不达要求禁止爆破。

(4)电力起爆时,爆破主线、区域线、连接线必须悬挂,不得同金属管物等导电体接触,也不得靠近电缆、电线、电气设备、信号线等。

(5)用爆破贯通法贯通巷道,必须有准确的测量图纸,两个工作面相距 15 m 时,地质测量人员应事先下达通知,此后,只准从一个工作面向前掘进,并应在双方通向工作面的安全地点派出警戒。双方工作面的人员全部撤到安全地点后,方准起爆。

(6)间距小于 20 m 的两平行巷中的一个巷道工作面需进行爆破时,相邻工作面的人员必须撤至安全地点。距炸药库 30 m 以内的区域禁止爆破。在离炸药库 30~100 m 区域内进行爆破时,禁止任何人留在炸药库内。

(7)独头巷道掘进工作爆破时,必须保持工作面与新鲜风流巷道之间的畅通。爆破后必须进行充分通风后,作业人员才能进入工作面。

(8)天井掘进采用深孔分段装药爆破时,装药前必须在通往天井底部出入通道的安全地点派出警戒,确认底部无人后,方准起爆。竖井、盲竖井、斜井、盲斜井或天井的掘进爆破,起爆时井筒内不得有人。工作盘和稳绳盘除了押运爆破器材的爆破员,不应有其他人员。装药时,禁止在吊盘上进行其他作业。

(9)井筒掘进使用电力起爆时,爆破导线可以使用绝缘良好的柔性电线或电缆;电爆网路的所有接头都高出水面并用绝缘胶布严密包覆;反井掘进爆破作业时,采用木垛盘及时支护,爆破前最后一道小垛盘距离工作面应小于 1.6 m;爆破作业前,必须将人行格和材料格盖严,放炮后先通风,吹散炮烟和有害气体后,方准进行检查,检查时不得少于两人,经检查确认安全后,方准进行作业;用吊罐法施工时,爆破前必须摘下吊罐,并放置在水平巷道的安全地点,爆破后,必须指定专人认真检查钢丝绳和吊具是否损坏。

(10)地下大跨度硐群开挖爆破时,深孔爆破的钻孔直径不应超过 90 mm。台阶高度不应超过 8 m。应按设计的开挖顺序进行,爆破时应进行爆破震动监测,监控爆破对本硐室及相邻硐室的影响。

(11)井下爆破,严禁在一个孔内使用两种不同的炸药和起爆器材。连接爆破主线与脚线、检查线路、导通线路和起爆作业,必须指定爆破员单人操作,爆破员必须最后离开爆破地点,在有掩护的安全地点起爆。

(12)在有瓦斯和煤尘爆炸危险的工作面爆破作业,应采用毫秒爆破,有符合安全规程规定的新鲜风流;掘进爆破前,作业面 20 m 以内的瓦斯浓度低于 1%,并进行洒水降尘;同一工作面不应使用不同品种的炸药;使用煤矿许用毫秒延期电雷管时,延期时间不应超过 130 ms。

(13)煤矿井下应使用防爆型起爆器。开凿或延深通达地面的井筒时,无瓦斯的井底工作面可使用其他电源起爆,但电压不应超过 380 V,并应有防爆型电力起爆接线盒。

(14)在具有高硫尘爆破危险的矿井进行爆破时,经测定,当矿石含硫量超过 30%,矿粉含硫酸铁和亚硫酸铁的铁离子浓度之和超过 0.3%,作业面潮湿有水,使用硝铵类炸药爆破时,必须清除孔内矿粉;严禁炸药与孔壁直接接触;炸药包装完好无损;不准用硫矿渣填塞炮孔。

(15)每次爆破后,必须认真检查确认安全后,方准进入爆破作业场地。如发现盲炮,应立即上报,当班能处理的应及时处理,不能处理的,应做好明显的标记,并向下班交代清楚。每次爆破后,爆破员应认真填写爆破记录。

四、爆破作业检查要点

(1)民用爆炸物品的储存、使用要取得公安部门的许可证。

(2)井下爆破作业,必须按审批的爆破设计书或爆破说明进行。爆破设计书应由单位主要负责人批准。

(3)爆破前必须有明确的声、光警戒信号,与爆破无关的人员必须撤离作业地点。

（4）爆破后，爆破员和安全员必须按规定的等待时间进入爆破地点，检查有无冒顶、危石、支持破坏和盲炮，如有以上现象应及时处理，经当班安全员确认安全后，方可进入作业地点。

（5）有相邻作业单位的爆破要提前按协议规定做好信息沟通。

第六节　爆破安全距离及炮烟中毒的预防

无论露天或井下爆破，必将产生地震波、空气冲击波、碎石飞溅和有毒气体，危及爆区作业人员、设备、建筑物等的安全。因此，在爆破前必须确定安全距离，设置警戒、采取有效防护措施。

一、爆破地震安全距离

爆破地震，是指炸药爆炸的部分能量转化为弹性波，在岩土中传播引起地面振动。

爆破地震波，对爆区附近的地层、建筑物、构筑物，以及井巷和露天边坡产生破坏作用。爆破地震波强度的大小主要与使用的炸药性能、炸药量、爆源距离、岩石的性质、爆破方法以及地层地形条件等有关。为了减少或避免爆破地震波的破坏作用，应采取如下措施：

（1）爆破之前必须调查爆区附近建筑物、构筑物的结构，井下巷道围岩稳定支护情况。

（2）采用减震爆破技术和控制炸药量。如微差爆破、光面爆破、预裂爆破、缓冲爆破等爆破方法。

（3）爆破地震安全距离计算公式如下：

$$R = \left(\frac{k}{v}\right)^{\frac{1}{a}} Qm$$

式中，R——爆破安全距离，m；

　　Q——炸药量，kg；

　　v——地震安全速度，cm/s；

m——药量指数,取 1/3;

k,a——与爆破地点地形、地质等条件有关的系数和衰减指数,可按表 9-10 选取。

表 9-10　爆区不同岩性的 k、a 值

岩　性	k	a
坚硬岩石	50～150	1.3～1.5
中硬岩石	150～250	1.5～1.8
软岩石	250～350	1.8～2.0

二、空气冲击波安全距离

空气冲击波既危害建筑物,同时它所产生的巨大噪声又危害爆区及周边的人员。要降低空气冲击波的能量,减少危害,必须遵守《爆破安全规程》的规定,露天裸露爆破时,每次爆破的炸药量不得超过 20 kg。并按下式确定空气冲击波对掩体内避炮人员的安全距离:

$$R_k = 25 \times \sqrt[3]{Q}$$

式中,R_k——空气冲击波对掩体人员的最小允许距离,m;

Q——一次爆破的 TNT 炸药当量,秒延时爆破为最大一段药量,毫秒延时爆破为总药量,kg。

空气冲击波超压的安全允许标准:对非作业人员为 0.02×10^5 Pa,对掩体中的作业人员为 0.1×10^5 Pa。露天及地下爆破作业,对人员和其他保护对象的空气冲击波安全允许距离由设计确定。

三、爆破飞石安全距离

露天爆破或二次破碎大块的爆破,难免有个别石块飞散得很远,对爆区附近人员、牲畜造成伤害,并损坏设备、设施和建筑物等。个别飞石的安全距离与爆破参数、岩石性质、炸药性能与用量、填塞质量、地形条件和地质构造以及气象条件等有关。

鉴于上述因素,在爆破作业时必须充分考虑安全的前提下,确定碎石块飞散的危险范围。一般情况下,个别飞散物体对人员的安全距离应按表 9-11 的规定执行。

表 9-11　**爆破(抛掷爆破例外)时个别飞石对人员的安全距离**

爆破类型和方法		最小安全允许距离(m)
1. 露天岩石爆破	裸露药包爆破法破大块	400
	浅孔爆破法破大块	300
	浅孔台阶爆破	200(复杂地质条件下或未形成台阶工作面时≥300)
	深孔台阶爆破	按设计,但不小于 200
	硐室爆破	按设计,但不小于 300
2. 水下爆破	水深小于 1.5 m	与露天岩石爆破相同
	水深 1.5～6 m	有设计确定
	水深大于 6 m	可不考虑飞石对地面或水面以上人员的影响
3. 破冰工程	爆破薄冰凌	50
	爆破覆冰	100
	爆破阻塞流冰	200
	爆破厚度大于 2 m 的冰层或爆破阻塞流冰一次用药量超过 300 kg	300
4. 爆破金属物	在露天爆破场	1500
	在装甲爆破坑中	150
	在厂区内的空场中	由设计确定
	爆破热凝结物和爆破压接	按设计,但不得小于 30
	爆炸加工	由设计确定
5. 拆除爆破、城镇浅孔爆破及复杂环境深孔爆破		由设计确定
6. 地震勘探爆破	浅井或地表爆破	按设计,但不小于 100
	在深孔中爆破	按设计,但不小于 30

注:沿山坡爆破时,下坡方向的个别飞散物安全允许距离应增大 50%。

四、炸药爆炸时炮烟的危害

1. 爆炸产物中的有毒有害气体

炸药爆炸产物中主要有 CO_2、H_2S、CO、NO、NO_2 等,其中有毒气体主要有 CO、NO 和 NO_2 等。

一氧化碳(CO)是无色、无味、无臭气体。在标准状态下每公升重量为 1.275 g,为空气中 0.567 倍。人体需要从空气中把氧气吸入肺中并通过红细胞的作用来维持生命。由于一氧化碳达到饱和状态就不可能再吸收氧气,这时人体组织细胞将严重缺氧而窒息和中毒。

炮烟中的氮氧化物主要为 NO、NO_2,对人体生理具有比 CO 更大的毒害,如表 9-12 所示。

表 9-12　有毒气体在空气中的危险浓度

有毒气体	各种反应的危险浓度(mg/L)			
	吸入数小时后轻微中毒	吸入 1 小时后严重中毒	吸入 0.5~1 小时致命危险	吸入数分钟导致死亡
CO	0.1~0.2	0.5~0.6	1.6~2.3	5
NO	0.07~0.2	0.2~0.4	0.2~1.0	0.5
H_2S	0.01~0.2	0.25~1.4	0.5~1.0	1.2

2. 减少或消除有毒气体的措施

(1)正确选择炸药的配料

为了减少或消除炸药的有毒气体,制造炸药时应精心设计,多方试验,选择制造炸药的合理配料。

矿山无能力制造炸药,购买外方生产的炸药时,应按炸药厂方技术说明书上的数据进行认真检验,是否符合要求。

(2)正确使用炸药

正确使用炸药,是减少炸药爆炸后产生有毒气体的一种有效措施。怎样正确使用炸药?应根据炸药组分、炸药密度、炸药粒度、起爆能、装药直径和外壳材料等相关因素,使用安全炸药,它含有能起催化作用的碱金属盐类消焰剂,比非安全炸药产生的有毒气体少。

(3)加强洒水和通风

加强通风可驱散比重较小的 CO;加强洒水,既可把溶解度高的氮氧化物转变为亚硝酸,又有助于把难溶的氧化氮从碎石或岩石缝里驱逐出来随风流出工作面。

第七节　盲炮的处理及早爆事故的预防

一、盲炮的处理

在爆破作业中,因多种原因造成起爆药包拒爆或炸药未爆的现象叫盲炮。盲炮如不及时处理或处理方法不当,危害极大,后果不堪设想。

(一)盲炮产生的原因

根据大量盲炮的调查分析,产生盲炮的主要原因有以下几个方面。

1. 雷管

雷管是起爆药包的爆炸能源。一般是以串联或串并联形式连接在网路中,一发不爆,就会导致部分盲炮。雷管不爆有以下原因:

(1)雷管受潮,或因雷管密封防水失效。

(2)雷管电阻值差大于 0.3 Ω,或采用了非同厂同批次生产的雷管。

(3)雷管质量不合格,又未经质量性能检测。

2. 起爆电源

(1)通过拒爆雷管的起爆电流太小,或通电时间过短,雷管得不到所必需的点燃能量。

（2）起爆器内电池电压不足。

（3）起爆器充电时间过短,未达到规定的电压值。

（4）交流电压低,输出功率不够。

3．爆破网路

（1）爆破网路电阻太大,未经改正,强行起爆。

（2）爆破网路错接或漏接,导致起爆电流小于雷管所需的最小发火电流。

（3）爆破网路有短路故障。

（4）爆破网路漏电、导线破损并与水或泥浆接触,此时实测网路电阻远小于计算电阻值。

4．炸药

（1）炸药保管不善受潮或超过有效期,发生硬化和变质现象。

（2）粉状混合炸药装药时药卷被捣实,使密度过大。

5．其他

（1）药卷与炮孔壁之间存在间隙效应。

（2）药卷之间有岩粉阻隔。

（二）盲炮的预防措施

（1）禁止使用不合格的爆破材料;不同类型、不同厂家、不同批的雷管不得混用。

（2）连线后应认真检查整个线路,查看有无连错或漏连;进行爆破网路准爆电流的计算,起爆前用专用爆破电桥测量爆破网路的电阻,实测的总电阻值与计算值差应小于 10％。

（3）检查爆破电源并对电源的起爆能力进行计算。

（4）对硝铵类炸药,在装药时要避免压得过紧,密度过大。

（5）装药前要认真清除炮孔内的岩粉。

（三）盲炮的处理措施

发现盲炮应及时处理,处理方法要确保安全,力求简单、有效。

不能及时处理的盲炮,应在盲炮附近设有明显的标志,并采取相应的措施。处理盲炮时,禁止无关人员在附近做其他工作。在有爆炸可能性的高硫、高温矿床内,产生盲炮后应确定危险区范围。在交班时,必须向接班人交接清楚盲炮的地点、个数和周围情况等信息。盲炮处理完毕,要认真检查和清理残余未爆的爆破材料,确认安全后,方可撤除警戒标志,进行施工作业。

我国矿山常用处理盲炮方法如下:

1. 重新连线起爆法

经检查,盲炮中雷管未爆、线路完好时,可以重新连线起爆。重新起爆时,应检查药包最小抵抗线是否改变,并采取相应的安全措施。重新起爆法适用于漏连、错连、断线等产生的盲炮。

2. 诱爆法

对防水炸药装填的炮孔,利用竹制或有色金属制的掏勺,小心地将炮泥掏出,装起爆药包爆破。如果是硐室爆破,需要从导硐内清除堵塞物,然后小心地取出起爆体,再妥善处理炸药。还可采用聚能穴药包诱爆盲炮,聚能穴药包爆炸后,引爆盲炮里的雷管和炸药。

3. 打平行眼装药爆破法

在距浅孔盲炮 0.3～0.5 m 处,再打一平行炮孔装药爆破。露天深孔盲炮,在距炮孔不小于 2 m 处,打平行炮孔装药起爆。

4. 用水冲洗法

如炮孔中为粉状硝铵类炸药,而堵塞物又松散,可用低压水冲洗,使炮泥和炸药稀释,再妥善取出雷管。也可用高压水或高压风水管冲洗,此法必须远距离操作并设置警戒。

二、早爆事故的预防

早爆事故是指在爆破作业中,因受杂散电流、静电感应、雷电、射频感应电等因素的作用,导致装在炮孔中的雷管炸药未经起爆,而发生自爆的事故,称为早爆事故。早爆事故危害极大,必须引起高度重视,采取有效措施进行预防。

（一）杂散电流

杂散电流是指来自电爆网路之外的电流,称为杂散电流。它有可能使电爆网路发生早爆事故。

1. 杂散电流的来源

（1）架线电机车的电气牵引网路电流经过金属物或大地返回盲流变电所的电流。

（2）动力或照明交流电漏电。

（3）化学作用漏电。

（4）因电磁辐射和高压线路电感应产生杂散电流。

（5）大地自然电流。

2. 杂散电流的防治

（1）采用电雷管起爆时,应测定流过电雷管的杂散电流值,如超过 30 mA,必须采取有效的安全措施。

（2）降低牵引网路电阻,防止漏电。

（3）提高电爆网路的质量,爆破导线不得有裸露接头。

（4）撤除爆区的金属物体,如钢轨、风管、水管等。

（5）在爆区局部或全部停电,减少杂散电流。

（6）采用低电阻电雷管。

（7）采用非电起爆法。

（二）静电

1. 静电的产生

静电是指绝缘物质上携带的相对静止的电荷,它是由不同的物体接触摩擦时在物质间发生电子转移而形成的带电现象。

在爆破施工中,采用压气装药时,炸药以较高速度沿输药管流动,炸药与输药管壁之间发生摩擦而产生静电。当静电不易泄漏时,积聚的静电压可达 20～30 kV,它不仅对人有触电危险,而且由于电雷管的脚线与带电的药流或输药管接触时,静电荷在脚线上集聚达到一定值而产生火花放电,引爆电雷管,导致早爆事故。

2. 静电的预防

(1)确保装药车或装药器具有良好的接地装置,导出所产生的静电荷,接地电阻一般要求在 10 Ω 以下。

(2)使用导电屏蔽线或非电起爆。

(3)采用半导电输药管,并接地。

(4)电雷管的金属管壳不准裸露在起爆药包外面。

(5)采用抗静电雷管。

(6)采用非电起爆。

三、雷电的防治

雷电是自然界的静电放电现象。带有异性电荷的雷云相遇或雷云与地面突出物接触时,它们之间发生激烈的放电。由于雷电能很大,能把附近空气加热到 2000℃ 以上,空气受热急剧膨胀,产生爆炸冲击波,并以 5000 m/s 的速度在空气中传播。在露天、平硐或巷道爆破作业中,雷电可能以下列方式引起早爆事故:

1. 雷电形成电磁场感应

电爆网路被电磁场的磁力线切断后,在电爆网路中产生的电流强度大于电雷管的最小准爆电流时,就会引起雷管爆炸,发生早爆事故。

2. 雷电形成静电感应

雷击能产生约 2000 A 的电流和相当于炸药爆轰的高温高压气,若直接雷击爆区,则全部或部分电爆网路被起爆。

即使较远的雷电,也可给地下和露天作业的电路或非电路起爆系统带来危害。

为了防止雷电引起早爆事故,雷雨天和雷击区禁止采用电力起爆,改为非电起爆。

在炸药厂或炸药库必须安设避雷装置,以防止雷击引爆。

爆破作业中,如突遇雷雨时,应将电爆网路及时短路,作业人员及时撤离到安全地点。

第八节 爆破材料的运输、储存与销毁

一、爆破器材的运输

1. 运输爆破器材的一般规定

(1)运输爆破器材必须有押运员。矿外运输起爆器材必须有武装警卫人员护送,除本车工作人员外,其他人员不准搭乘此车。

(2)运输爆破器材的车辆,出车前应认真检查各部件是否良好,并清除车内一切杂物,如车内有酸、碱、油脂、石灰等应清洗干净。车辆在行驶中,必须设醒目的"危险"标志。禁止用翻斗车、自卸车、拖车等车辆运输爆破器材。

(3)在矿外运输爆破器材的行驶路线,必须经公安部门审批,除特殊情况外,不得随意改变路线。如必须夜间运输,要有足够的照明。装爆破器材的车辆在行驶途中,不准在人多、交叉路口、桥梁、居民区等地停留。

(4)装卸爆破器材必须有专人负责,并有警卫人员在场监督,装卸时严禁摩擦、撞击、抛掷、拖拽和翻转炸药箱。严禁雷管与炸药在同一地点同时装卸。装载一般爆破器材的重量不准超过该车额定载重量,硝化甘油类炸药和雷管的装运量,不准超过运输设备额定量的2/3,装卸爆破器材时严禁吸烟和携带火种。

(5)装爆破器材的装载高度不准超过车厢边缘,雷管和硝化甘油类炸药的高度不准超过两层,分层装爆破器材时,不准站在下层箱(袋)上去装上一层。

(6)用吊车装卸爆破器材时,一次起吊的重量不准超过该车额定起吊重量的50%。

(7)遇雷雨或暴风雨时,禁止装卸爆破器材。

(8)胶质炸药与其他炸药,雷管与炸药、导火索不得同车运输。爆破器材与其他易燃易爆物品不得同车运输。

(9)运输硝化甘油类炸药或雷管等敏感度高的爆破器材时,车厢底部应铺设软垫。

(10)在气温低于10℃时,运输易冻的硝化甘油炸药或气温低于零下15℃时运输难冻硝化甘油炸药,必须采取保温防冻措施。

(11)装卸爆破器材的地点应设明显的信号标志,白天悬挂红旗和警标,夜晚应有足够的照明,并悬挂红灯。

2. 矿区铁路运输爆破器材的规定

(1)运输爆破器材的列车前后应设有明显的"危险"标志,装有爆破器材的车厢禁止溜放。

(2)装有爆破器材的车厢停车线路应与其他线路隔开;通往其他线路的转车器应锁住,车辆必须楔牢,并在前后50 m处设危险标志。

(3)装有爆破器材的车厢与机车之间,炸药车厢与雷管车厢之间应与未装爆破器材的车厢隔开,以防止因机车的火星、电弧引发意外事故。

(4)运输爆破器材的机车,在矿区行驶速度不得超过30 km/h,坑内不得超过15 km/h。

(5)电机车运输爆破器材时,应采取可靠的绝缘措施。

3. 汽车运输爆破器材的规定

(1)运输爆破器材汽车的车厢必须是木料制造的平板厢。出车前驾驶员应认真检查各部机构状况,并经车队主管领导确认注明"此车合格,准运爆破器材"。

(2)选派熟悉爆破器材性能、驾驶技术好、经验丰富的驾驶员运输爆破器材。汽车行驶速度,在能见度良好时,不准超过 40 km/h;遇有扬尘、起雾、暴风雪等能见度低时速度减半;在平坦的道路上行驶时,两台车的距离不小于 50 m;上下山坡时不小于 300 m;遇有雷雨时,车辆应停在远离建筑物或居民区的地点。

(3)在冰雪道路上行驶时,必须采取防滑措施。

4. 竖井、斜井运输爆破器材的规定

(1)在竖井、斜井用罐笼运输爆破器材到爆破地点时,应事先通知卷扬司机和信号工,使他们提前做好准备工作。

(2)用罐笼运输爆破器材时,其升降速度不得超过 2 m/s;用吊罐或斜坡道卷扬运输爆破器材时,其升降速度不得超过 1 m/s;运输雷管时,应采取绝缘措施;运输爆破器材的设备,除操作人员、爆破人员之外,其他任何人不得同罐乘坐。

(3)用罐笼运输硝铵类炸药,装载高度不超过罐笼的边缘;运输硝化甘油类炸药或雷管不超过两层,其层间须铺软垫;爆破器材运到井口后,应及时运到爆破地点,禁止在井口房或井底车场停留。

(4)禁止在上、下班或人员集中的时间内运输爆破器材。

5. 人工搬运爆破器材的规定

(1)人工搬运爆破器材,必须将雷管和炸药分装在两个背包(或一个木箱分两格)内,严禁把雷管装在衣袋里。领到爆破器材后,应及时送到爆破地点,禁止乱丢乱放。

(2)禁止提前班次领爆破器材或携带爆破器材在人群聚集的地方停留。

(3)在夜间或井下搬运爆破器材时,必须随身携带完好的矿用蓄电池防爆灯。

(4)一人一次运送爆破器材数量,不准超过以下规定:

①同时搬运炸药和起爆器材,10 kg/人次。

②拆箱(袋)搬运炸药,20 kg。

③背运原包炸药,一箱(袋)。

④机运原包炸药,二箱(袋)。

二、爆破器材的储存

矿山爆破施工使用的各类起爆器材,必须储存在永久性专用爆破器材库里,其他地点禁止储存。永久性专用爆破器材库区的设置、建筑质量、爆破器材存放要求、库区环境等,必须符合下列规定。

(一)库区建设要求

(1)爆破器材库的地点、结构和设置必须经当地县(市)公安部门批准后,方可施工。

(2)爆破器材库房及环境要求。建筑永久性专用爆破器材库,必须使用不燃材料,并有良好通风和防潮设施。库房内墙壁要粉刷,地面必须铺木板或沥青,雷管库房地面必须铺垫胶皮。窗户应设有铁栏杆和窗板,窗门为三层,窗户的采光面积与地板面积之比为1:25或1:30,爆破器材库为平房。

库房外要修筑土堤,土堤应高出库房1 m,土堤的顶部宽度为1 m,底部宽度根据土堤所用材料的稳定坡面角确定。库房的土堤与建筑物墙的距离为2~3 m,并设有水沟。

库房内外必须备有可靠的消防设备、设施(如灭火器、蓄水池、沙袋等)。库房周围40 m内的干树枝、树叶、杂草等易燃物,应清除干净。

建筑井下爆破器材库(站),必须按设计要求施工。

(二)爆破器材库容量规定

(1)爆破器材库分为矿区总库和地面分库。总库对分库或井下库(站)发放供应。禁止总库直接将爆破器材发放给爆破员个人。

(2)总库的总容量:炸药不得超过本单位半年生产用量;起爆器

材不得超过一年生产用量。

（3）地面分库的总容量：炸药不得超过 3 个月用量，起爆器材不得超过半年生产用量。

（4）硐室库的最大容量不得超过 100 t。

（5）井下爆破器材库（站）容量：炸药不得超过三昼夜生产用量，起爆器材不得超过十昼夜生产用量。

（三）爆破器材库储存爆破器材的规定

1. 爆破器材共存的规定

（1）雷管与导火索不能共存。

（2）黑火药与导火索不能共存。

（3）导火索、导爆索和硝酸铵类炸药不能共存。

（4）硝化甘油类炸药、硝酸铵类炸药、黑火药和雷管，任何两种都不准储放在一个库内。

（5）雷管、黑火药、导爆索和硝化甘油类炸药，任何两种不准存放在一个库内。

（6）硝化甘油类炸药和导火索不准存放在同一库内。

在表 9-13 允许同库储存的爆破器材库房内不得存放任何氧化剂、可燃物、酸、碱、盐、溶剂以及能产生火星的金属物。

2. 堆放爆破器材的规定

（1）雷管应放在木架上，每格只准放一层，最上层距地面高度不得超过 1.5 m；若放在地面上时，地面应敷设软垫或木板，堆放高度不准超过 1 m，以防坠落引起爆炸。

（2）炸药箱堆放高度不得超过 1.8 m，宽度以四箱为限。袋装高度不得超过两袋，箱下应垫方木或木板，箱堆间距应大于 0.3 m，与墙距离应不小于 0.5 m（井下炸药库为 0.2 m，人行通道不得小于 1.3 m）。

表 9-13　爆破器材的允许共存范围

爆破材料名称	黑索金	梯恩梯	硝铵类炸药	胶质炸药	水胶炸药	浆状炸药	乳化炸药	苦味酸	黑火药	二硝基重氮酚	导爆索	电雷管	火雷管	导火索	非电导爆系统
黑索金	○	○	○	—	○	○	—	—	—	—	○	—	—	○	—
梯恩梯	○	○	○	—	○	○	—	—	—	—	○	—	—	○	—
硝铵类炸药	○	○	○	—	○	○	—	—	—	—	○	—	—	○	—
胶质炸药	—	—	—	○	—	—	—	—	—	—	—	—	—	—	—
水胶炸药	○	○	○	—	○	○	—	—	—	—	○	—	—	○	—
浆状炸药	○	○	○	—	○	○	—	—	—	—	○	—	—	○	—
乳化炸药	—	—	—	—	—	—	○	—	—	—	—	—	—	—	—
苦味酸	○	○	—	—	—	—	—								
黑火药															
二硝基重氮酚										○					
导爆索	○	○	○	—	○	○	—	—	—	—	○	—	—	○	—
电雷管												○	○		
火雷管												○	○		○
导火索	○	○	○	—	○	○	—	—	—	—	○	—	—	○	—
非电导爆系统													○		○

注:1.“○”表示二者可同库存放;“—”表示二者不可同库存放。

2.库内有两种以上爆破器材时,其中任两种危险品应能满足同库存放要求。

3.硝铵类炸药包括硝铵炸药、铵油炸药、铵松蜡炸药、铵沥蜡炸药、多孔粒状铵油炸药、铵梯黑炸药。

（3）不同牌号、不同规格、不同出厂日期的爆破器材,应分别存放。

（4）库房内应保持清洁、干燥和通风良好,并保持适当温度。

3. 库区的相关规定

(1)库区必须昼夜设警卫,加强巡逻,禁止无关人员入内。

(2)库区保管爆破器材的人员必须认真负责,严格执行各项规章制度,上班不准穿铁钉鞋和化纤服进入库房。发放爆破器材时,必须严格执行爆破器材发放的规定,领退账目清楚,不得有误。

三、爆破器材的销毁

爆破器材经检验确认为质量不符合国家标准,不能使用时,必须销毁。加工火雷管切下的导火线头,也应集中销毁,爆破器材的销毁必须遵守如下规定:销毁爆破器材前必须填写书面报告,详细说明被销毁爆破器材的名称、数量、销毁原因、销毁方法、销毁地点和时间,报告上级有关主管部门审核批准后,方可进行销毁。销毁爆破器材时应按上级批示进行。

销毁爆破器材可采用爆炸法、焚烧法、溶解法和化学分解法。

(1)爆炸法

①在大风、下雨、下雪和夜间不良气候条件下,不准采用爆炸法销毁,爆炸销毁爆破器材时,必须使用雷管起爆。

②销毁雷管必须采用爆炸法,销毁时应将雷管包装完好,放在土坑里,用2~4个药卷引爆,一次销毁数量不得超过1000发。采用爆炸法一次销毁爆破器材的重量不得超过20 kg。

③爆破后如发现未销毁完的炸药,应收集起来,进行二次爆破销毁。

④安全距离与销毁数量有关,应根据规程规定选择场地和确定安全距离。

⑤用爆炸法销毁爆破器材应按销毁技术设计进行,技术设计由单位爆破技术负责人批准并报当地公安机关备案

（2）焚烧法

不能由燃烧转为爆炸的炸药,可以采用焚烧法,在不良气候条件下不准使用焚烧法,采用焚烧法应注意以下几点:

①事先必须认真检查被销毁的炸药中是否混有雷管,而后将炸药拆成药条,形成宽度不超过 30 cm,高度不超过 10 cm 的火路,火路最多不得超过 3 条,每条火路的最小间距为 5 m。而后用 5 m 长的导火线敷设在药条的下风方向,工作人员撤离到安全地点后,方准点火,点火完毕,操作人员应立即撤离到掩蔽体内。

②烧毁炸药的安全距离,按烧毁的炸药量全部爆炸计算而定。

③烧毁胶质炸药时,一次最多不得超过 5 kg。药卷应放在干柴火堆上摆成一排,彼此不得发生爆炸。

④应认真清理场地,打扫干净,待场地完全冷却后,才能进行下一批炸药的烧毁。

（3）溶解法

不抗水的硝铵类炸药和黑火药可采用溶解法销毁。允许在容器中溶解销毁爆破器材。不溶解的残渣收集在一起,分别用烧毁法或爆炸法销毁。

（4）化学分解法

采用化学分解法销毁爆破器材时,应使爆破器材达到完全分解,其溶液应经处理符合有关规定,方可排放到下水道。

第十章 矿山机电安全

矿山机电设备有多种类型,根据矿山的实际情况,本章只介绍广泛使用的电气安全技术和机械安全技术常识。

第一节 电气安全

人们在长期的生产实践和科学实验以及日常生活中,充分认识了电对人类虽然有巨大的贡献,但也会危害人员的生命安全。当人们一旦误触或过分接近带电物体,或对电气设备的使用、操作不当时,就会造成触电事故,甚至可能引起火灾、爆炸。造成重大人身伤亡或重大设备事故。因此,我们在利用电能的同时,必须认真地做好电气安全工作。

一、电气伤害

（一）电流对人体的伤害作用

当人体触及带电体,或者带电体与人体之间闪击放电,或者电弧波及人体时,电流通过人体进入大地或其他导体,形成导电回路,这种情况就叫触电。

电流对人体有三种伤害形式:电击、电伤和电磁场伤害。

1. 电击

电击是指电流流过人体内部所造成的伤害。

人触电后,电流会引起人体内部器官的一系列生理反应,使内部器官正常功能受到破坏,叫电击。

电流通过人体最初引起针刺、麻痹感,肌肉收缩后随之产生压迫感、打击感、呼吸吃力、血压升高、痉挛、人体颤抖、心肌紊乱、心律不齐、昏迷不醒等症状,直至引起心室颤动、心脏停止跳动,呼吸停止而死亡。

2. 电伤

电伤是指电流的热效应、化学效应和机械效应对人体外部所造成的局部伤害。电伤一般包括电灼伤、电烙印和皮肤金属化等伤害。

(1)电灼伤

电灼伤一般可分为间接电弧灼伤和接触电弧灼伤两种。

①间接电弧灼伤

凡电流不经人体的灼伤,称为间接电弧灼伤。当发生带负荷拉合闸、带地线合闸等错误操作时,产生强烈的电弧会对人体外部产生伤害;在高压维修或操作时人体过分接近带电体,会导致间接电弧灼伤,引起皮肤起泡、发红、焦化、坏死等。

②接触电弧灼伤

凡电流流经人体皮肤的灼伤,称为接触电弧灼伤。其特征是人体接触部位灼伤严重,接触面小但深度大。如同时有较大电流通过人体,可使人致残或死亡。

(2)电烙印

人体皮肤长时间接触载流导体时,由于化学效应和机械效应的作用,使接触部位皮肤表面硬化留下和接触载流导体形状相似的肿块,如同烙印一般,故称为电烙印。其特征是烙印边缘清楚,呈黄色,造成人体皮肤局部麻木。

(3)皮肤金属化

由于电弧所产生的高温,使周围熔化的金属渗透到皮肤表层,导致皮肤金属化的现象。它的特征是皮肤表面粗糙、坚硬,伤害部位颜色改变。过一段时间后,受害部位的皮肤会自行脱落。

3. 电磁场伤害

电磁场伤害是指在高频磁场的作用下,人会出现头晕、乏力、记忆力减退、失眠、多梦等神经系统的症状。

（二）人在什么情况下会触电

众所周知,人体是一种导电体,当人体通过一定强度的电流时,由于电流能量的作用,就能使肌肉剧烈收缩,失去摆脱电源的能力,同时使人的细胞组织受到严重损害、神经麻痹、心脏停止跳动和呼吸停止。这就是人们通常所说的发生了触电事故。

人体在什么情况下会有电流流过,即在什么情况下才会触电?

（1）如果人的身体同时接触不同电位的带电体,带电体上的电就会通过人体,形成电源回路使人触电。

（2）若人站在地面上,接触一个带电体,由于大地也导电,这时,人就等于又接触了另一个不同电位的带电体了,所以也能发生触电。

（3）人体不仅接触裸露的带电体有触电的危险,就是对带有绝缘的金属带电体,如果此绝缘遭到损坏或恶化到足以允许漏电流通过时,亦可发生触电事故。

（三）电伤害的途径

电流流经人体心脏、肺部和中枢神经系统的危险性最大。在通电途径中,最危险的是从手到脚,各种不同通电途径的相对危险性可以以心脏电流系数表示,如表10-1所示。

表 10-1　不同通电途径的心脏电流系数

通电途径	心脏电流系数
左手至左脚、右脚或双脚,双手至双脚	0.1
左手至右手	0.4
右手至左脚、右脚或双脚	0.8
背至右手	0.3
背至左手	0.7
胸部至右手	1.3
胸部至左手	1.5
臀部至左手、右手或双手	0.7

（四）常见的触电方式

按照人体触及带电体的方式和电流通过人体的途径,触电可分为以下三种方式。

1. 单相触电

人在地面或其他接地体上,而人体另一部分触及一相带电体并构成电流回路,这种触电称为单相触电。对于高压带电体,人体虽然未直接接触,但由于安全距离不足,高压对人体放电形成回路,也属于单相触电。

根据电网运行方向,单相触电可分为两种情况:

（1）如图 10-1（a）所示,是在接地电网中的单相触电方式。电压在 380 V/220 V,通过人体电流为 99 mA,可致人死亡。

（2）如图 10-1（b）所示,是在不接地电网中的单相触电方式。如果电网中绝缘组严重恶化或有一相接地时,人体承受的电压几乎为线电压,触电危险很大。

2. 两相触电

如图 10-1（c）所示,此种触电方式无论在什么电网中,人体都在同时触及两相带电体,称为两相触电。在 380 V 电网中,发生触电时,通过人体的电流为 268 mA,触电时间在 0.186 s 内,即可致人死亡。

3. 跨步电压触电

在呈现不同电位梯度的地面上,两脚之间的电位差引起的触电事故,称为跨步电压触电。如在高压故障接地处或有大电流流过的接地装置附近地面行走时往往发生这种触电事故,如图 10-1(d)所示。

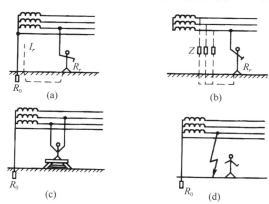

图 10-1　触电种类

(a)接地电网中的单相触电;(b)不接地电网中的单相触电;

(c)两相触电;(d)跨步电压触电

(五)触电事故的规律

触电事故的发生往往让人感到十分突然,瞬间可能造成不可挽回的严重后果。为了防止触电事故,应掌握触电事故的规律,以便制定可行的安全措施。从多方实践统计分析,发生触电事故有以下规律:

1. 触电事故多发季节

触电事故多发的时间,一般是在 6~9 月,其主要原因是由于这段时间天气炎热,人体多汗,衣单,部分皮肤裸露在外,从而接触带电体或意外带电体。再者此期间多雨、潮湿,电气设备绝缘性能低,设备易漏电。因此这个季节发生触电事故较多。

2. 低压电气设备触电多

矿山使用的低压电气设备多,再加之人们在日常生活中家用电器也都是低压电器,由于接触机会较多,又缺乏安全用电知识,以致触电事故多,但就专业电气作业人员而言,因为经常接触低压电气设备,以致多发触电事故。

3. 手持电动工具和移动电气设备事故多

这种电气设备的特点是数量多,分布广,移动性大,人接触的机会多,一旦触电,往往难以摆脱。

4. 中、青年人触电事故多

因为中、青年人是矿山中的主要操作者,而且又多在用电设备上操作,这些人与多年从事电气作业人员相比,实际经验不足,性情急躁,思考问题简单,所以易引发触电事故。

5. 电气设备连接部位触电事故多

由于插销、开关、电源线引出口,导线连接点等处机械牢固性较差,电气可靠性也比较低,容易出故障,所以发生触电事故多。

6. 误操作触电事故多

这主要是由于安全措施不完善、制度执行不严、电气设备安装不规范、电气设备运行管理不当或不到位、接线错误、高压线断落在地面等因素,造成触电事故。

(六)影响触电危险的主要因素

触电的危险程度与很多因素有关,如电流的大小和触电持续时间、电流种类和频率、电流通过人体途径以及人体状况等,这些因素之间有着密切的关系。

1. 电流的大小

无论是哪种类型的电流通过人体,电流越大,人体的生理反应越明显,感觉越强烈,引起心室颤动所需的时间越短,触电时危险性越大。对工频交流电,按照通过人体电流大小不同,人体呈现的不同反应,可将电流划分以下三级。

（1）感知电流

感知电流是指引起人体感觉的最小电流。不同的人具有不同感知电流。成年男性感知电流约为 1.1 mA，成年女性约为 0.7 mA。感知电流一般不会对人体造成伤害。但在高空作业时，应考虑该电流可能导致人体坠落二次事故。

（2）摆脱电流

摆脱电流是指人触及带电体时能不依靠外力自主地摆脱的最大电流。不同的人具有不同的摆脱电流。成年男性摆脱电流约为 9～16 mA，成年女性摆脱电流约为 6～10.5 mA。

（3）致命电流

致命电流是指在较短的时间内危及人体生命的最小电流。在不超过数百毫安的情况下，电击致命的主要原因是电流引起心室颤动造成的。引起心室颤动的电流，即致命电流，一般成年人平均为30～50 mA。

2. 触电持续时间

人触电后持续时间越长，越易引起心室颤动，危险性越大。

3. 电流流经的途径

电流流经的途径不同，人体触电严重程度也不相同。

4. 人体状况

人触电时，当接触电压一定，通过人体电流的大小主要取决于人体电阻。人体电阻越小，则通过人体电流越大，触电危险性越大。人体电阻不是固定不变的，影响人体电阻的因素很多。如接触电压升高、皮肤潮湿、触电持续时间长、环境温度高、皮肤损伤、与带电体接触面积和接触压力大等，都会使人体电阻降低，不同条件下的电阻值，如表 10-2 所示。

表 10-2　不同情况下的人体电阻

接触电压（V）	人体电阻（Ω）			
	皮肤干燥	皮肤潮湿	皮肤湿润	皮肤浸入水中
10	7000	3500	1200	600
25	5000	2500	1000	500
50	4000	2000	875	440
100	3000	1200	770	375
250	1000	1000	650	325

　　人体健康状况是决定触电时伤害程度的内在因素，如心脏病、神经病、结核病患者，酒醉者，在触电时防卫能力差，后果比较严重。

　　女性对电流比男性敏感，儿童较比成年人敏感，因此在同一电压的情况下，女性触电比男性危险性大，儿童比成年人的危险大。

　　（七）矿山触电事故的主要原因及预防措施

　　1. 矿山触电事故的主要原因

　　（1）作业人员缺乏安全用电知识，违反电气安全操作规程。

　　（2）电源电压、电气设备、设施等的选用与所处环境不相适应。

　　（3）使用了安全性能不合格的电气设备、设施、器具，或缺乏必要的安全保护装置。

　　（4）电气设备老化，带病运转，超负荷运行。

　　（5）电气设备、电源线路安装不规范、检查不细、维修不善。

　　2. 触电事故的预防

　　（1）加强电气安全的组织管理工作，建立健全各项规章制度。认真组织电气作业人员的培训，不断增强操作人员的安全意识，提高遵章守纪的自觉性和操作技能。严格执行电气安全操作规程。

　　（2）不断改善作业场所的条件及作业环境。

　　（3）安装符合要求的电气设备和配备必要的安全设施。

（4）电气操作人员带电检修应填写《危险作业申请单》，并设专人监护，监护人不得擅离职守或做与监护工作无关的事。操作时必须使用合格的绝缘工具，同一部位不得有两人同时操作。

（5）在雾、雨、雪、潮湿等环境及易燃易爆场所，严禁带电作业。在行人穿越区域工作，应设置护栏和悬挂警示牌。

（6）定期检查电气设备、电源线路是否良好，查出隐患及时整改。

二、电气安全保护措施

（一）直接安全保护措施

为了防止直接触及带电体造成触电事故，通常采用绝缘、屏护、安全距离、漏电保护装置和安全电压等安全技术措施。

1. 绝缘

绝缘是指利用不导电材料把带电体封闭好。

电气设备和线路的绝缘必须与所采用的电压等级相符合，并与使用环境和运行条件相适应。

常用的绝缘材料有瓷、玻璃、云母、橡胶、木材、胶木、塑料、布纸、矿物油等，绝缘材料的电阻率，根据检测试验一般为 10^6 Ω/m。使用绝缘材料必须认真检查绝缘材料是否受潮或破损，尤其是在矿井下更应高度注意。

2. 屏护

屏护是把带电体同外界隔离开，控制不安全因素。它用于电气设备不便于绝缘或绝缘不足以保护安全的状况，是防止触电、电弧短路或电弧伤人的重要措施。常用的屏护有遮拦、护罩、护盖、箱匣等。

（1）屏护的一般要求

开关电器的可动部分一般不能采用绝缘方法，而需屏护。开关电器的屏护装置作为防止触电的措施外，还可以防止电弧伤人、电弧短路的重要措施。

屏护装置直接与带电体接触，对所用材料的电气性能没有严格要求,只要求材料有足够的机械强度和良好的耐火性。

安装在室内的变压器、车间或公共场所的变配电装置,均应装设遮栏和栅栏为屏护。

(2)屏护应与其他措施配合使用

①被屏护的带电部分应有明显的标志。

②遮栏、栅栏等屏护,应根据屏护的对象,挂上醒目的警示牌。

③配合采用信号装置和连锁装置,一般是采用灯光或仪表指示有电,当人体越过屏护装置能接近带电体时,被屏护装置能自动断电。

3. 安全距离

安全距离是指带电体与地面之间或设施和设备之间、带电体与带电体之间,必须保持一定的距离。

安全距离是防止人体触及或过分接近带电体;防止车辆或其他物体撞击或过分接近带电体;避免火灾或各种短路事故。

这种安全距离的大小取决于电压的高低、设备的类型、安装的方式以及气象条件等因素。

(1)在低压操作中,人体或其随身携带的工具与带电体之间的距离不小于 0.1 m。

(2)在高压无遮拦操作中,人体及随带工具与带电体之间的最小安全距离:10 kV 及以下为 0.7 m,20~35 kV 为 1 m;当不足上述距离时,应装设临时遮拦,此时的最小间距 10 kV 及以下为 0.35 m,20~35 kV 为 0.6 m。

(3)用绝缘杆操作时,人体与带电体的安全距离是:10 kV 及以下为 0.4 m,20~35 kV 为 0.6 m。

(4)在线路上工作时,人体及其所携带的工具与邻近的带电线路的最小安全距离应不小于下列数值:10 kV 为 1 m;35 kV 为 2.5 m。如不足上述距离,邻近的线路应当停电。

4. 漏电保护装置

安设漏电装置的主要作用是防止电网中由于漏电引起的触电事故和防止单相触电事故,还能防止由于电网中漏电引起的火灾事故,监视或消除一相接地故障。有的漏电保护装置还能切除三相电机失相运行故障。

5. 安全电压

我国规定的安全电压值有 6 V、12 V、24 V、36 V 4 个等级,当电气设备需要采用安全电压来防止触电事故时,应根据使用环境、人员和使用方式等因素来选用不同的安全电压。我国标准中规定了电压系列的上限值,在正常和故障情况下,任何两导体间或一导体与大地之间均不得超过交流(50～5000 Hz)电压有效值 50 V,电流值为30 mA,直流 50 mA 为人体安全电流值。

(二)间接安全保护措施

与电气设备有导电连接,但在正常时与带电部分绝缘的导体,由于绝缘破坏或其他原因而带电者,即意外带电体。人触及意外带电体称为间接触电。为防止间接触电事故,可根据不同情况采取保护接地、保护接零、等化对地电压、电气隔离、不导电环境等安全措施。

1. 保护接地

保护接地是当设备漏电或其他故障时,限制设备金属外壳对地电压在安全范围内。

例如,长度 1 km 的 380 V 电缆电网,如人体电阻为 1500 Ω,当发生漏电而人体触及设备时,人体承受的电压约为 127 V,通过人体的电流约为 845 mA,这对人是危险的。当采用保护接地措施后,此时人承受电压降为 0.415 V,通过人体电流只有 0.227 mA,触电者则无伤害了。

2. 保护接零

保护接零是把电气设备在正常情况下不带电的金属外壳与电网的零线紧密地连接起来。

保护接零常在 380 V/220 V 三相四线制变压器中性点直接接地电网中采用。

保护接零的原理:当设备漏电或一相线碰外壳时,相线与零线短路,在短路电流的作用下,促使线路上的保护装置迅速动作,切断漏电设备的电源,从而消除触电者的危险。

三、电气安全管理

为了确保电工在日常操作和检修电气设备、电源线路以及在停送电中的人身安全,必须加强对电气安全的管理,采取行之有效的组织措施和技术措施。

1. 组织措施

(1)矿山各级应设立电气安全专业管理机构,指定专人负责,明确职责,做到电气安全层层有人抓、常常有人管的局面。

(2)制定和完善各级电气安全管理人员的安全生产责任制、电气安全操作规程、电气技术操作规程、电气设备检修规程及有关的规定。

(3)工作票制度。在检修电气设备及线路时,必须坚持工作票制度。工作票上应写明工作任务,工作时间,停电、送电的范围,具体安全措施,工作负责人等内容。同时签发人和工作负责人在票上签字。签发人应根据工作票的内容安排和组织各方面的配合协调工作,避免误送电,造成触电事故。如遇特殊情况需要处理,可免填工作票。检修完毕,应认真检查被检修的线路,确认无误后,方可送电。

(4)工作监护制度。工作监护制度是确保电气操作人员规范操作,防止粗心大意,或对电气设备的技术性能不够了解而造成误操作,并能防止发生意外事故,可采取紧急措施,避免事故的扩大。

(5)安全检查制度。安全检查制度是指各级领导组织有关部门,及有关人员参加的检查组,定期或不定期对电气系统进行查思想、查管理、查制度执行情况、查违章、查隐患、查事故处理、查事故预防措施等的一项制度。安全检查促进了电气系统的安全。

2. 技术措施

在电气设备和线路上进行操作时,必须按程序做到停电、验电、放电、装设临时接地线、悬挂警示牌等技术措施。

(1)停电,对有关联的线路,必须全部切断电源,断开点应明显。尤其是要防止低压侧向被检修设备反送电,必须采取防止误合闸措施。

(2)验电,使用合格的验电器具,对已停电的线路进行验电。

(3)放电,为了消除被检修设备上残存的电荷,应使用绝缘棒或开关进行放电操作。

(4)装设临时接地线,为避免作业过程中意外送电或感应电的伤害,必须在检修的设备和线路上装设临时接地线和短路线。

(5)在进入电气设备和线路工作之前,必须先挂警示牌和装设遮拦。其目的是提示操作者谨慎操作,同时也是防止操作者和其他人员接近带电体,造成触电事故。警示牌应挂在工作地点明显处的上方。

(6)电气作业应使用电工安全用具,电工安全用具一般包括:绝缘安全用具、登高作业安全用具、携带电压和电流指示器、临时接地线等。

电工安全用具应按《电业安全工作规程》的规定,定期进行检查、试验。试验的内容、标准及周期如表10-3和表10-4所示。

(7)不得随意拆动修理电气设备,对常用的配电箱、配电板、闸刀开关、按钮、插座、插销及导线等,应采取有效措施保持完好。使用各种保险装置,如熔断器、熔丝、熔片、热继电器等,使用前应进行核对。严禁用铜丝或其他导电体代替保险装置。

(8)使用手持电动工具时,应安装漏电保护器,工具外壳必须进行保护接地,移动工具时要注意不要拉断导线。

表 10-3　常用电气绝缘工具试验标准

名称	电压等级（kV）	试验周期	交流耐压（kV）	试验时间（min）	泄漏电流（mA）	备注
绝缘棒	$\frac{6\sim10}{35\sim154}$ 220	1次/每年	44 三倍线电压 三倍相电压	5		
绝缘挡板	$\frac{6\sim10}{35}$ (20～44)	1次/每年	30 80	5 5		
绝缘罩	35 (20～44)	1次/每年	80	5		
绝缘夹钳	$\frac{35\,及以下}{110}$ 220	1次/每年	三倍线电压 260 400	5		
验电器	$\frac{6\sim10}{20\sim35}$	1次/每半年	$\frac{40}{105}$	5		发光电压不高于额定电压25%
绝缘手套	$\frac{高压}{低压}$	1次/每半年	$\frac{8}{2.5}$	1	≤9 ≤2.5	
绝缘靴	高压	1次/每半年	15	1	≤7.5	
绝缘鞋	1及以下	1次/每半年	3.5	1	≤2	
核相器 电阻管	$\frac{6}{10}$	1次/每半年	$\frac{6}{10}$	1	$\frac{17\sim24}{1.4\sim1.7}$	
绝缘绳	高压	1次/每半年	105/0.5米	5		
绝缘毯	1及以下	1次/2年	5		≤5	以2～3cm/s的速度拉过
绝缘垫	1及以上	1次/2年	15		≤15	
绝缘站台	各种电压	1次/3年	40	2		

表 10-4　登高安全工具试验标准

名称	试验静拉力 （kg）	试验周期 （次/半年）	外表检查周 期（次/月）	试验时间 （min）	备注
安全带 大皮带 小皮带	225 150	1	1	5	
安全绳	225	1	1	5	
升降板	225	1	1	5	
脚扣	100	1	1	5	
竹（木）梯		1	1	5	试验荷重 180 kg

（9）在雷雨天不得接近高压电线杆、铁塔、避雷针的接地线周围20 m 以内。如遇高压导线断落在地时，在落地处 10 m 区域内，应采取安全措施，设置临时防护栏，防止人畜进入造成触电事故。

四、矿山电气火灾的预防

1. 电气火灾事故的原因

根据多方面电气火灾事故的统计分析，引发电气火灾事故的主要原因如下：

（1）在检修电气设备和线路时，工作不细致，操作不当，安装不合规范，使用了不合格的电气材料。

（2）选用电气设备不符合要求或电气设备安装不当。

（3）电气设备老化，超负荷运行。

（4）电气线路年久失修，电缆、电线腐蚀破损漏电。

（5）电气设备积尘、受潮，热源接近电器和易燃易爆物。

（6）焊接使用电源，焊接火花引燃易燃物。

（7）矿井电气火灾事故的主要原因是：低压橡胶套电缆着火，变压器起火、灯泡和电炉取暖着火等引起的火灾事故。

2. 电气设备火灾的扑救

当电气设备发生火灾时,首先必须切断电源,防止带电延燃扩大火灾;在无法切断或不允许切断电源时,才进行带电灭火,带电灭火应采取特殊措施,防止扑救人员触电。

扑救电气设备火灾,必须使用二氧化碳、四氯化碳、二氟一氯一溴甲烷、化学干粉等灭火器灭火。禁止使用泡沫灭火剂,也不宜用水灭火,以免影响电气设备绝缘。

带电灭火时,必须注意以下事项:

(1)防止扑救人员身体触及带电体。

(2)必须使用不导电的灭火器。

(3)高压电气设备带电灭火时,要注意灭火器的机体、喷嘴及人体与带电体保持相应的安全距离。

(4)扑救人员必须穿绝缘靴、戴绝缘手套和安全帽。

3. 电气火灾的预防措施

(1)按照矿山安全规程的要求,选用合格的电气材料。

(2)存放电缆材料不准成堆堆放,电缆接线盒附近不准存放易燃物。

(3)装设电缆时,要正确掌握连接方法,禁止使用捆接法和压接法。

(4)突然跳闸停电时,应事先查明原因后,方可送电,避免反复强行合闸送电打击电缆。

(5)变压器里使用的绝缘油应定期检查抽检化验,如变质应及时更换。

(6)矿山井下巷道和机电硐室的支护,禁止存放易燃材料,并设防火门。

(7)在日常焊接作业中或在特殊环境下焊接时,使用电焊机、氧气瓶、乙炔发生器必须按照焊接安全操作规程的规定进行。

(8)矿山井下禁止使用灯泡、电炉取暖。

（9）在夏季要做好变压器、电熔器、配电盘、配电柜的通风降温工作，专用配电室四周必须通风良好。

五、触电事故的急救

发现有人触电，切不可惊慌失措，应采取措施尽快使触电者脱离电源，再根据情况进行现场急救。

1. 脱离电源的方法

使触电者迅速脱离电源，是减轻电流伤害和救治触电者的关键之一。下面介绍脱离低压和高压电源的常用方法：

（1）脱离低压电源的方法

①触电者附近有电源开关或插座时，迅速把开关拉开或拔掉插头，切断电源。应注意单极开关（拉线开关、平开关等）只能控制一根导线，有可能控制的是零线而不是相线（火线），而不能断开电源。

②开关不在附近时，导线落在触电者身上或压在身体之下以及缠在身上，可迅速用干燥的木棒、衣服、手套、绳索、围巾、木板等作为抢救工具拉开触电者或挑开电源线；也可用木板插入触电者身上，隔开电源回路；如果现场有胶柄电工用钳、木柄斧头，应迅速切断电源线；如果身边有干燥木板凳时，救护者可站在上面以保持对地绝缘，并用手拉开触电者或电源线。总之，要求利用现场中一切有绝缘性能的物体使触电者迅速脱离电源。

（2）脱离高压电源的方法

应用相应等级的绝缘工具，按顺序拉开高压负荷开关，切断电源。也可采用抛掷金属软导线的办法切断电源。抛掷时应注意：抛掷位置应离触电者一段距离，以免金属线落在触电者身上；抛掷者在抛出金属导线后立即躲开，以防自身触电。

（3）在电熔器或电缆线路上解救时，应切断电源，进行放电后再去急救触电者。

（4）在高处触电救护时，应防止触电者在脱离电源后发生摔伤等二次事故,以免加重伤势或摔死。

在实现脱离电源时应注意以下几点:

①不得在无安全措施时直接用手或使用金属物体以及潮湿物体作救护工具,以保证自身安全和防止群伤触电事故。

②在平地抢救时,也要防止脱离电源后摔伤。

③在夜间发生触电事故,应立即解决照明问题,便于抢救并防止扩大事故。

2.触电急救

(1)如触电者伤势不重,神志清醒,有心慌,四肢发麻,全身无力,或一度昏迷后清醒过来者,应就地安静休息,并立即通知医生前来救治。

(2)如果触电者伤势较重,已失去知觉,但还有心脏跳动、呼吸功能,应将触电者安静平卧;四周不应有许多人围观,使空气流通;解开他的衣扣、腰带和紧身内衣以利呼吸;遇天气寒冷时应注意保暖,并速请医生前来现场就地诊治,此时,应严密注视,随时准备进行急救。

(3)触电者伤势严重、呼吸停止或心脏停止跳动,或二者都停止,应立即采取人工呼吸法和胸外心脏按压法进行急救。

第二节　机械安全

一、机械伤害的原因

各类机械在运转中,对人体的伤害有:碰伤、压伤、轧伤、挤伤、卷缠伤等。造成伤害的主要原因如下。

(1)违章操作,如机床加工时,操作者戴手套、穿松散的衣服、女车工长发未盘入工作帽内,操作时不慎被机床卷缠伤。

(2)操作方法不当,站的位置不合适,人与机体易伤害的部位接触致伤。

（3）机械运转时进行维修、保养、打扫卫生、误入危险区域等。

（4）机械缺乏必要的安全防护装置，或安全防护装置损坏。

（5）机械设备自身有故障。

（6）机械的传动装置和控制装置损坏、失灵。

（7）操作手柄及按钮设计不当，使操作者费力，容易疲劳。

（8）部分机件受损，断裂飞出。

（9）物体从高处坠落。

（10）机床加工工件时，未将工件固定牢崩出或加工的铁屑飞出致人伤害。

（11）机械设备安装不当，安全距离不符合要求。

（12）机械设备安装的地点环境不佳，如照明不良、空间狭窄、噪声大、潮湿、通风不良、材料堆放不合理等，影响操作人员的安全作业。

二、机械伤害的预防措施

机械设备种类较多，涉及面广，工艺复杂，技术性强，要避免事故的发生，应做好以下工作。

（一）加强管理

加强管理，制定和完善机械安全生产的各项规章制度，并严格执行。

（二）加强培训

加强培训，不断提高操作者的操作技能和全面掌握设备的性能及工作原理，并使操作者能及时排除设备的常见故障。

（三）上岗作业的安全要求

上岗作业，必须正确地穿戴好劳动防护用品。启动设备后，集中精力、按规程的规定认真进行操作，严禁无关人员进入危险区域内。

（四）设备的安全要求

确保设备的技术性能完好，符合国家标准。

1. 操作系统

（1）工人操作的位置应舒适，安全可靠。

（2）操作手柄及按钮应机动灵活。

2. 传动装置

（1）机械的传动皮带、齿轮及联轴器等旋转部位应装设防护罩。

（2）对易于接近的部位要设置栏杆或栅门隔离，并涂上醒目的安全色以警示行人注意安全。

3. 控制机构

（1）机械加工时应设有防止意外启动而造成危险的保护装置。

（2）为了保证控制线路在线路损坏后不致发生危险，必须设有可靠的保护装置。

（3）当设备的能源偶然切断时，制动夹紧动作不应中断，能源又能重新接通时，设备不得自动启动，对危险性较大的设备尽可能配置监控装置。

4. 安全防护装置

（1）安全防护装置应结构简单、布局合理，不得有锐利的边缘和突缘。

（2）具有足够的可靠性，在规定的使用期限内有足够的强度、刚度、稳定性、耐腐蚀性、抗疲劳性，以确保安全。

（3）防护装置应与设备运转连锁，保证安全防护装置未启用之前，设备不能运转。

5. 紧急停车开关

（1）紧急停车开关应保证瞬间动作时，能终止设备的一切运动，对有惯性运动的设备，紧急停车开关应与制动器或离合器连锁，以保证迅速停止运动。

（2）紧急停车开关应安装在操作人员易于接触处，开关的颜色为红色。

6.限位装置

如限位器、限位开关等,用来防止机械超过极限的范围。

7.防过载装置

用于限制机械超负荷运行或机械超载自动停机。

(五)报警装置与仪表

(1)在设备上装设各种必要的报警连锁装置,当设备处于危险状态时,能自动报警,此时操作者采取果断措施进行处理,避免事故的发生。

(2)各种仪表和提示器要醒目、直观,易于辨认。

(六)安全距离

机床安装的安全距离与工作地防护安全,如表 10-5 和表 10-6 所示。

表 10-5 机床之间、机床与墙壁的安全距离

机床之间	无工作地	800 mm
	有工作地	1200~1500 mm
	有行人通道	1800 mm
机床与墙壁(柱子)之间	无工作地	400~500 mm
	有工作地	1000~1200 mm

表 10-6 工作地防护安全

名　称	要　求	作　用
防护挡板		防止人员进入
防护栏杆	高度≤1.05 m 底部离地面≤100 mm	防止人员进入 防止切屑、物件、机器传动部位伤人 防止物件滚落

（七）保持良好的作业环境

良好的作业环境是确保机械安全的因素之一,因此,作业场地应有符合规定的安全通道,照明良好,材料、工具摆放整齐,噪声不超过85 dB,通风良好等。

（八）设备检修的要求

要保证设备有良好的技术性能,除了自身设计与制造质量外,很重要的一环是加强对设备的维护检修工作,检修设备时应注意以下事项:

(1)检修连接电源的机械设备,必须切断电源,并在断电处,挂上"有人工作,禁止送电"的警示牌。

(2)在检修时,需要起重机械起吊,事先应认真检查起重机械的钢绳有无断丝,制动装置是否良好,被吊的机件捆扎是否牢靠,检查完毕后符合起吊要求,方可起吊。

(3)吊物时,必须由有起重资格证书的起重工指挥,严禁非起重工指挥吊车起吊。

(4)在2 m(含2 m)以上的高处检修设备时,必须佩挂安全带。

(5)设备检修完后,应认真检查被修的设备,确认无患后,方可开启设备试机运转。

第十一章 排土场与尾矿库安全技术

第一节 排土场安全要求

排土工作是露天矿主要生产过程之一,它直接关系到矿山的生产能力和经济效果,因此,必须合理地组织排土工作,确保排土作业的安全。

一、排土场地的选择

(1)排土场位置的选择,应保证排弃土岩时不致因大块滚石、滑坡、塌方等威胁采矿场、工业场地(厂区)、居民点、铁路、道路、输电及通讯干线、耕种区、水域、隧洞等设施的安全。

(2)排土场不宜设在工程地质或水文地质条件不良的地带,如因地基不良而影响安全,必须采取有效措施。

(3)排土场选址时应避免成为矿山泥石流重大危险源,无法避开时要采取切实有效的措施防止泥石流灾害的发生。

(4)排土场址不应设在居民区或工业建筑的主导风向的上风向和生活水源的上游,废石中的污染物要按照《一般工业固体废物贮存、处置场污染控制标准》堆放、处置。

二、排土方法

根据采用的运输方式和排土机械的不同,排土方法分为:铁路运输——挖掘机、排土犁、前装机排土,汽车运输——推土机排土等排土方法。

（一）铁路运输排土方法

1. 挖掘机排土

挖掘机排土量大,因此,在露天矿广泛采用。挖掘机排土工作面的布置如图 11-1 所示。

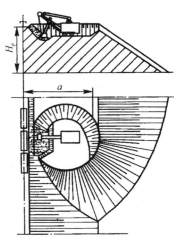

图 11-1　挖掘排土工作面布置

a—台阶的宽度；H_p—台阶的高度

挖掘机排土工序是:列车翻卸岩土,挖掘机堆垒,线路移设。

（1）列车翻卸岩土,列车进入排土线路后对好位将岩土卸入土坑内。为了防止大块岩石滚落冲撞挖掘机,故土坑底标高应比挖掘机行走平台低 1～1.5 m。

（2）挖掘机堆垒,挖掘机从土坑内取土分上下两个台阶堆垒。挖掘机在上部台阶的底部平台将岩土推向前方,旁侧及后方排弃和堆垒。

（3）线路移设，挖掘机因移道距离较大，故一般采用铁路蒸汽吊车移设线路。

2. 排土犁排土

排土犁是在铁路上行走的排土设备，如图 11-2 所示。排土犁自身没有行走动力，是由机车牵引的。工作时利用汽缸压气将犁板张开成一定角度，并将堆置在排土线侧面的岩土向下推排。

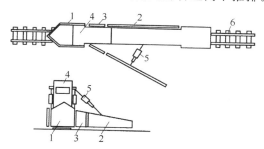

图 11-2　排土犁示意图

1—前部保护板；2—大犁板；3—小犁板；4—司机室；5—汽缸；6—轨道

3. 前装机排土

轮胎式前装机在排土场排土的作业情况如图 11-3 所示。图中的 1 是当工作平台较窄时，前装机慢行动作 180°转向进行排土；2 是当工作平台较宽时，前装机就地旋转 180°进行排土作业。

（二）汽车运输——推土机排土

汽车运输推土机排土的排土场布置如图 11-4 所示。图中 A 表示公路宽度，B 为汽车调车转换部分路面的宽度，C 表示汽车卸车后留在平台上的土堆宽度。

汽车进入排土场后沿排土场行驶路面到达排卸地段，进行调车，倒行排土场边缘卸车。为了确保汽车卸车安全，应将排土场边缘坡顶线推出 0.5~0.8 m 高的挡墙。

露天矿采用汽车运输推土机排土的方法机动、灵活，其排土场的台阶高度远比铁路运输时大、效率高,并能安全作业。

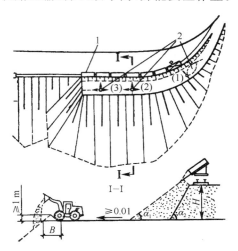

图 11-3　轮胎式前装机排土作业示意图

1—列车;2—前装机运行轨迹

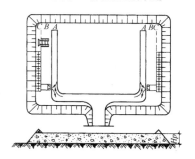

图 11-4　汽车运输推土机排土场

三、排土场破坏方式

1. 排土场滑坡

滑坡是斜坡岩土体沿着贯通的剪切破坏面所发生的滑移现象。

排土场滑坡是排土场灾害中最为普遍、发生频率最高的一种,按其产生机理可分为排土场沿基底接触面滑坡、排土场沿基岩软弱层滑坡和排土场内部滑坡。产生滑坡的基本条件是斜坡体前有滑动空间,两侧有切割面。从斜坡的物质组成来看,松散土层、碎石土、风化壳和半成岩土层的斜坡抗剪强度低,容易出现滑坡。降雨对滑坡的影响最大,排土场滑坡原因可能有以下几种:

(1)设计不合理。在排土场工程地质勘察和排土场设计等涉及排土场建设质量的许多方面必须加以重视。如果设计不合理,则容易出现滑坡的情况。

(2)基底民采巷道和排土工艺不科学。排土场上部基底一方面地势较陡,另一方面分布大量民采巷道,民采巷道的水直接流入排土场基底。在生产的某一时期,进行岩土混排,人为地在排土场内部形成了软弱面。上述软弱面的物理力学强度低,随着排土场废石堆积高度的加大,当某一软弱面的剪应力超过其抗剪强度时,便会沿此软弱面发生滑坡。

(3)大暴雨同时排水设施不健全。大暴雨是导致排土场滑坡的重要诱因。大气降雨和地表水对排土场的浸润作用,导致排土场初始稳定状态发生改变,稳定条件迅速恶化。暴雨时,排土场排水不及时,大量的地表水汇入排土场。雨水渗入内部后,排土场原来的平衡状态会发生变化,土场充水饱和,一方面增加了排土场承载质量,同时又降低了排土场内部潜在滑动面的摩擦力,从而形成排土场滑坡。

2. 排土场泥石流

泥石流是大量松散堆积物在水和重力作用下形成强大流体的现象。泥石流的形成必须同时具备以下 3 个条件:陡峻的便于集水和集物的地形、地貌;有丰富的松散物质;短时间内有大量的水源。

矿山泥石流从成因上一般分为水动力成因泥石流和重力成因泥石流。水动力成因泥石流是大量松散的固体物料堆积在汇水面积大的山谷地带,在动水冲刷作用下沿陡坡地形急速流动。重力成因泥石流是吸水岩土遇水软化,当含水量达一定时,便转化为黏稠状流体。

根据拜格诺的颗粒流理论,黏滞流体中的固体颗粒在动能作用下,彼此撞击频繁,使颗粒及相邻滑移层间动量交换,进而使流体中的固体颗粒具有弥散压力,被水软化成似液态的泥化母岩(如黏土、风化岩)与岩土块及水混合成浆体(液固相),在滑坡势能转化来的动能作用下,促使滑体向流动转化,酿成泥石流。

3. 排土场环境污染

空气中含有大量有害粉尘或污水携带有害重金属,对环境造成空气污染和水污染。矿山排土场作为矿山开采中收容废石的场所,其中必然存在大量的固体小颗粒,无论是哪种排土工艺,在卸土和转排时,随着排弃的废石在排土场坡面滚动及风力的作用,产生大量的粉尘,随风四处飞扬,影响排土作业人员的身体健康,造成空气污染。另外,排土场污水中含有有害重金属和强酸性对下游水系造成严重污染。

四、排土作业安全要求

1. 汽车运输排土场及排土作业规定

(1)汽车排土作业时,应有专人指挥,非作业人员一律不得进入排土作业区,凡进入作业区内工作人员、车辆、工程机械必须服从指挥人员的指挥。

(2)排土场平台必须平整,排土线应整体均衡推进,坡顶线应呈直线形或弧形,排土工作面向坡顶线方向应有3‰~5‰的反坡。

(3)排土卸载平台边缘要设置安全车挡,其高度不小于轮胎直径的2/5,车挡顶部和底部宽度应分别不小于轮胎直径的1/3和1.3倍;设置移动车挡设施的,要按移动车挡要求作业。

(4)应按规定顺序排弃土岩,在同一地段进行卸车和推土作业时,设备之间必须保持足够的安全距离。

(5)卸土时,汽车应垂直于排土工作线;严禁高速倒车、冲撞安全车挡。

（6）推土时，在排土场边缘严禁推土机沿平行坡顶线方向推土。

（7）排土安全车挡或反坡不符合规定、坡顶线内侧 30 m 范围内有大面积裂缝或不均匀下沉时，禁止汽车进入该危险区，排土场作业人员需对排土场作出及时处理。

（8）排土场作业区内因雾、粉尘、照明等因素使驾驶员视距小于 30 m 或遇暴雨、大雪、大风等恶劣天气时，应停止排土作业。

（9）汽车进入排土场内应限速行驶，距排土工作面 50～200 m 限速 16 km/h，小于 50 m 限速 8 km/h；排土作业区内应设置一定数量的限速牌等安全标志牌。

（10）排土作业区照明必须完好，灯塔与排土挡墙距离 15～25 m，照明角度必须符合要求，夜间无照明禁止排土。

（11）排土作业区必须配备足够数量且质量合格、适应汽车突发事故应急的钢丝绳（不少于 4 根）、大卸扣（不少于 4 个）、灭火器等应急工具。

2. 铁路移动线路卸车地段的规定

（1）路基面应向排土场内侧形成反坡。

（2）线路一般应为直线，困难条件下，其平曲线半径不小于表 11-1 的规定，并根据翻卸作业的安全要求设置外轨超高。

表 11-1　平曲线半径（m）

卸车方向	准轨铁路	窄轨铁路		
		机车车辆固定轴距≤2.0 m		机车车辆固定轴距 2.0～3.0 m，轨距 762 mm，900 mm
		轨距 600 mm	轨距 762 mm，900 mm	
向曲线外侧	150	30	60	80
向曲线内侧	200	50	80	100

（3）线路尽头的一个列车长度内应有 2.5‰～5‰的上升坡度。

（4）卸车线钢轨轨顶外侧至台阶坡顶线的距离，应不小于表11-2 的规定。

表 11-2　轨顶外侧至台阶坡顶线的距离(m)

准轨		窄轨		
路基稳固	路基不稳	轨距 900 mm	轨距 762 mm	轨距 600 mm
0.62	0.92	0.45	0.43	0.37

(5)移动牵引网路始端,应设电源开关。

(6)在独头卸载线端部,必须设置车挡。车挡应有完好的挡拦指示和灯光示警。独头线的起点和终点,应设置铁路障碍指示器。

3.列车在卸车线上运行和卸载时的规定

(1)列车进入排土线后,由排土人员指挥列车运行。机械排土线的列车运行速度准轨不得超过 10~15 km/h;窄轨不得超过 8 km/h;接近路端时,不得超过 5 km/h。

(2)严禁运行中卸土(曲轨侧卸式和底卸式除外)。

(3)卸车顺序应从尾部向机车方向依次进行,必要时,机车应以推送方式进入。

(4)列车推送时,应有调车员在前引导。

(5)新移设线路后,首次列车严禁牵引进入。

(6)翻车时必须由两人操作,操作人员应位于车厢内侧。

(7)清扫自翻车应采用机械化作业,人工清扫时必须有安全措施。

(8)卸车完毕,必须在排土人员发出出车信号后,列车方可驶出排土线。

4.排土犁排土的规定

(1)推排作业线上排土犁、犁板和支出机构上,严禁有人。

(2)排土犁推排岩土的行走速度,不得超过 5 km/h。

5.单斗挖掘机排土的规定

(1)受土坑的坡面角不得大于 60°,严禁超挖。

(2)挖掘机至站立台阶坡顶线的安全距离应符合下列要求:

①台阶高度 10 m 以下,不小于 6 m。

②台阶高度 11~15 m,不小于 8 m。

③台阶高度 16~20 m,不小于 11 m。

④台阶高度超过 20 m 时,应制定安全措施。

6. 排土机排土的规定

(1)排土机必须在稳定的平盘上作业,外侧履带与台阶坡顶线之间必须保持一定的安全距离。

(2)工作场地和行走道路的坡度必须符合排土机的技术要求。

(3)排土机长距离走行时,受料臂、排料臂应与走行方向成一直线,并将其吊起、固定;配重小车在前靠近回转中心一端,到位后用销子固定;严禁上坡转弯。

五、排土场安全检查要点

排土场安全检查内容主要包括排土参数、变形、裂缝、底鼓和滑坡、排水构筑物和防洪检查等方面。

1. 排土参数检查

(1)测量各类型排土场段高、排土线长度,测量精度按生产测量精度要求。实测的排土参数应不超过设计参数,特殊地段应检查是否具有相应的措施。

(2)测量各类排土场的反坡坡度,每 100 m 要求不少于两条剖面,测量精度按生产测量精度要求。实测的反坡坡度应在各类型排土场范围内。

(3)汽车排土场测量安全挡墙的宽度、顶度和高度,实测的安全挡墙的参数应符合不同型号汽车的安全挡墙要求。

(4)排土机排土测量外侧履带与台阶顶线之间的距离,测量误差不大于 10 mm;安全距离应大于设计要求。

(5)检查排土场变形、裂缝情况。排土场出现不均匀沉降、裂缝时,应查明沉降量,裂缝的长度、宽度、走向等,判断危害程度。

（6）检查排土场地基是否隆起。当排土场地面出现隆起、裂缝时，应检查范围和隆起高度等，判断危害程度。

2.排土场滑坡检查

检查排土场滑坡时应检查滑坡位置、范围、形态和滑坡的动态趋势以及成因等方面。

3.排土场滚石检查

检查排土场坡脚滚石安全距离范围内是否有构建筑物，是否有耕种地，如有则不得在该范围内从事任何活动。

4.排土场排水构筑物与防洪安全检查

（1）排水构筑物安全检查主要内容包括构筑物有无变形、移位和损毁、淤堵，检查排水能力是否满足要求等。

（2）截洪沟断面检查内容：截洪沟断面尺寸，沿线山坡滑坡、塌方、护砌变形、破损、断裂和腐蚀，沟内物淤堵等。

（3）排土场下游设有泥石流拦挡设施的，检查拦挡坝是否够完好，拦挡坝的断面尺寸及淤积库容。

六、山西省娄烦县尖山铁矿"8·1"特别重大排土场垮塌事故

1.事故概况

2008年8月1日凌晨1时左右，山西省娄烦县尖山铁矿发生排土场连同山体垮塌事故。至8月8日，共搜寻到11具遇难者遗体，直到9月17日死亡人数、失踪人数还没有核清。9月17日，国务院领导同志做了重要批示，要求山西省政府和国务院"9·8"特别重大事故调查组组织调查核实。

从9月22日至29号，核查指导组和山西省政府调查组核清了死亡、失踪人数，累计找到了41具遇难人员遗体，另有6件残肢。

2.原因分析

直接原因是：

（1）排土场地基为第四系上更新统黄土，承载能力较差。

（2）尖山铁矿违规超能力排放。

（3）排土场设计依据不充分，缺少地质勘探资料，没有施工图。

（4）没有对排土场进行认真监测、监控。

（5）对周边（坡脚下）群众未组织搬迁撤离。

间接原因是：

（1）尖山铁矿对安全生产工作不重视，安全责任不落实。

（2）4月份发现裂隙，采取措施不力。

（3）隐患排查治理不认真，走过场。

（4）当地政府及相关部门安全监管不力，没有督促企业整改重大隐患，撤离排土场坡脚下的群众。

第二节　尾矿库安全技术

尾矿库是指筑坝拦截谷口或围地构成的、用以贮存金属非金属矿山进行矿石选别后排出尾矿或工业废渣的场所。矿山开采出的矿石，经选矿厂选后，产生大量的尾矿，其中还含有目前技术水平暂不能回收的有用成分的矿物，如随意排放，就会造成国家矿产资源的流失，更为重要的是，大量的尾矿砂覆盖农田，堵塞河道，导致严重的污染，因此必须修筑尾矿库。

一、尾矿库等别和构筑物级别

（1）尾矿库各使用期的设计等别应根据该期的全库容和坝高分别按表11-3确定。当两者的等差为一等时，以高者为准；当等差大于一等时，按高者降低一等。尾矿库失事将使下游重要城镇、工矿企业或铁路干线遭受严重灾害者，其设计等别可提高一等。

表 11-3　尾矿库等别

等别	全库容 V/万 m²	坝高 H/m
一	二等库具备提高等别条件者	
二	$V \geqslant 10000$	$H \geqslant 100$
三	$1000 \leqslant V < 10000$	$60 \leqslant H < 100$
四	$100 \leqslant V < 1000$	$30 \leqslant H < 60$
五	$V < 100$	$H < 30$

（2）尾矿库构筑物的级别根据尾矿库等别及其重要性按表 11-4 确定。

表 11-4　尾矿库构筑物的级别

等别	构筑物的级别		
	主要构筑物	次要构筑物	临时构筑物
一	1	3	4
二	2	3	4
三	3	5	5
四	4	5	5
五	5	5	5

注：主要构筑物指尾矿坝、库内排水构筑物等失事后难以修复的构筑物；次要构筑物指失事后不至造成下游灾害或对尾矿库安全影响不大并易于修复的构筑物；临时构筑物指尾矿库施工期临时使用的构筑物。

二、尾矿库的选址和分类

正确选择尾矿库址是直接关系到矿山的经济效益、环境保护、安全生产等方面的重大问题。因此，选择尾矿库区地址必须综合考虑以下因素：

（1）应避开岩溶、滑坡、流沙、膨胀土及软弱地基等不良地质条件，在无法避开时，应进行特殊地基处理。

（2）选择汇水面积小，而蓄水面积大的库址，尽量减少洪水对尾矿库安全的威胁。

（3）占用耕田耕地面积小，居民搬迁人数少。

（4）与选矿厂距离较近。

（5）尾矿库的服务年限长。

尾矿库根据库区所建的地点可分为以下四种类型。

（1）平地型尾矿库

平地型尾矿库是指在平地四周筑坝而围成的尾矿库。这种类型的尾矿库一般为国内平原矿山的沙漠平原地区和新矿山所采用。

（2）山谷型尾矿库

山谷型尾矿库是在山谷口处筑坝建成的尾矿库。我国矿山绝大多数矿山的尾矿库属这种类型。

（3）傍山型尾矿库

傍山型尾矿库是指在山坡脚下依山筑坝而围成的尾矿库。国内丘陵地区的矿山多采用这种类型的尾矿库。

（4）截河型尾矿库

截河型尾矿库，是指截断河床的一段，在其截断区域的上、下两端筑坝形成的库区。这种类型的尾矿库，在我国矿山较少采用。

三、尾矿排放与筑坝安全要求

（1）尾矿排放与筑坝，包括岸坡清理、尾矿排放、坝体堆筑、坝面维护和质量检测等环节，必须严格按设计要求和作业计划及本规程精心施工，并做好记录。

（2）尾矿坝滩顶高程必须满足生产、防汛、冬季冰下放矿和回水要求。尾矿坝堆积坡比不得陡于设计规定。

（3）每一期子坝堆筑前必须进行岸坡处理，将树木、树根、草皮、废石、坟墓及其他有害构筑物全部清除。若遇有泉眼、水井、地道或洞穴等，应作妥善处理。清除杂物不得就地堆积，应运到库外。岸坡清理应作隐蔽工程记录，经主管技术人员检查合格后方可充填筑坝。

(4)上游式筑坝法,应于坝前均匀放矿,维持坝体均匀上升,不得任意在库后或一侧岸放矿。应做到:

①粗粒尾矿沉积于坝前,细粒尾矿排至库内,在沉积滩范围内不允许有大面积矿泥沉积;

②坝顶及沉积滩面应均匀平整,沉积滩长度及滩顶最低高程必须满足防洪设计要求;

③矿浆排放不得冲刷初期坝和子坝,严禁矿浆沿子坝内坡趾流动冲刷坝体;

④放矿时应由专人管理,不得离岗。

(5)坝体较长时应采用分段交替作业,使坝体均匀上升,应避免滩面出现侧坡、扇形坡或细粒尾矿大量集中沉积于某端或某侧。

(6)放矿口的间距、位置、同时开放的数量、放矿时间以及水力旋流器使用台数、移动周期与距离,应按设计要求和作业计划进行操作。

(7)为保护初期坝上游坡及反滤层免受尾矿浆冲刷,应采用多管小流量的放矿方式,以利尽快形成滩面,并采用导流槽或软管将矿浆引至远离坝顶处排放。

(8)冰冻期、事故期或由某种原因确需长期集中放矿时,不得出现影响后续堆积坝体稳定的不利因素。

(9)岩溶发育地区的尾矿库,可采用周边放矿,形成防渗垫层,减少渗漏和落水洞事故。

(10)尾矿滩面及下游坡面上不得有积水坑。

(11)坝外坡面维护工作应按设计要求进行,或视具体情况选用以下维护措施:

①坡面修筑人字沟或网状排水沟;

②坡面植草或灌木类植物;

③采用碎石、废石或山坡土覆盖坝坡。

(12)每期子坝堆筑完毕,应进行质量检查,检查记录需经主管技术人员签字后存档备查。主要检查内容包括：

①子坝长度、剖面尺寸、轴线位置及内外坡比；

②新筑子坝的坝顶及内坡趾滩面高程、库内水位；

③尾矿筑坝质量。

（13）当坝坡出现冲沟、裂缝、塌坑和滑坡等现象时，应及时妥善处理。

四、尾矿库防洪安全要求

（1）当尾矿库防洪标准低于本规程规定时，应采取措施，提高尾矿库防洪能力，满足现行标准要求。

（2）控制尾矿库内水位应遵循的原则主要有：

①在满足回水水质和水量要求前提下，尽量降低库内水位；

②在汛期必须满足设计对库内水位控制的要求；

③当尾矿库实际情况与设计不符时，应在汛前进行调洪演算，保证在最高洪水位时滩长与超高都满足设计要求；

④当回水与尾矿库安全对滩长和超高的要求有矛盾时，必须保证坝体安全；

⑤水边线应与坝轴线基本保持平行。

（3）汛期前应对排洪设施进行检查、维修和疏浚，确保排洪设施畅通。根据确定的排洪底坎高程，将排洪底坎以上 1.5 倍调洪高度内的挡板全部打开，清除排洪口前水面的漂浮物；库内设清晰醒目的水位观测标尺，并标明正常运行水位和警戒水位。

（4）排出库内蓄水或大幅度降低库内水位时，应注意控制流量，非紧急情况不宜骤降。

（5）岩溶或裂隙发育地区的尾矿库，应控制库内水深，防止落水洞漏水事故。

（6）非紧急情况，未经技术论证，不得用常规子坝挡水。

（7）洪水过后应对坝体和排洪构筑物进行全面认真的检查与清

理,发现问题及时修复;同时,采取措施降低库水位,防止连续降雨后发生垮坝事故。

(8)尾矿库排水构筑物停用后,必须严格按设计要求及时封堵,并确保施工质量,严禁在排水井井筒上部封堵。

五、尾矿坝(库)事故的主要类型及防治技术

1. 尾矿坝溃坝事故

尾矿坝溃坝事故的主要原因是尾矿库建设前期对自然条件了解不够,勘察不明、设计不当或施工质量不符合规范要求,生产运行期间对尾矿库的安全管理不到位,缺乏必要的监测、检查、维修措施以及紧急预案等,一旦遇到事故隐患,不能采取正确的方法,导致危险源状态恶化并最终酿成灾难。可以通过声发射,位移监测等技术手段监测尾矿坝溃坝事故。

2. 边坡失稳事故

尾矿库的稳定性包括坝体的稳定性和天然边坡的稳定性。由于坝体和岩土体的物质组成不同,它们有着不同的结构,工程地质、水文地质及力学特性差异显著,使得力学性能很不相同,它们的变形机理和破坏模式的差别也十分显著。自然边坡的破坏方式可分为崩塌、滑坡和滑塌等几种类型,尾矿坝坝坡除会发生滑坡和滑塌破坏外,还可能发生塌陷、渗漏及管涌溃堤、渗流冲刷造成尾矿堆石坝破坏等事故。

3. 洪水漫顶事故

造成洪水漫顶事故的原因包括:

(1)设计、施工的防洪标准、设施不符合现行尾矿设施设计施工规范,导致的洪水漫顶、溃坝事故;

(2)洪水超过尾矿库设计标准导致的漫顶、溃坝事故;

(3)对气候、地质、地形等发生变化而引起的尾矿库最小安全超高和最小干滩长度等发生的不利变化,没有及时采取正确的应对方法所导致的事故。

（4）疏于日常管理，对库区、坝体、排洪设施等出现的事故隐患未能采取及时处理措施，导致的洪水漫顶、溃坝；

（5）缺乏抗洪准备和防汛应急措施，对洪水可能造成的破坏没有应急预案而造成的事故。

4. 排洪设施破坏

造成排洪构筑物损坏的事故原因包括：

（1）构筑物的设计、施工不符合水工构筑物设计规范，在实际生产运营过程中，不能承担排洪作用。

（2）疏忽构筑物的日常检查、维修工作，导致漏沙、漂浮杂物沉积并堵塞在进、出水管道；从而影响排洪的功能。

（3）临近山坡的溢洪沟（道）、截洪沟等设施，由于气候、地质变化而毁坏，不能满足排洪要求。

（4）废弃的排水构筑物未能处理或处理不符合规范，产生事故。

（5）暴雨、洪水过后，未能对构筑物全面检查和清理，对已有隐患没有及时修复，在连续暴雨期内发生事故。

（6）因负重、锈蚀等因素导致排水管道、隧洞破损、断裂、垮塌，地形、地质变化导致构筑物发生变形、沉降，而不能承担防汛功能。

5. 地震液化事故

根据遭受地震破坏的尾矿坝情况分析，地震对尾矿坝的破坏具有下列特点。

（1）尾矿坝的破坏是尾矿的液化引起的。

（2）尾矿坝的破坏形式表现为流滑。

（3）遭受地震破坏的尾矿坝，其坝坡大都在 $30°\sim40°$。经验表明，影响沙土液化最主要的因素为：土颗粒粒径、沙土密度、上覆土层厚度、地震强度和持续时间、与震源之间的距离及地下水位等。沙土有效粒径愈小、不均匀系数愈小、透水性愈小、孔隙比愈大、受力体积愈大、受力愈猛，则沙土液化可能性愈大。

六、尾矿库安全检查要点

1. 防洪安全检查

(1)检查尾矿库设计的防洪标准是否符合本规程规定。当设计的防洪标准高于或等于本规程规定时,可按原设计的洪水参数进行检查;当设计的防洪标准低于本规程规定时,应重新进行洪水计算及调洪演算。

(2)尾矿库水位检测,其测量误差应小于 20 mm。

(3)尾矿库滩顶高程的检测,应沿坝(滩)顶方向布置测点进行实测,其测量误差应小于 20 mm。

当滩顶一端高一端低时,应在低标高段选较低处检测 1～3 个点;当滩顶高低相同时,应选较低处检测不少于 3 个点;其他情况,每 100 m 坝长选较低处检测 1～2 个点,但总数不少于 3 个点。

各测点中最低点作为尾矿库滩顶标高。

(4)尾矿库干滩长度的测定,视坝长及水边线弯曲情况,选干滩长度较短处布置 1～3 个断面。测量断面应垂直于坝轴线布置,在几个测量结果中,选最小者作为该尾矿库的沉积滩干滩长度。

(5)检查尾矿库沉积滩干滩的平均坡度时,应视沉积干滩的平整情况,每 100 m 坝长布置不少于 1～3 个断面。测量断面应垂直于坝轴线布置,测点应尽量在各变坡点处进行布置,且测点间距不大于 10～20 m(干滩长者取大值),测点高程测量误差应小于 5 mm。尾矿库沉积干滩平均坡度,应按各测量断面的尾矿沉积干滩平均坡度加权平均计算。

(6)根据尾矿库实际的地形、水位和尾矿沉积滩面,对尾矿库防洪能力进行复核,确定尾矿库安全超高和最小干滩长度是否满足设计要求。

(7)排洪构筑物安全检查主要内容:构筑物有无变形、位移、损毁、淤堵,排水能力是否满足要求等。

（8）排水井检查内容：井的内径、窗口尺寸及位置，井壁剥蚀、脱落、渗漏、最大裂缝展开宽度，井身倾斜度和变位，井、管联结部位，进水口水面漂浮物，停用井封盖方法等。

（9）排水斜槽检查内容：断面尺寸、槽身变形、损坏或坍塌，盖板放置、断裂，最大裂缝开展宽度，盖板之间以及盖板与槽壁之间的防漏充填物，漏沙，斜槽内淤堵等。

（10）排水涵管检查内容：断面尺寸，变形、破损、断裂和磨蚀，最大裂缝开展宽度，管间止水及充填物，涵管内淤堵等。

（11）对于无法入内检查的小断面排水管和排水斜槽可根据施工记录和过水畅通情况判定。

（12）排水隧洞检查内容：断面尺寸，洞内塌方，衬砌变形、破损、断裂、剥落和磨蚀，最大裂缝展开宽度，伸缩缝、止水及充填物，洞内淤堵及排水孔工况等。

（13）溢洪道、截洪沟检查内容：断面尺寸，沿线山坡滑坡、塌方，护砌变形、破损、断裂和磨蚀，沟内淤堵等，对溢洪道还应检查溢流坎顶高程，消力池及消力坎等。

2. 尾矿坝安全检查

（1）尾矿坝安全检查内容：坝的轮廓尺寸，变形，裂缝、滑坡和渗漏，坝面保护等。尾矿坝的位移监测可采用视准线法和前方交汇法；尾矿坝的位移监测每年不少于 4 次，位移异常变化时应增加监测次数；尾矿坝的水位监测包括洪水位监测和地下水浸润线监测；水位监测每季度不少于 1 次，暴雨期间和水位异常波动时应增加监测次数。

（2）检测坝的外坡坡比。每 100 m 坝长不少于两处，应选在最大坝高断面和坝坡较陡断面。水平距离和标高的测量误差不大于 10 mm。尾矿坝实际坡比陡于设计坡比时，应进行稳定性复核，若稳定性不足，则应采取相应措施。

（3）检查坝体位移。要求坝的位移量变化应均衡，无突变现象，且应逐年减小。当位移量变化出现突变或有增大趋势时，应查明原因,妥善处理。

(4)检查坝体有无纵、横向裂缝。坝体出现裂缝时,应查明裂缝的长度、宽度、深度、走向、形态和成因,判定危害程度。

(5)检查坝体滑坡。坝体出现滑坡时,应查明滑坡位置、范围和形态以及滑坡的动态趋势。

(6)检查坝体浸润线的位置,应查明坝面浸润线出逸点位置、范围和形态。

(7)检查坝体排渗设施。应查明排渗设施是否完好、排渗效果及排水水质。

(8)检查坝体渗漏。应查明有无渗漏出逸点,出逸点的位置、形态、流量及含沙量等。

(9)检查坝面保护设施。检查坝肩截水沟和坝坡排水沟断面尺寸,沿线山坡稳定性,护砌变形、破损、断裂和磨蚀,沟内淤堵等;检查坝坡土石覆盖保护层实施情况。

3. 尾矿库库区安全检查

(1)尾矿库库区安全检查的主要内容:周边山体稳定性,违章建筑、违章施工和违章采选作业等情况。

(2)检查周边山体滑坡、塌方和泥石流等情况时,应详细观察周边山体有无异常和急变,并根据工程地质勘察报告,分析周边山体发生滑坡可能性。

(3)检查库区范围内危及尾矿库安全的主要内容:违章爆破、采石和建筑,违章进行尾矿回采、取水,外来尾矿、废石、废水和废弃物排入,放牧和开垦等。

七、案例分析

1. 事故概况

2008 年 9 月 8 日 7 时 58 分,山西省襄汾县新塔矿业有限公司新塔矿区 980 平硐尾矿库发生特别重大溃坝事故。事故泄容量

26.8 万立方米,过泥面积 30.2 公顷,波及下游 500 米左右的矿区办公楼、集贸市场和部分民宅,造成 277 人死亡、4 人失踪、33 人受伤,直接经济损失达 9619.2 万元。是一起违法违规生产导致的重大责任事故。

2. 事故原因

此次襄汾县尾矿库溃坝特别重大事故,主要原因有以下几点:

(1)非法生产形成重大安全隐患。新塔矿业有限公司在高额利润的驱动下,铤而走险,置地方政府的禁令于不顾,在没有办理各种安全生产许可手续,没有安全保障条件下,擅自启用已关闭尾矿库,冒险投入,非法生产,将洗井水排入尾矿库,对库体底部的泥沙长期浸泡,致使沙体松软,承受力降低。

(2)尾矿库设计不合理,存在不稳定性。该尾矿库坝体由大量泥沙堆积而成,外坡比大约 1∶1∶17,并且已废弃多年,加之该库处于坡度较大的山沟内,与下游形成较大落差,势能较大,整个坝体稳定性较差。

(3)地方政府和职能部门监管不力。市、县、乡政府及相关部门打击非法违法生产行为态度不坚决,措施不得力;基层安监部门安全隐患排查不细,安全监管工作不到位,督促整改措施不落实等。

附　录　金属非金属矿山安全检查作业人员
安全技术培训大纲和考核标准

1　范围

本标准规定了金属非金属矿山安全检查作业人员的基本条件、安全技术培训（以下简称培训）大纲和安全技术考核（以下简称考核）标准。本标准适用于金属非金属矿山安全检查作业人员的安全技术培训和考核。

2　规范引用文件

下列文件所包含的条款通过本标准的引用而成为本标准的条款。凡是注日期的引用文件，其随后所有的修改单（不包括勘误的内容）或修订版均不适用于本标准，然而，鼓励根据本标准达成协议的各方研究是否可使用这些文件的最新版本。凡是不注日期的引用文件，其最新版本适用于本标准。

非煤矿矿山建设项目安全设施设计审查与竣工验收办法（原国家安全监管局令第 18 号）

小型露天采石场安全生产暂行规定（原国家安全监管局令第 19 号）

特种作业人员安全技术培训考核管理规定（国家安全监管总局令第 30 号）

GB 16423　　　　金属非金属矿山安全规程
GB 6722　　　　 爆破安全规程
AQ 2004—2005　地质勘探安全规程
AQ 2005—2005　金属非金属矿山安全生产规则
AQ 2006　　　　尾矿库安全技术规程

3　术语和定义

下列术语和定义适用于本标准。

3.1　金属非金属矿山安全检查作业 metal and nonmetal mine security check operations

指从事金属非金属矿山安全监督检查,巡检生产作业场所的安全设施和安全生产状况,检查并督促处理相应事故隐患的作业。

4　基本条件

4.1　年满 18 周岁,且不超过国家法定退休年龄。

4.2　经社区或者县级以上医疗机构体检健康合格,并无妨碍从事本作业的器质性心脏病、癫痫病、美尼尔氏症、眩晕症、癔病、震颤麻痹症、精神病、痴呆病、色盲、色弱以及其他疾病和生理缺陷。

4.3　具有初中及以上文化程度。

5　培训大纲

5.1　培训要求

5.1.1　应按照本标准的规定对金属非金属矿山安全检查作业人员进行培训和复审培训,复审培训周期为三年。

5.1.2　培训应坚持理论与实践相结合,侧重实际操作技能训练;应注意对金属非金属矿山安全检查作业人员进行职业道德、安全法律意识、安全技术知识的教育。

5.1.3 通过培训,金属非金属矿山安全检查作业人员应掌握安全技术知识(包括安全基本知识、安全技术基础知识)和实际操作技能。

5.2 培训内容

5.2.1 安全基本知识

5.2.1.1 金属非金属矿山安全生产法律法规与金属非金属矿山安全管理

主要包括以下内容:

1)我国安全生产方针;

2)有关金属非金属矿山安全生产法律法规、标准规范;

3)金属非金属矿山从业人员安全生产的权利和义务;

4)金属非金属矿山安全管理制度;

5)职业危害及劳动保护相关知识。

5.2.1.2 金属非金属矿山生产技术与主要灾害事故防治

主要包括以下内容:

1)金属非金属矿山生产技术基本知识;

2)金属非金属矿山安全生产的特点,金属非金属矿山作业场所常见的危险、职业危害因素;

3)金属非金属矿山主要灾害事故的识别及防治知识,包括机械伤害、透水、火灾、中毒窒息、高处坠落、冒顶片帮事故、塌陷事故、爆破事故、机电运输事故等;

4)安全色及安全标志;

5)案例分析。

5.2.1.3 金属非金属矿山安全检查作业人员的职业特殊性

主要包括以下内容:

1)矿山安全检查的任务;

2)矿山安全检查作业人员在防治金属非金属矿山灾害中的重要

作用；

    3)金属非金属矿山安全检查作业人员的职业道德和安全职责；

    4)案例分析。

5.2.1.4　职业病防治

    主要包括以下内容：

    1)金属非金属矿山常见职业病危害、职业病、职业禁忌症及其防范措施；

    2)金属非金属矿山从业人员职业病预防的权利和义务；

    3)案例分析。

5.2.1.5　事故报告、急救与避灾

    主要包括以下内容：

    1)事故报告与现场急救处理；

    2)自救、互救与创伤急救；

    3)金属非金属矿山发生各种灾害事故的避灾方法；

    4)矿山急救器材；

    5)地下矿山避灾系统及避灾设施；

    6)案例分析。

5.2.2　安全技术基础知识

5.2.2.1　露天矿山开采安全

    主要包括以下内容：

    1)露天矿山概述，包括露天开采境界、边坡、安全开采的条件等，安全检查要点；

    2)露天开采工艺安全要求，包括工作面的布置及穿孔(凿岩)、爆破、铲装、运输等及安全要求，常见事故及防范措施，安全检查要点；

    3)边坡管理，包括塌陷事故的类型、原因、预兆及防范措施，边坡安全检查要点；

    4)露天矿山防尘，包括露天矿山防尘措施，安全检查要点；

    5)露天矿山防灭火，包括露天矿山防火要求，灭火措施，安全检

查要点；

6)露天矿山防排水,包括水对露天开采的影响,防排水措施,安全检查要点；

7)案例分析。

5.2.2.2　小型露天采石场开采安全

主要包括以下内容：

1)小型露天采石场概述,包括小型露天采石场的概念、开采特点,安全开采条件等,安全检查要点；

2)小型露天采石场开采工艺安全要求,包括工作面的布置及穿孔(凿岩)、爆破、铲装、破碎、筛分、运输等及安全要求,常见事故及防范措施,安全检查要点；

3)小型露天采石场边坡管理,包括塌陷事故的类型、原因、预兆及防范措施,边坡安全检查要点；

4)小型露天采石场防尘要求,包括小型露天采石场防尘措施,安全检查要点；

5)小型露天采石场防灭火,包括小型露天采石场防火要求,灭火措施,安全检查要点；

6)小型露天采石场防排水,包括水对小型露天采石场开采的影响,防排水措施,安全检查要点；

7)案例分析。

5.2.2.3　地下矿山开采安全

主要包括以下内容：

1)地下矿山概述,包括地下矿山组成、开拓方式、安全开采条件等,安全检查要点；

2)井巷掘进安全,包括平巷、斜井、竖井、天井等掘进安全要求,常见事故及防范措施,安全检查要点；

3)回采作业安全,包括各种采矿方法及安全要求,回采工艺及安全要求,常见事故及防范措施,安全检查要点；

4)矿山地压,包括地下矿山地压产生的原因、危害、预兆及顶板支护、采空区处理方法,顶板安全检查要点;

5)提升运输安全要求,包括提升运输方式、运行安全要求,常见事故及防范措施,安全检查要点;

6)通风防尘要求,包括矿井通风的任务;矿内空气的主要成分及安全要求;矿井空气中有毒有害物质的种类、性质、来源、危害和最大允许浓度;矿井通风的方式;防尘、防毒要求;安全检查要点;

7)井下防火安全要求,包括井下火灾的类型,引发火灾的原因,灭火措施,安全检查要点;

8)防排水安全要求,包括水的危害、来源、防排水措施,安全检查要点;

9)案例分析。

5.2.2.4　矿山爆破安全

主要包括以下内容:

1)爆破基本知识;

2)爆破器材及起爆方法,包括常用炸药和起爆器材种类及其安全要求;起爆方法及起爆的安全要求,安全检查要点:

3)爆破器材的运输、贮存安全要求,常见事故及防范措施,安全检查要点;

4)爆破作业安全要求,包括爆破器材的现场加工、装药及防护、警戒及信号、爆后检查及盲炮处理安全要求,常见事故及防范措施,安全检查要点;

5)案例分析。

5.2.2.5　矿山机电安全

主要包括以下内容:

1)矿山电气安全,包括电气伤害与矿山电气事故、电气安全保护、电气作业安全措施、金属非金属矿山电气作业安全要求、常见事故及防范措施,安全检查要点;

2)机械安全,包括机械伤害的形式、原因、预防措施,安全检查要点;

3)案例分析。

5.2.2.6　排土场与尾矿库安全技术

主要包括以下内容:

1)排土场安全要求,包括排土场破坏的方式,排土安全要求,安全检查要点,案例分析;

2)尾矿库安全技术,包括尾矿输送、排放、筑坝、防洪安全要求,尾矿坝破坏的形式、预兆,安全检查要点,案例分析。

5.2.3　实际操作技能

主要包括以下内容:

1)现场安全检查的方法、程序,安全检查表的编制与填写。

2)现场安全检查要点,露天矿山包括露天开采安全检查要点、矿山爆破安全检查要点、矿山机电安全检查要点、排土场安全检查要点、尾矿库安全检查要点;小型露天采石场包括小型露天采石场安全检查要点、矿山爆破安全检查要点、矿山机电安全检查要点、排土场安全检查要点;地下矿山包括地下开采安全检查要点、矿山爆破安全检查要点、矿山机电安全检查要点、排土场安全检查要点、尾矿库安全检查要点。

3)隐患整改的程序。

4)事故报告的程序和内容。

5)矿山灾害事故的避灾方法与避灾路线。

6)现场急救方法和要领。

7)班组安全教育、安全活动的开展和组织。

5.3　复审培训内容

5.3.1　有关安全生产方面的新的法律、法规、国家标准、行业标准、规程和规范。

5.3.2 有关金属非金属矿山生产的新技术、新工艺、新设备和新材料及其安全技术要求。

5.3.3 典型事故案例分析。

5.4 培训时间安排

5.4.1 初次培训时间应不少于 80－96 学时,具体培训学时宜符合表 1 的规定。

5.4.2 复审培训时间应不少于 8 学时,具体培训学时宜符合表 2 的规定。

6 考核标准

6.1 考核办法

6.1.1 考核的分类和范围

6.1.1.1 金属非金属矿山安全检查作业人员的考核分为安全技术知识(包括安全基本知识、安全技术基础知识)和实际操作技能考核两部分。

6.1.1.2 金属非金属矿山安全检查作业人员的考核范围应符合本标准 6.2 的规定。

6.1.2 考核方式

6.1.2.1 安全技术知识的考核方式可为笔试、计算机考试。满分 100 分。考试时间为 90 分钟。

6.1.2.2 实际操作技能考核方式应以实际操作为主,也可采用满足 6.2.3 要求的模拟操作或口试。

6.1.2.3 安全技术知识、实际操作技能考核成绩均 60 分及以上者为考核合格。两部分考核均合格者为考核合格。考核不合格者允许补考 1 次。

6.1.3　考核内容的层次和比重

6.1.3.1　安全技术知识考核内容分为了解、掌握和熟练掌握三个层次,按 20%、30%、50%的比重进行考核。

6.1.3.2　实际操作技能考核内容分为掌握和熟练掌握两个层次,按 30%、70%的比重进行考核。

6.2　考核要点

6.2.1　安全基本知识

6.2.1.1　金属非金属矿山安全生产法律法规与金属非金属矿山安全管理

主要包括以下内容:

1)了解我国安全生产方针;

2)了解有关金属非金属矿山安全生产法律法规、标准规范;

3)了解金属非金属矿山基本安全管理制度;

4)掌握金属非金属矿山从业人员安全生产的权利和义务;

5)掌握职业健康及劳动保护相关知识。

6.2.1.2　金属非金属矿山安全生产技术与主要灾害事故防治知识

主要包括以下内容:

1)了解金属非金属矿山生产技术基本知识;

2)了解金属非金属矿山安全生产的特点,金属非金属矿山作业场所常见的危险、职业危害因素;

3)掌握金属非金属矿山主要灾害事故的识别及防治知识,包括机械伤害、透水、火灾、中毒窒息、高处坠落、冒顶片帮事故、塌陷事故、爆破事故、机电运输事故等;

4)掌握安全色及安全标志的识别知识。

6.2.1.3　金属非金属矿山安全检查作业人员的职业特殊性

主要包括以下内容:

1)了解矿山安全检查作业人员在防治金属非金属矿山灾害中的

重要作用；

2）掌握矿山安全检查的任务；

3）掌握金属非金属矿山安全检查作业人员的职业道德要求和安全职责要求。

6.2.1.4　职业病防治

主要包括以下内容：

1）掌握金属非金属矿山常见职业病危害、职业病、职业禁忌症及其防范措施；

2）熟练掌握金属非金属矿山从业人员职业病预防的权利和义务。

6.2.1.5　事故报告、急救与避灾

主要包括以下内容：

1）了解地下矿山避灾系统及避灾设施；

2）掌握事故报告与现场急救处理的程序；

3）熟练掌握自救、互救与创伤急救；

4）熟练掌握金属非金属矿山发生各种灾害事故的避灾方法；

5）熟练掌握矿山急救器材的使用方法。

6.2.2　安全技术基础知识

6.2.2.1　基本知识

主要内容包括：

1）掌握地压或边坡管理知识；

2）掌握采矿、掘进、爆破、提升、运输、机电基本知识；

3）掌握矿山通风、防尘、防灭火、防排水基本知识；

4）熟练掌握矿山安全生产主要规章制度；

5）熟练掌握矿山安全管理的内容、方法和手段。

6.2.2.2　露天开采开采安全

主要包括以下内容：

1）掌握露天矿山基本知识，包括露天开采境界、边坡、安全开采的条件等，安全检查要点；

2)掌握露天矿山防尘措施、要求,安全检查要点;

3)掌握露天矿山防火要求,灭火措施,安全检查要点;

4)掌握露天矿山防排水措施,安全检查要点;

5)熟练掌握露天开采工艺安全要求,包括工作面的布置及穿孔(凿岩)、爆破、铲装、运输等作业安全要求,常见事故及防范措施,安全检查要点;

6)熟练掌握边坡事故的类型、原因、预兆及防范措施,边坡安全检查要点。

6.2.2.3　小型露天采石场开采安全

主要包括以下内容:

1)掌握小型露天采石场基本知识,包括小型露天采石场的概念、开采特点,安全开采条件等,安全检查要点;

2)掌握小型露天采石场防尘措施、要求,安全检查要点;

3)掌握小型露天采石场防火要求,灭火措施,安全检查要点;

4)掌握小型露天采石场防排水措施,安全检查要点;

5)熟练掌握小型露天采石场开采工艺安全要求,包括工作面的布置及穿孔(凿岩)、爆破、铲装、破碎、筛分、运输等作业安全要求,常见事故及防范措施,安全检查要点;

6)熟练掌握小型露天采石场边坡管理要求,包括边坡事故的类型、原因、预兆及防范措施,边坡安全检查要点。

6.2.2.4　地下矿山开采安全

主要包括以下内容:

1)掌握地下矿山基本知识,包括地下矿山组成、开拓方式、安全开采条件等,安全检查要点;

2)熟练掌握井巷掘进安全要求,包括平巷、斜井、竖井、天井等掘进安全要求,常见事故及防范措施,安全检查要点;

3)熟练掌握回采作业安全要求,包括各种采矿方法及安全要求,回采工艺及安全要求,常见事故及防范措施,安全检查要点;

4)熟练掌握矿山地压监测管理知识,包括地下矿山地压产生的原因、危害、预兆及顶板支护、采空区处理方法,顶板安全检查要点;

5)熟练掌握提升运输安全要求,事故防范措施,安全检查要点;

6)熟练掌握通风防尘要求,防毒要求,安全检查要点;

7)熟练掌握井下防火安全要求,灭火措施,安全检查要点;

8)熟练掌握防排水安全要求,防排水措施,安全检查要点。

6.2.2.5 矿山爆破安全

主要包括以下内容:

1)掌握爆破基本知识,包括常用炸药和起爆器材种类及其安全要求;起爆方法及起爆的安全要求,安全检查要点;

2)熟练掌握爆破器材的运输、贮存安全要求,事故防范措施,安全检查要点;

3)熟练掌握爆破作业安全要求,包括爆破器材的现场加工、装药及防护、警戒及信号、爆后检查及盲炮处理安全要求,事故防范措施,安全检查要点。

6.2.2.6 矿山机电安全

主要包括以下内容:

1)掌握矿山电气基本知识及其安全要求,包括电气伤害与矿山电气事故、电气安全保护、电气作业安全措施、金属非金属矿山电气作业安全要求、常见事故及防范措施,安全检查要点;

2)掌握矿山机械基本知识及其安全要求,包括机械伤害的形式、原因、预防措施,安全检查要点。

6.2.2.7 排土场与尾矿库安全技术

主要包括以下内容:

1)掌握排土场安全要求,包括排土场破坏的方式,排土安全要求,安全检查要点;

2)掌握尾矿库安全要求,包括尾矿输送、排放、筑坝、防洪安全要求,尾矿坝破坏的形式、预兆,安全检查要点。

6.2.3 实际操作技能

主要内容包括：

1）应能熟练进行现场安全检查，正确填写安全检查表；

2）应能正确执行隐患整改的程序，并督促、协助隐患整改；

3）应能按照事故上报的程序正确上报事故；

4）应能引导职工按照规定的避灾路线撤离灾区；

5）应会进行现场急救；

6）应能熟练开展安全教育和组织安全活动。

6.3 复审培训考核要点

6.3.1 了解有关安全生产方面的新的法律、法规、国家标准、行业标准、规程和规范。

6.3.2 了解有关金属非金属矿山生产的新技术、新工艺、新设备、新材料及其安全技术要求。

6.3.3 掌握金属非金属矿山典型事故的致因及同类事故的防范措施。

表 1 金属非金属矿山安全检查作业人员安全技术培训学时安排

项目		培训内容			学时
安全技术知识（露天矿山 60 学时，小型露天采石场 56 学时，地下矿山 66 学时）	安全基本知识（露天矿山和小型露天采石场 16 学时，地下矿山 20 学时）	露天矿山	小型露天采石场	地下矿山	
		金属非金属矿山安全生产法律法规与金属非金属矿山安全管理			4
		金属非金属矿山生产技术与主要灾害事故防治			4
		金属非金属矿山安全检查作业人员的职业特殊性			1
		职业病防治			2
		事故报告、急救与避灾（不含地下矿山避灾系统及避灾设施，3 学时）		事故报告、急救与避灾（7 学时）	
		案例分析			2

金属非金属矿山安全检查作业人员安全技术培训大纲和考核标准

续表

项目	培训内容			学时
安全技术基础知识（露天矿山36学时，小型露天采石场32学时，地下矿山42学时）	露天矿山开采安全(18学时)	小型露天采石场开采安全(18学时)	地下开采安全(24学时)	
	尾矿库(4学时)	——	尾矿库(4学时)	
	矿山爆破安全			4
	矿山机电安全			4
	排土场安全技术			2
	案例分析			4
	复习			2
	考试			2
实际操作技能（24学时）	现场安全检查的方法、程序,安全检查表的编制与填写；隐患整改的程序；			4
	现场安全检查要点			8
	事故报告的程序和内容；矿山灾害事故的避灾方法与避灾路线；现场急救方法			4
	安全教育、安全活动的开展和组织			4
	复习			2
	考试			2
合计				——

表 2   金属非金属矿山安全检查作业人员复审培训学时安排

项目	培训内容	学时
复审培训	有关安全生产方面的新的法律、法规、国家标准、行业标准、规程和规范。 有关金属非金属矿井生产的新技术、新工艺、新设备、新材料及其安全技术要求。 掌握金属非金属矿山井下典型事故的致因及同类事故的防范措施。	不少于 8 学时
	复习	
	考试	
合计		